PyTorch
深度学习与
大模型部署及微调

胡书敏　金　华　曹　宇◎著

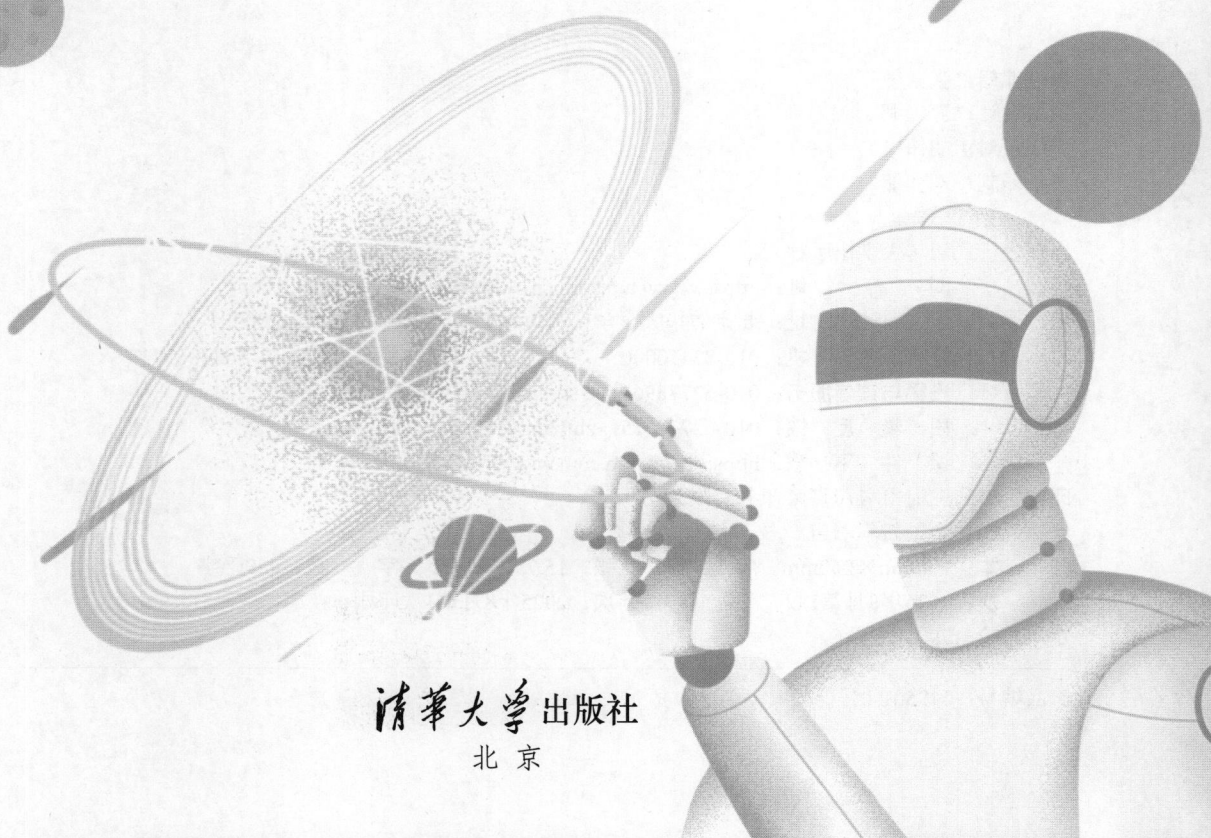

清华大学出版社

北京

内容简介

本书根据大多数软件公司对 AI 大模型开发程序员的标准要求，结合范例程序，针对零基础人群，讲述了从"入门"到"能干活"所必需掌握的知识点。

本书内容涵盖了深度学习各种模型的知识点，包括 Python 和 Pytorch 的开发环境、神经网络预测技术、用卷积和残差神经网络分类图片的技术、数据预处理和数据增强、用生成对抗网络识别图片的技术、用循环神经网络和 Transformer 网络分析文本的技术、用 ViT 模型分类图片的技术、人脸识别和目标物体识别的技术、音频处理技术，以及 DeepSeek 本地化部署和微调技术等。

本书尤其适合零技术的开发人员和在校学生提升相关实战技能，也可作为大中专院校计算机专业实践课或毕业设计的参考用书。

图书在版编目（CIP）数据

PyTorch深度学习与大模型部署及微调 / 胡书敏，金华，曹宇著.

北京 : 清华大学出版社，2025. 8. --ISBN 978-7-302-69687-2

Ⅰ．TP181

中国国家版本馆CIP数据核字第2025NR0292号

责任编辑：张　敏
封面设计：郭二鹏
责任校对：胡伟民
责任印制：刘　菲

出版发行：清华大学出版社
　　　　网　　　　　址：https://www.tup.com.cn，https://www.wqxuetang.com
　　　　地　　　　　址：北京清华大学学研大厦A座　　　邮　　编：100084
　　　　社　总　　机：010-83470000　　　　　　　　邮　　购：010-62786544
　　　　投稿与读者服务：010-62776969，c-service@tup.tsinghua.edu.cn
　　　　质　量　反　馈：010-62772015，zhiliang@tup.tsinghua.edu.cn
　　　　课　件　下　载：https://www.tup.com.cn，010-83470236
印　装　者：三河市科茂嘉荣印务有限公司
经　　　销：全国新华书店
开　　　本：190mm×260mm　　印　　张：15.75　　字　　数：450千字
版　　　次：2025年8月第1版　　印　　次：2025年8月第1次印刷
定　　　价：79.80元

产品编号：112501-01

当下深度学习和大模型是一个技术热点，如果读者想学习这方面的技能，那么本书是一个不错的选择。

从知识体系上来看，本书的内容涵盖了深度学习各种模型的知识点，包括但不限于搭建 Python 和 Pytorch 的开发环境、用多层感知机预测数据的技术、用卷积和残差神经网络分类图片的技术、用生成对抗网络识别图片的技术、用循环神经网络和 Transformer 网络分析文本的技术、用 ViT 模型分类图片的技术、人脸识别和目标物体识别的技术，以及强化学习和音频分析等技术。

此外，本书还用专门的一章讲述了 DeepSeek 模型在本地部署和微调的技能点。

本书的作者具有多年 Python、AI 和大模型的开发经验，谙熟 AI 模型方面高级开发所需要掌握的知识体系，也非常清楚从零基础升级到高级开发人员可能会走的弯路，所以在本书的内容安排上，第一，只讲初学者有必要学习的知识点，而不会导致过度学习；第二，并没有像其他同类书那样给出复杂的数学公式，而是用通俗的文字讲述各种技能；第三，结合具体范例程序讲述各知识点，从而能确保读者学得会并用得上。

本书的全部范例在 CPU 环境下也均可运行。本书还附带一些范例所必需的数据集，而且对于所有范例，笔者都是逐行讲述了关键要点。所以笔者相信，即使是零基础的初学者，也能通过本书提供的范例及文字，高效地掌握深度学习的相关技能点。本书的范例程序篇幅适中，通俗易懂，还可作为课程设计或毕业设计的参考范例。

本书赠送代码、数据集、PPT 和视频讲解，读者扫描下方二维码可获取。

其他资源

PPT

视频

为了让读者能高效掌握本书的知识点和范例，笔者在编写本书时，处处留心、字字斟酌。本书不会出现复杂的数学公式和术语，而是用比较通俗易懂的文字，由浅入深地讲述诸多知识点。

由于编者水平有限，书中难免存在缺点和错误，殷切希望广大读者批评指正。

目录

神经网络、深度学习和大模型

- 了解神经网络、深度学习和大模型的概念
- 知道神经网络、深度学习和大模型这三者之间的关系
- 初步了解深度学习的框架：Pytorch
- 搭建 Python 及 Pytorch 开发环境

1.1　神经网络和深度学习

　　神经网络，也称人工神经网络，是由大量节点（也称神经元）组成的非线性的数据处理系统，具有自主学习和高效求解等特性。深度学习的物质基础是深度神经网络，这里的"深度"，是指神经网络具有较深层数的数据处理节点，而深度学习的技术基础则是各种学习、训练和调优算法。

　　基于深度学习的求解过程一般包含两个步骤，第一是搭建（深度）神经网络模型；第二是用相关算法训练并调优该模型，构建好模型后，则可以进行图片处理等动作。事实上，Pytorch 等框架已经封装好了搭建神经网络的动作和相关算法，程序员可以用此高效地实现相关开发动作。

1.1.1　神经元和神经网络

　　神经网络是一种仿生物神经网络的结构的计算模型，可以用来近似计算函数，也可以用来处理数据、图片和视频等信息。

　　神经网络一般由若干神经元组成，而神经元是神经网络中的计算和存储单元，即会对输入值进行计算，完成计算后会暂存结果并传递到下一层。单个神经元模型的结构如图 1.1 所示。

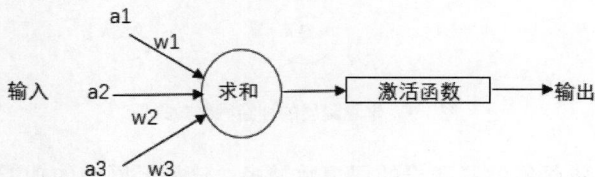

图 1.1　单个神经元模型

神经元一般由输入层、权重、输出层、神经元内部的处理函数和激活函数构成。图 1.1 给出的神经元的输出层可以接纳 3 个输入，分别是 a1、a2 和 a3，每个输入对应一个权重，分别是 w1、w2 和 w3。假设该神经元的处理函数是求和，那么该神经元会根据权重，针对输入进行求和计算。

具体得到 a1×w1+a2×w2+a3×w3 的求和结果，然后再用激活函数对该求和结果进行处理，并把处理后的结果输出到下一层。这里的激活函数一般会采用非线性的函数，引入激活函数的目的是，让神经元乃至由神经元构成的神经网络，能处理复杂的非线性的输入数据。

图 1.2 给出了由 5 个神经元组成的 2 层神经网络模型，事实上，神经网络中的不同袡经元一般会包含不同的处理函数，而不同层级的神经元交互时一般也需要考虑权重因素。一般来说，层数越多、神经元个数越多的神经网络，处理数据的能力也就越强大。

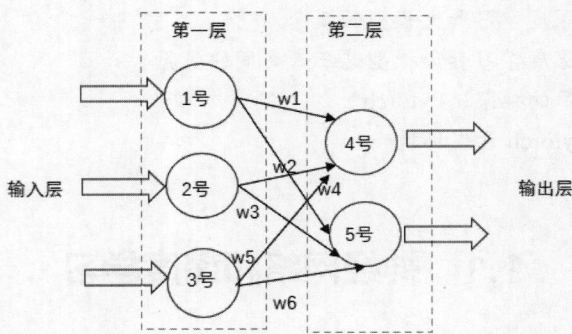

图 1.2　由 5 个神经元构成的神经网络效果图

1.1.2　深度神经网络与深度学习

一般来说，为了提升神经网络处理数据的性能和准确性，往往会在输入层和输出层之间搭建多个层级的神经元，这些层级对使用者来说是不透明的，所以一般也称为"隐藏层"，具体效果如图 1.3 所示。

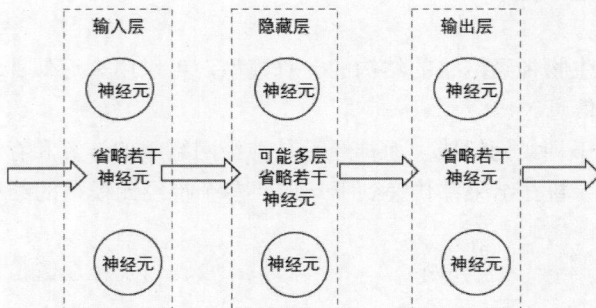

图 1.3　含隐藏层的神经网络效果图

从实践角度来看，神经网络隐藏层的层次数越多，该神经网络的功能就越强大。这里，一般会把包含多层的神经网络叫作"深度神经网络"，而针对深度神经网络的训练、分析和预测等动作，可以称之为"深度学习"。

深度学习的过程一般可以分解成搭建、训练和预测等几个关键步骤。

（1）根据实际需求，搭建深度神经网络，比如具体可以搭建"深度卷积神经网络"或"深度对抗神经网络"等，从中可以看到，深度神经网络是深度学习的载体。

（2）预设各神经元中的算法和参数，在此基础上用训练数据训练该神经网络。训练过程中会调整各神经元中包含的算法和参数，甚至还会调整神经元的个数和层数。

（3）训练完成后，该深度神经网络会具有层次和数量都相对固定的神经元，同时各神经元里包含的算法和参数也会被训练得相对固定，此时该深度神经网络模型就可以用来预测。

（4）在预测过程中，一般还会根据结果对该深度神经网络进行调整。

上述过程非常复杂，而且会涉及一些较深的数学技能，但事实上，程序员可以通过 Pytorch 等框架，通过调用这些框架里的接口方法进行深度学习的相关操作，比如在训练好模型的基础上进行图片识别或自然语言处理。

在这个过程中，程序员如果能了解相关的神经网络和数学等相关技能，将会更高质量地使用 Pytorch 等框架进行深度学习的相关开发工作。

1.1.3　深度学习的应用场景

（1）深度学习可被用在图片处理、图片识别和人脸识别等场景。

（2）深度学习可被用在自然语言处理的场景，比如可以进行情感分析、文本分类和机器翻译等操作。

（3）深度学习可被用在医疗保健的场景，比如可以进行医学图片分析和病理诊断等操作。

（4）深度学习可被用在金融分析的场景，比如可以进行股票预测、信用等级分析评估和金融风险控制管理等操作。

1.2　深度学习和大模型

在 AI 领域，模型可以理解成基于某种 AI 结构或 AI 算法，具有特定功能的模块。比如可以是基于分类算法的股票分析模型，或者是基于神经网络的图片识别模型。

而大模型是指含数百万到数十亿参数的深度学习模型。搭建大模型的深度神经网络一般具有较深的隐藏层，即包含海量的神经元节点，同时会用海量的数据训练并调优大模型。

大模型里的参数可以是针对每个神经元的权重，在训练过程中，会通过各种优化算法（如梯度下降）来调整这些参数，从而最大程度地减小输出值和实际值的差距。

完成训练后，该大模型内部的参数就会相对固定，这样该大模型就可以根据输入的参数，进行自然语言翻译、数据预测或图片识别等工作。

从上文中可以看到，大模型和深度学习技术具有紧密联系，一方面，大模型的载体是较为复杂的深度神经网络；另一方面，大模型的训练和调优过程会用到深度学习技术。

在开发场景，程序员可以用 Pytorch 框架来搭建、训练和调优深度学习模型，并用该模型进行图片识别等操作。在此基础上,程序员还可以用 Pytorch 框架对大模型进行开发和微调工作。

当下比较常见的大模型产品有 ChatGPT 和文心一言等,这些大模型给人们的工作和生活带来了极大的便利。

1.3 实现深度学习的 Pytorch 框架

Pytorch 是一个基于 Python 的深度学习框架,所谓"框架",是指在其中封装了大量机器学习和深度学习的实现接口。在 Python 语言里,支持 Pytorch 框架的第三方包是"Torch"。

1.3.1 Pytorch 简介

Pytorch 框架的前身是 Torch,Torch 是用 Lua 语言实现的,被广泛应用于视觉处理和自然语言处理等各种机器学习领域,但在 2016 年之前,这个框架在 Python 里没有得到较好的支持。

2016 年,Facebook 公司在 Torch 的基础上研发出了 Pytorch 的 Alpha 版本,随后又在此基础上不断迭代,升级了各种功能。2018 年,Pytorch 的 1.0 版本正式发布,该版本发布后,被广泛应用在各种机器学习和深度学习等开发场景。

当下 Pytorch 已经升级到 2.0 版本,该版本是在 Pytorch 2022 大会上正式发布的。和之前的 1.x 版本相比,该版本包含了大量新功能,同时提升了创建和训练模型的性能。

Pytorch 框架的出现和发展,事实上降低了深度学习的门槛。经过若干年的实践和发展,当前 Pytorch 被广泛应用到数据分析领域、数据挖掘、模式识别、基因数据分析和图片识别等领域。

1.3.2 Pytorch 的常用模块

Pytorch 框架包含了以下几个常用功能模块:

(1)torch.Tensor 模块:封装了不同数值类型的张量,以及针对张量的各种操作。

(2)torch.nn 模块:封装了搭建神经网络的常用方法,比如封装了与搭建神经网络相关的卷积、激活和求损失函数的方法。

(3)torch.optim 模块:封装了优化器相关的方法。

(4)torch.jit 模块:承担了"即时编译器"的作用,通过该模块导出的静态图,能被 Java 等编程语言使用。

(5)torch.autograd 模块:封装了自动求导等功能,该模块被广泛应用在神经网络训练的过程中。

(6)torch.multiprocessing 模块:封装了多线程操作的相关方法,通过这种方法,程序员能提高模型的训练效率。

(7)torch.utils 模块:封装了读取数据集和训练测试数据集等方法。

(8)torch.random 模块:封装了生成随机数的相关方法。

4

1.3.3　搭建 Python 开发环境

由于 Pytorch 框架是基于 Python 语言的，为了使用这个库，首先需要搭建 Python 开发环境。搭建 Python 开发环境的步骤有 3 个：第一，下载并安装 Python 解释器；第二，下载并安装 Python 集成开发环境；第三，下载常用的包含 Pytorch 框架等的第三方库。

Python 的代码是由解释器执行，所以在搭建环境时，首先需要安装解释器，可以从官网 https://www.python.org/downloads/windows/ 下载解释器，由于本书是在 Windows 操作系统上开发 Python 代码，所以是下载 Windows 版本。同时，出于兼容性方面的考虑，本书使用的是 3.10 版本的解释器。

下载后根据提示安装解释器，安装完成后，可在安装路径里看到 python.exe，比如本机的安装路径是 C:\Users\admin\AppData\Local\Programs\Python\Python310，在其中能看到 python.exe。建议把该路径添加到环境变量 Path 里，这样就能在任何路径位置运行 python.exe。

Python 解释器安装完成后，理论上就能通过在 TXT 文本文件里编写 Python 代码，随后再通过解释器运行。但这样做的效率不高，所以一般建议在 Python 集成开发环境里开发、调试并运行 Python 代码，本书所用的集成开发环境是 PyCharm。

可以到官网 https://www.jetbrains.com.cn/pycharm/ 去下载 PyCharm 集成开发环境，这里建议下载社区版，下载完成后安装即可。

为了开发实现各种功能的 Python 代码，除了可以使用 Python 解释器所提供的默认库，还需要根据实际情况，安装各种第三方库，比如需要安装支持科学运算的 Numpy 库。安装第三方库的步骤如下：

第一步，打开一个 cmd 命令窗口，并在其中运行 cd 等命令，进入 Python 解释器所在的路径，比如本书是 C:\Users\admin\AppData\Local\Programs\Python\Python310，在该路径下，进入 Scripts 路径，可以看到用于安装第三方库的 pip3 命令。

第二步，通过运行"pip3 install 库名"命令的方式，安装第三方库，比如要安装 numpy，对应的命令是 pip3 install numpy。安装完成后，能通过运行 pip3 list 命令，确定所安装的第三方库，并能查看对应的版本。

1.3.4　简单安装 Pytorch 框架

可通过上文提到的 pip3 命令安装 Pytorch 框架，具体命令如下所示。

```
1  pip3 install torch torchvision torchaudio
```

顾名思义，Pytorch 是由"Py"和"torch"构成的，其中"Py"表示 Python，说明 Pytorch 框架是基于 Python 语言的，而"torch"则表示该框架在 Python 内的库名为"torch"，所以这里用 pip3 命令安装 Pytorch 框架时，输入的表示库名的参数为"torch"。

此外，torchvision 和 torchaudio 是 torch 库所必需的前置支持库，所以在这里一起安装。由于这里并没有指定相关库的版本，所以 pip3 命令会自动下载并安装在兼容环境下的最新版本。

需要注意的是，本书在后文讲解相关代码时，可能还需要安装其他第三方库，到时候依然是通过这里给出的 pip3 install 命令来安装其他第三方库的。

安装完成后，可到 Pycharm 集成开发环境里创建一个名为 chapter1 的项目，并在其中创建一个名为 CheckVersion.py 的 Python 文件，并在其中编写如下代码。

```
1   import torch
2   print(torch.__version__)
```

这里是在第 1 行导入了 Pytorch 框架的支持库 torch，并通过第 2 行代码输出该库的版本信息。该代码运行后，会显示如下输出。

```
1   2.3.0+cpu
```

通过上述输出结果大家能看到，笔者在运行上述代码时，torch 库的最新版本是 2.3.0。大家在自己的计算机上运行时，或许会看到其他的版本号。总之，如果能看到版本号，就说明 Pytorch 框架所对应的 torch 库已在计算机上成功安装。

但是这里大家看到是 cpu 字样，这说明当下 Pytorch 框架只是支持 CPU 环境，而并没有支持 GPU 环境，下文将给出搭建支持 GPU 的 Pytorch 环境的具体做法。

1.4   搭建支持 GPU 的 Pytorch 环境

如果大家的计算机不支持 GPU 功能，那可以用上文给出的步骤，安装基于 CPU 的 Pytorch 框架。由于本书给出代码，其运算量并不大，所以这样的话，并不会影响学习和运行本书的代码。

但是，还是建议安装支持 GPU 的 Pytorch 框架，因为相对 CPU 版本而言，GPU 版本的计算速度会快很多。

1.4.1   GPU 和 CUDA

GPU（Graphics Processing Unit）是图形处理器的英文缩写，是显卡的重要组成部分，能高效地进行图形渲染和视频处理等动作。

当下一些版本的 NVIDA 显卡支持 GPU 功能。大家可以打开"任务管理器"窗口，切换到"性能"选项卡，如果能看到如图 1.4 所示的 GPU 性能数据，那么说明该台计算机支持 GPU 功能。

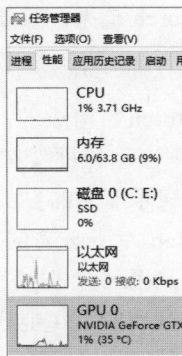

图 1.4   查看计算机是否支持 GPU 功能

CUDA（Compute Unified Device Architecture）是基于 GPU 的并行计算平台和编程模型，这种模型能利用 GPU 强大的运算能力，高效地进行图片或视频方面的运算。

为了确认自己的计算机是否支持 CUDA，大家可以打开命令行窗口，并在其中运行如下命令。

```
1  nvcc --version
```

如果支持 CUDA，该命令能运行通，并能看到 CUDA 的版本信息。比如笔者在自己的计算机上运行该命令，确认了笔者计算机上的 CUDA 版本是 12.1。

如果大家安装的 Pytorch 框架是基于 GPU 版本，那么就可以通过 CUDA 模型，利用 GPU 处理能力，提升各种复杂运算的速度。

1.4.2　安装基于 GPU 的 Pytorch

第一步，下载并安装 CUDA Toolkit 工具。

如果计算机支持 GPU 和 CUDA，那么可以到官网 https://developer.nvidia.com/cuda-toolkit-archive 去下载 CUDA 的 Toolkit，这里请对应地下载和自己的计算机的 CUDA 版本匹配的 .exe 版本。

下载完成后，可以按照提示逐步安装。在安装过程中，不需要修改安装路径。

第二步，下载并安装 cnDNN 工具。

cnDNN 是面向深度学习的 GPU 加速库，可到 https://developer.nvidia.cn/rdp/cudnn-archive 等处下载这个加速库。下载完成后，也可以按照提示逐步安装，这里也不需要修改安装路径。

第三步，到 https://pytorch.org/ 官网去查看安装命令，方法为在如图 1.5 所示的界面中选择 Windows、Pip 和 CUDA12.1 选项，就能在下方看到用 pip3 安装 Pytorch 的安装命令。

```
1  pip3 install torch torchvision torchaudio --index-url https://download.pytorch.
org/whl/cu121
```

如果大家要安装基于 Linux 或 Mac 的 Pytorch 框架，或者要通过 Conda 等方式安装，或者要安装基于 C++ 或 Java 的版本，则可以在如图 1.5 所示的界面中选择对应的选项，那么也能够获得对应的安装命令。

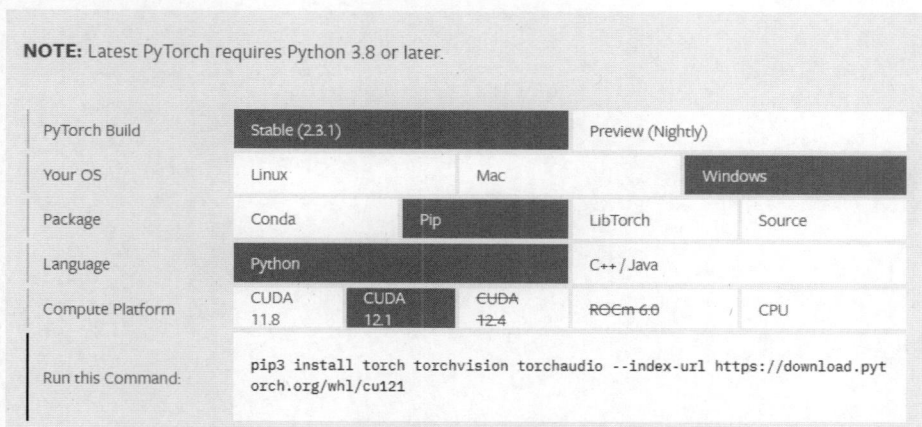

NOTE: Latest PyTorch requires Python 3.8 or later.				
PyTorch Build	Stable (2.3.1)		Preview (Nightly)	
Your OS	Linux	Mac	Windows	
Package	Conda	Pip	LibTorch	Source
Language	Python		C++ / Java	
Compute Platform	CUDA 11.8	CUDA 12.1	~~CUDA 12.4~~	~~ROCm 6.0~~	CPU
Run this Command:	pip3 install torch torchvision torchaudio --index-url https://download.pytorch.org/whl/cu121			

图 1.5　查看 Pytorch 安装命令的效果图

安装完成后，可在上文提到的 CheckVersion.py 里加入下列确认 cuda 的代码，如果该语句返回 "gpu"，那就说明基于 GPU 的 Pytorch 框架安装成功。

```
1  print(torch.version.cuda)
```

1.5 小结和预告

本章主要讲解了深度学习的入门相关概念，具体讲述了神经网络、深度学习和大模型的概念，并在此基础上讲解了支持深度学习的 Pytorch 框架，以及搭建开发环境的相关步骤。

第 2 章将讲述 Pytorch 框架的基本概念——张量，并在此基础上，使用 Pytorch 框架讲述搭建和训练神经网络的基本知识点。

第 2 章
学习张量，搭建神经网络

学习目标

- 了解张量的概念及基本操作
- 掌握深度学习层面，常用的张量运算
- 知道神经网络的常用概念
- 掌握用 Pytorch 搭建简单神经网络的方法

2.1 张量的概念和基本操作

张量可以理解成是向量和矩阵的扩展，它可以具有任意维数。在 Pytorch 框架里，张量被封装成一种数据类型。

从结构上来看，Pytorch 框架里的"张量"数据类型和 Numpy 库里的数组类型很相似，但 Pytorch 框架提供了更多针对张量的运算方法。同时，基于张量的运算还可以被 GPU 设备加速。

2.1.1 标量、向量、矩阵和张量

标量是指只有数值没有方向的量，比如下面的赋值语句，其中 x 就是一个标量。

```
1  x=1
```

向量则是一组有序的数，通过该序列里的索引，能够找到向量中的每一个数值。比如，可以通过以下代码，用 Python 里的 Numpy 库定义一个向量，向量可以理解成是一个一维数组。

```
1  a = np.array([1,2,3,4])
```

矩阵则可以理解成二维数组，下面的代码用二维数组的形式，定义了一个 3 行 3 列的矩阵。

```
1  x=np.array([[1,2,3], [4,5,6], [7,8,9]])
```

该矩阵的样式如图 2.1 所示。

张量可以理解成是多维的数组，比如图 2.2 展示了由 3 维数组构成的 3 阶张量。

	1	2	3
	4	5	6
	7	8	9

图 2.1 矩阵样式

	0	1	2
0	[0,1,2]	[0,1,2]	[0,1,2]
1	[0,1,2]	[0,1,2]	[0,1,2]
2	[0,1,2]	[0,1,2]	[0,1,2]

图 2.2 3 阶张量样式

在此基础上，大家可以想象一下 4 阶及更高阶张量的构成形式。

2.1.2 张量和深度学习的关系

张量是深度学习里存储数据的容器，可以用来存储待分析和预测的数据。

比如某深度神经网络想要通过分析给定的图片数据，实现图片分类的效果。假设每张图片是由 256×256 个像素构成，每个像素是如下结构的四元组构成，这 4 个数据分别表示红色分量、绿色分量、蓝色分量和透明度。

```
1    (red,green,blue,alpha)
```

那么用来存储每张图片像素数据的其实是一个三维数组，也就是 3 阶张量，大致样式如图 2.3 所示。

	0	1	...	255
0	[255,235,123,0.5]	[155,125,143,0.7]		[161,28,85,0.3]
1	[251,215,173,0.9]	[171,135,138,0.4]		[161,148,185,0.2]
...				
255	[223,125,73,0.8]	[28,24,147,0.6]		[142,149,135,0.4]

图 2.3 存储图片的 3 阶张量效果图

再扩展一下，比如该深度神经网络要分析几十万张图片，那就还需要在此基础上添加一阶，用 4 阶张量来存储这些图片的像素数据。

同样，在其他深度学习存储数据的场景里，一般也都无法仅用二维矩阵来存储数据，也需要用高阶的张量来存储数据。所以，掌握针对张量的各种操作，其实是学习深度学习相关模型和技术的必要前提。

2.1.3 创建张量

可以通过 torch.tensor 的方法来创建张量，在下面的 CreateTensor.py 范例中，大家能看到创建张量的基本做法。

```
1    import torch
2    # 创建一个 5x3 的张量
3    t = torch.tensor([[1, 2, 3], [4, 5, 6], [7, 8, 9], [10, 11, 12], [13, 14, 15]])
4    print(t)
5    print(type(t))
6    print(t.dtype)
```

该范例是在第 3 行里，通过 torch.tensor 方法，根据传入的参数，创建了一个 5 行 3 列的张量，通过第 4 行的输出语句，大家能看到该张量的输出结果。

```
1  tensor([[ 1,  2,  3],
2         [ 4,  5,  6],
3         [ 7,  8,  9],
4         [10, 11, 12],
5         [13, 14, 15]])
```

这里是通过第 5 行代码返回了张量对象的类型，该句语句的输出结果如下，由此大家能看到张量对象的数据类型。

```
1  <class 'torch.Tensor'>
```

这里还通过第 6 行代码返回了该张量对象所存储数据的类型，该句语句的输出结果如下，由此大家能看到，该张量对象存储的是 int64 类型的数据。

```
1  torch.int64
```

2.1.4　张量的常见方法

创建张量后，可以通过如下 TensorUsage.py 范例中给出的方法，返回张量内包含的元素个数、张量的形状，以及张量内指定行和指定列的元素。

```
1  import torch
2  # 创建一个 5x3 的张量
3  t = torch.tensor([[1, 2, 3], [4, 5, 6], [7, 8, 9], [10, 11, 12], [13, 14, 15]])
4  print(t.numel()) # 返回张量的元素个数
5  print(t.shape)# 返回张量的形状
6  print(t[0]) # 返回指定索引行的数据
7  print(t[:,0])  # 返回指定索引列的数据
```

通过上述范例第 4 行给出的 numel 方法，大家能得到张量内的元素个数。通过第 5 行给出的 shape 方法，大家能看到张量的形状。通过第 6 行和第 7 行的代码，大家能看到指定行和指定列的张量数据，该范例的运行效果如下。

```
1  15
2  torch.Size([5, 3])
3  tensor([1, 2, 3])
4  tensor([ 1,  4,  7, 10, 13])
```

2.1.5　张量与 Numpy 数据的相互转换

在一些深度学习的开发场景，张量类型的数据会和 Numpy 类型的数据相互转换。通过下面的 TensorAndNumpy.py 范例，大家能掌握这两种数据对象相互转换的做法。

```
1  import numpy as np
2  import torch
3  n = np.ones((2, 2))
4  #Numpy 数据转换成张量
```

```
5    t = torch.from_numpy(n)
6    print(type(t))
7    n2=t.numpy()
8    print(type(n2))
```

通过上述范例第 5 行给出的 from_numpy 方法，大家可以把 Numpy 类型的对象 n 转换成张量类型，通过第 7 行给出的 numpy 方法，大家可以把张量类型的数据转换成 Numpy 类型。上述范例的运行效果如下所示，从中大家能看到相互转换后的效果。

```
1    <class 'torch.Tensor'>
2    <class 'numpy.ndarray'>
```

2.2 张量的常见运算

本书将讲述针对张量的常见运算，包括索引和切片运算、转换维度的运算和过滤张量数据的运算。

2.2.1 张量的索引操作

在下面的 TensorIndex.py 范例中，大家能看到针对张量的索引操作。

```
1    import torch
2    # 创建一个 5x3 的张量
3    t = torch.tensor([[1, 2, 3], [4, 5, 6], [7, 8, 9], [10, 11, 12], [13, 14, 15]])
4    print(t[0,1])  # 返回指定索引行索引列的数据
5    # 布尔索引
6    choosed = t > 5
7    choosed_items = t[choosed]
8    print(choosed)
9    print(choosed_items)
```

大家可以像第 4 行给出的代码一样，通过输入张量各维度的索引值，来访问张量内的指定数据。

此外，大家还可以像第 6 行和第 7 行代码一样，通过布尔索引的方式，获取张量内指定条件的数据。具体做法是，可以通过第 6 行的代码设置条件，并通过第 7 行的代码，把大于 5 的数据放入 choosed_items 对象中，上述代码的运行结果如下。

```
1    tensor(2)
2    tensor([[False, False, False],
3            [False, False,  True],
4            [ True,  True,  True],
5            [ True,  True,  True],
6            [ True,  True,  True]])
7    tensor([ 6,  7,  8,  9, 10, 11, 12, 13, 14, 15])
```

2.2.2　张量的切片操作

针对张量做切片的目的是，获取张量内指定行、指定列或指定范围内的数据。通过下面的范例 TensorSlice.py，大家能掌握相关做法。

```
1   import torch
2   # 创建一个 5x3 的张量
3   t = torch.tensor([[1, 2, 3], [4, 5, 6], [7, 8, 9], [10, 11, 12], [13, 14, 15]])
4   print(t[:2])  # 返回前两行数据
5   print(t[:,0:2])  # 返回前两列数据
6   print(t[0:2,0:2])  # 返回前两行中前两列的数据
```

在张量内获取切片的关键语法要点是"`:`"，具体而言，针对张量做行切片的做法如第 4 行的代码所示，这里是通过"`:2`"的方式，返回了索引为 0 和 1（不包含 2）的行数据。针对张量做列切片的做法如第 5 行的代码所示，这里是返回了索引号是 0 和 1（不包含 2）的列数据。

如果大家要获取张量内指定行指定列的数据，可以用类似第 6 行代码给出的做法，这里是获取前两行范围内的前两列数据。上述代码的运行效果如下。

```
1   tensor([[1, 2, 3],
2           [4, 5, 6]])
3   tensor([[ 1,  2],
4           [ 4,  5],
5           [ 7,  8],
6           [10, 11],
7           [13, 14]])
8   tensor([[1, 2],
9           [4, 5]])
```

2.2.3　转换张量的维度

张量是多维矩阵，创建张量后，可以通过 view 和 reshape 等方法转换张量的维度。在下面的 TensorChange.py 范例中，大家能看到转换张量维度的常用技巧。

```
1   import torch
2   # 创建一个 6x2 的张量
3   t = torch.tensor([[1, 2], [3, 4], [5, 6], [7, 8], [9, 10], [11, 12]])
4   print(t.shape)# 输出张量的形状
5   # 转换成 3x4 的张量
6   print(t.view(3,4))
7   # 等同于
8   # print(t.reshape(3,4))
9   # 转换维度
10  print(t.permute(1,0))
11  # 把 2 行 1 列的张量，扩展成 2 行 3 列
12  t1 = torch.Tensor([[1], [2]])
13  print(t1.expand(2,3))
```

在上述范例中，先是通过第 3 行的代码，创建了 6 行 2 列的张量，在此基础上，用第 6 行所

示的 view 方法，把该张量转换成了 3 行 4 列的形式。

在实际操作中，也可以用第 8 行给出的 reshape 方法来转换张量的维度。这里请注意，用于转换张量维度的 view 和 reshape 方法，其参数都是待转换的张量维度值。

除此之外，还可以通过第 10 行给出的 permute 方法来转换张量的维度，这里 permute 方法的两个参数分别是 1 和 0，表示要互换第 0 维和第 1 维的数据，相当于转置。

本范例通过第 12 行和第 13 行代码，演示了张量扩展的相关做法。具体是，先通过第 12 行代码创建了 2 行 1 列的张量，在此基础上通过第 13 行的 expand 方法，把该张量扩展成 2 行 3 列的形式。

上述范例的运行结果如下，从中大家能实际感受到 view 等方法的运行结果。

```
1   torch.Size([6, 2])
2   tensor([[ 1,  2,  3,  4],
3           [ 5,  6,  7,  8],
4           [ 9, 10, 11, 12]])
5   tensor([[ 1,  3,  5,  7,  9, 11],
6           [ 2,  4,  6,  8, 10, 12]])
7   tensor([[1., 1., 1.],
8           [2., 2., 2.]])
```

2.2.4 过滤与条件操作

在拿到一个张量对象后，可以通过 clamp 方法限定其中数据的范围；可以通过 gather 方法获取指定其中指定索引的数据；可以通过 where 方法，对张量内指定条件的数据进行操作；也可以通过 take 方法，先把张量压缩成 1 维，然后返回指定索引位的数据。

在下面的 torchFilter.py 范例中，将演示上述方法的具体用法。

```
1   import torch
2   t = torch.tensor([[1, 2], [3, 4], [5, 6], [7, 8]])
3   #print(t)
4   # 限定张量内数据的范围
5   print(torch.clamp(t,2,5))
6   # 获取张量内指定索引条件的数据
7   print(torch.gather(t,dim=1,index=torch.tensor([[0],[1]])))
8   # 根据条件，对张量内的数据进行操作
9   print(torch.where(t>5,t*t, t))
10  # 压缩成一维，同时输出指定索引的数据
11  print(torch.take(t,torch.tensor([0, 2, 4])))
```

本范例的第 5 行代码演示了 clamp 方法的用法，该语句的输出结果如下，从中大家能看到，这里是通过 clamp 方法，把张量内的数据限制在 2～5 这个范围内。

```
1   tensor([[2, 2],
2           [3, 4],
3           [5, 5],
4           [5, 5]])
```

本范例的第 7 行演示了 gather 方法的用法，该语句的输出结果如下，这里是通过第 2 个参数

和第 3 个参数，指定了从第 2 个维度，即列的方向，截取第 1 行和第 2 行的数据。

```
1  tensor([[1],
2          [4]])
```

本范例的第 9 行演示了 where 方法的用法，这里的含义是，针对该张量中大于 5 的数据，进行 t*t 的操作，同时不对 t<5 的数据进行操作。该方法的输出结果如下。

```
1  tensor([[ 1,  2],
2          [ 3,  4],
3          [ 5, 36],
4          [49, 64]])
```

本范例的第 11 行演示了 take 方法的用法，该方法先把张量压缩成一维数组，并返回由第 2 个参数所指定的 0 号、2 号和 4 号索引位的数据，该方法的输出结果如下。

```
1  tensor([1, 3, 5])
```

2.3　搭建第一个神经网络

本节将在讲述神经网络相关知识点的基础上，给出搭建神经网络的基本步骤。通过学习本节内容，大家不仅能掌握训练集、验证集、测试集、损失函数和超参数等相关概念，而且还能通过代码，直观地掌握搭建和使用神经网络的相关技巧。

2.3.1　训练集、验证集和测试集

在训练神经网络过程中，一般来说，数据集的数量越多，那么训练的效果就越好。

为了更加合理地利用数据集，一般会把数据集分为训练集、验证集和测试集 3 部分，具体来说，会用训练集训练模型，用验证集评估模型，当完成训练后，再用测试数据给模型打分。

这 3 类集合的常见划分比例是，把总体数据的 60% 作为训练集，把 20% 的数据当成验证集，把剩下的 20% 数据当成测试集。这样的划分比例不仅可以确保模型能被充分训练，而且还能确保模型能有效地预测未知数据。

为了更有效地利用数据，在训练过程中一般还可以用到"交叉验证"的方法。比如，可以把样本数据划分成 a1,a2…a10 共 10 等份，在第一次训练中，把 a1 ～ a9 数据集用作训练集，把 a10 用作测试集，在第二次训练中，把 a9 用作测试集，把剩下的数据用作训练集，以此类推。

在这部分给出的范例中，为了重点讲述神经网络的相关概念，没有用到真实数据，训练和预测所用的数据都是模拟生成的，所以其中并没有包含训练集、验证集和测试集的相关代码。但是在真实的训练场景，这 3 类数据集会被广泛应用。

2.3.2　过拟合与欠拟合

过拟合与欠拟合的概念其实和上文提到的训练集和测试集有一定的关联。

过拟合是指在训练神经网络模型时，过多关注了训练集的数据特征，导致该模型能很好地预测训练集所用的数据，但不能很好地预测测试集数据。防止过拟合的措施有用更多的数据来训练，以及在训练时引入正则化约束项。

欠拟合是指，模型不能很好地找到训练集数据的规律，从而无法有效预测测试集里的数据，防止欠拟合的措施有增加模型的复杂度，或者减小训练所用的正则化系数。

2.3.3 损失函数

损失函数可以用来定量地分析神经网络等模型预测值和真实值之间的差距，换句话说，通过损失函数给出的差异值，大家能直观地看到模型质量的好坏。

损失函数在神经网络等数据预测场景里的位置如图 2.4 所示。从中大家能看到，损失函数会通过求均方差等方法，定量地计算出模型预测结果和真实结果之间的差异，这种差异结果可以直接作为训练和调参的依据。

在数据分析场景，基于均方差（MSE）的损失函数最为常见，该损失函数的具体算法如图 2.5 所示。

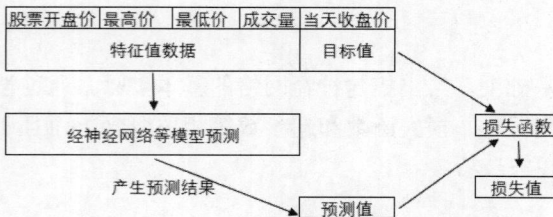

图 2.4 损失函数的位置

$$\sigma = \sqrt{\dfrac{\sum_{i=1}^{n}\left(x_i - \bar{x}\right)^2}{n}}$$

图 2.5 均方差算法示意图

预测值和真实值之间差的平方和的平均数叫作方差，方差的平方根就叫作均方差，预测值和真实值之间的差异越大，均方差的数值也就越大。当然，损失函数也可以用其他算法来量化预测值和真实值之间的差异。

2.3.4 神经网络的超参数

神经网络的超参数是指与网络结构、训练过程和优化算法相关的参数，这里讲解一些常用超参数的含义。

- 层数：该参数定义了神经网络的深度，层数越多的神经网络可以构成更为复杂的模式，但也会提升计算成本，并增加出现过拟合的风险。
- 批量大小：该参数定义了每次训练的样本数。如果设置较小的批量值，一般可以提高模型预测数据的精度，但可能导致训练过慢的情况；而如果设置较大的批量值，那么会提升训练速度，但会增大内存需求。
- 迭代次数：该参数用来定义训练集被学习的次数。一般来说，较少的迭代次数可能会导致数据未能被充分利用，而较多的迭代次数可能会导致模型出现过拟合的现象，即无法高效地预测分析未知数据。

- 学习率：该参数决定了模型在优化过程中更新权重值的步长。过高的学习率可能会导致训练过程不收敛，过低则会让训练过程过于缓慢。
- 优化器：该参数用来指定模型在学习训练过程中，用来更新参数的优化目标函数。其中 SGD 和 Adam 是当下最为常用的两种优化器。
- 正则化项：该参数用于减少模型的过拟合程度。在数据分析场景中，在损失函数里添加正则化项，可以避免出现较大的权重值，从而能优化训练的过程。

2.3.5　搭建神经网络的定式

学完神经网络的一些基础知识点后，下面将通过 CreateSimpleNet.py 范例，讲述搭建神经网络的基本步骤，以及用数据训练神经网络的实践要点，从中大家能看到，搭建和训练神经网络的代码其实是有定式的。

本神经网络的输入是二维平面坐标系 (-1,1) 区间内满足 y=cos(x) 关系的 100 个点，即这 100 个点是该神经网络的训练集。神经网络在接受训练后，将输出一条曲线来拟合这 100 个点的关系。

```
1   import torch
2   import matplotlib.pyplot as plt
3   import torch.nn.functional as F
4   # 模拟制作一个数据集
5   x = torch.unsqueeze(torch.linspace(-1,1,100), dim=1)
6   y = torch.acos(x) + 0.5*torch.rand(x.size())
```

本范例的前 3 行通过 import 语句引入了必需的依赖包，并通过第 5 行和第 6 行的代码，模拟生成了 100 个点，这些点满足 y=cos(x) 的关系，将用来训练神经网络。这里 x 是被分析的对象，也称特征值，y 是真实的结果，也称目标值。

```
7   class Net(torch.nn.Module):
8       # 定义神经元节点
9       def __init__(self, input_nunber, hidden_number, output_number):
10          super(Net, self).__init__()
11          self.hidden = torch.nn.Linear(input_number, hidden_number)
12          self.predict = torch.nn.Linear(hidden_number, output_number)
13      def forward(self, x): # 定义前向传播动作
14          x = self.hidden(x)
15          x = F.relu(x)    # 定义激活函数
16          x = self.predict(x)
17          return x
```

在本范例的第 7 ～ 17 行代码中，定义了用于创建神经网络的 Net 函数。

在定义神经网络时，首先通过 __init__ 方法里的第 9 行代码，指定调用封装在 torch 库底层的代码实现神经网络的初始化动作，通过第 11 行和第 12 行代码，用 torch.nn.Linear 方法定义了该神经网络中的两个线性层，分别为 hidden 和 predict，顾名思义，这两层内的神经元节点都是用线性函数来拟合数据。

torch.nn.Linear 有两个参数，分别表示所定义线性层的入参和出参的维度。其中名为 hidden 的线性层，其实相当于是神经网络的输入层，而 predict 线性层，则相当于输出预测结果的输出层。

随后，通过第 13 ~ 17 行的 forward 方法，指定数据前向传播的具体动作，具体为：输入的数据会被第一个线性层 hidden 处理，处理完成后的数据经 relu 激活函数处理后，再交给第二个线性层 predict 处理。

在神经网络中引入激活函数的目的是，让该模型能以非线性的方式分析预测数据，从而提升该模型处理数据的能力。

从中大家可以看到，用代码搭建神经网络时，可以在具体的类里定义 __init__ 和 forward 两个方法，在 __init__ 方法里定义各模块，在 forward 方法里定义前向传播的动作。前向传播的具体内容将在第 3 章进行介绍。

```
18  # 构建一个神经网络模型
19  model = Net(input_number=1, hidden_number=256, output_number=1)
```

根据上文给出的定义神经网络的 NET 类，这里是通过第 19 ~ 22 行代码创建一个神经网络模型，同时设置该模型所使用的优化器和损失函数等关键参数。

在第 19 行创建神经网络模型时，请大家注意其中的 3 个参数，其中，input_number 表示该神经网络接收的入参维度是 1 维，即特征值 x 是 1 维；output_number 表示该神经网络输出的目标值 y 也是 1 维，hidden_number 表示该神经网络中介于 hidden 和 predict 这两个线性层之间的隐藏层里，神经元节点的数量，这里设置成 256。该神经网络的结构如图 2.6 所示。

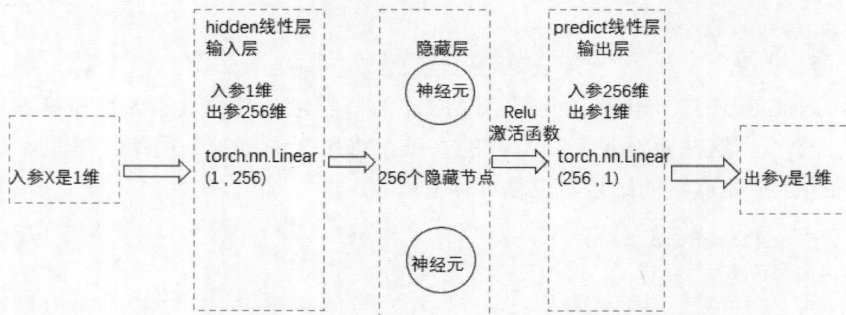

图 2.6　神经网络的结构

从中大家能看到，该神经网络的输入层接收的是 1 维数据，该层会用神经元节点把 1 维数据转换成 256 维的数据，这里数值 256 是与隐藏层里的神经元节点数量相匹配。

hidden 处理后的数据，交由隐藏层节点处理后，会把结果交激活函数处理，再传递给 predict 层，该层会把 256 维的数据转换成 1 维的输出数据，由此完成数据拟合的动作。

```
20  # 设置优化器，损失函数采用均方差函数
21  optimizer = torch.optim.SGD(net.parameters(), lr=0.1)
22  loss_func = torch.nn.MSELoss()
```

随后，通过第 20 行代码设置了该神经网络所用的优化器，具体来说，指定了该网络在分析时，将使用梯度下降的分析方法，同时设置了学习率（也称步长）是 0.1。

在此基础上，通过第 22 行代码设置了该模型所用的损失函数，这里用到了基于均方差算法的损失函数。

```
23  # 开始训练
24  for t in range(200):
25      # 预测值
26      prediction = model(x)
27      loss = loss_func(prediction, y)
28      # 清空梯度参数
29      optimizer.zero_grad()
30      # 反向传播损失值
31      loss.backward()
32      # 更新神经网络参数
33      optimizer.step()
```

随后，通过第 24 ~ 33 行的 for 循环代码，开始训练神经网络，通过 for 循环的参数大家能看到，本次训练将进行 200 次。

大家可以把第 26 ~ 32 行的代码理解成神经网络训练的代码模板，从中大家可以看到，神经网络在训练时，一般会包含以下 5 个步骤：

（1）如第 26 行代码所示，用神经网络拟合特征数据，生成预测结果。

（2）如第 27 行代码所示，用损失函数计算真实结果和神经网络拟合结果之间的差异。

（3）如第 31 行代码所示，用类似 loss.backward 方法，从输出层向前传播损失函数的梯度，这个过程也称后向传播。

（4）如第 32 行代码所示，在后向传播的基础上，用损失函数的梯度更新神经网络的参数，这样做的目的是优化参数，提升下一次训练的准确性。

（5）本次训练结束后，用第 29 行代码清空梯度参数。

在由 for 循环指定的 200 次训练过程中，神经网络会以损失值为导向，不断优化内部参数，最终形成一个较为优化的数据分析模型。

```
34  # 可视化最后拟合出来的曲线
35  plt.figure()
36  plt.scatter(x.data.numpy(), y.data.numpy())
37  plt.plot(x.data.numpy(), prediction.data.numpy(), lw=3)
38  plt.text(0.5, 0, 'Loss is %.3f' % loss.data.numpy())
39  plt.show()
```

训练后，本范例再用第 35 ~ 39 行的代码展示了预测结果和真实数据之间的关系，具体来说，是通过第 36 行代码以散点图的方式展示了真实数据，通过第 37 行代码以曲线的方式展示了神经网络预测后的数据。

在此基础上，通过第 38 行代码显示了用于量化预测分析结果的损失值。该范例的运行结果如图 2.7 所示，从中大家能看到，基于神经网络分析的结果，能在一定程度上拟合真实数据之间的关系。而且，这里是用曲线而不是直线表示拟合结果，说明神经网络能用非线性的方式来分析并预测数据。

在第 3 章中，将详细讲述本范例用到的激活函数、损失函数和基于梯度下降的优化器等的关键实践要点，不过从本范例中，大家可以看到搭建神经网络及训练神经网络的一般定式。

（1）根据待拟合的数据集，定义神经网络的线性层和隐藏层的参数。

（2）定义神经网络的激活函数、损失函数和优化器，在定义优化器时，一般还需要定义步长等关键参数。

（3）用梯度下降等方式，训练该神经网络。训练的目的是，让该模型能根据特征值和目标值之间的关系，固化模型里的相关参数。

（4）当然，还可以用训练好的神经网络模型预测数据，不过本范例只输出了损失函数，在第3章中将以 MNIST 数据集为例，讲述预测数据的相关要点。

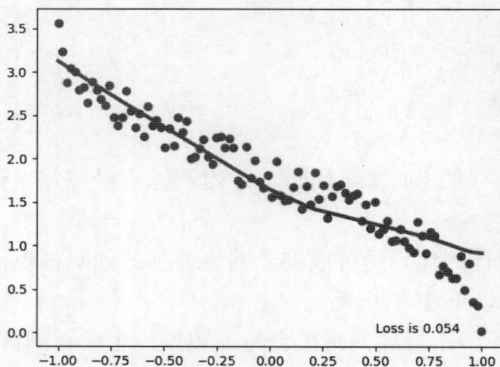

图 2.7　基于神经网络的预测效果图

2.4　小结和预告

本章首先讲述了张量的概念及针对张量的常见运算，请注意，张量是高维度的矩阵，也是神经网络接受参数的常见数据结构。随后，在讲述神经网络相关概念的基础上，通过代码演示了搭建和训练神经网络的相关要点，该代码具有可视化效果，从中大家能直观地看到相关参数的表现形式。

第3章将进一步用范例讲述神经网络中的重要概念，具体包含激活函数、损失函数和优化器，通过学习第3章，大家能进一步了解神经网络的工作机制。

实战神经网络（多层感知机）

学习目标

- 知道 Pytorch 自带的数据集及 MNIST 数据集的用法
- 掌握激活函数、损失函数和优化器在神经网络中的作用
- 知道常用的激活函数、损失函数和优化器的相关算法
- 掌握用神经网络拟合与预测数据的实践要点

3.1 Pytorch 自带的数据集

为了让大家更加高效地掌握深度学习 Pytorch 框架的的相关技巧，更为了让大家直观地看到神经网络模型的运行效果，本节将介绍 Pytorch 自带的数据集，以及加载数据集的方法。

3.1.1 数据集介绍

下面是一些 Pytorch 自带的数据集。

- MNIST 和 CIFAR 数据集可以用来展示图片分类效果。
- COCO 数据集可以用来演示物体检测、分割和关键点检测的效果。
- CelebA 数据集可以用来展示人脸识别的效果。
- LSUN 和 Places365 数据集可以用来演示场景分类的效果。
- HMDB51 和 Kinetics 数据集可以用来演示视频分类的效果。
- Cityscapes 和 VOCSegmentation 数据集可以用来演示语义分割的效果。

除此之外，大家还可到官网 https://pytorch.org/vision/stable/datasets.html 上，查看所有数据集的详细信息。

3.1.2 下载 MNIST 数据集

MNIST 数据集是由手写数字图片及其对应的数字标签构成的，由 60000 个训练集样本和 10000 个测试集样本组成，每个样本都是由 28×28 像素构成。

这里先讲解一下 MNIST 数据集的下载方法，在本书后继章节里，如果要用其他的数据集，也会先给出对应的下载步骤。

可通过下面给出的 getMNIST.py 代码，通过 torchvision 库提供的方法下载 MNIST 数据集。在运行时，如果发现 torchvisition 没有安装，可以通过 pip3 install torchvisition 安装这个库。

说明一下，其实 torchvisition 是 Pytorch 框架里的一个图形库，但这里使用它来下载数据。

```
1   import torchvision
2   torchvision.datasets.MNIST("./dataset", train=True, transform=torchvision.
transforms.ToTensor(),                                          download=True)
3   datasets.MNIST('./data/mnist', train=False, transform=torchvision.transforms.
ToTensor(), download=True)
```

这里是通过第 2 行的 torchvision.datasets.MNIST 方法来下载训练集数据，其中 train=True 的含义是下载训练集，如果该参数取值是 false，则表示下载测试集。而 download=true 的含义是，如果本地已经有数据集，依然会再下载，并覆盖本地数据集；如果本地已经存在，不想再重复下载，可以设置 download 参数为 False。

而第 3 行代码则用来下载 MNIST 的测试集。运行本段代码后，能在本项目的 dataset/raw 目录里看到下载好的数据集，具体效果如图 3.1 所示。

图 3.1　MNIST 数据集下载后的效果图

其中，主要会用到以下 4 个文件，带有 .gz 扩展名的文件则是压缩包。

（1）train-images-idx3-ubyte，其中包含了训练集的图片。

（2）train-labels-idx1-ubyte，其中包含了训练集的标签。

（3）t10k-images-idx3-ubyte，其中包含了测试集的图片。

（4）t10k-labels-idx1-ubyte，其中包含了测试集的标签。

3.1.3　可视化 MNIST 数据集

比如，随机获取 train-images-idx3-ubyte 中的一个由 28×28 像素组成的图片，其效果如图 3.2 所示，这是一个手写体数字 7，该图片在 train-labels-idx1-ubyte 标签文件里对应的标签值是 7。即该样本数据的特征值是一张手写体数字图片，目标值是 7。

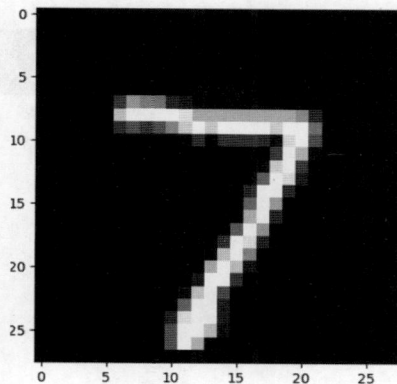

图 3.2　MNIST 数据集里的手写体数字图片效果图

此外，还可以通过下面的 datasetMNIST.py 范例，观察 MNIST 数据集里的图片样本数据的可视化效果，以及对应的标签值，具体代码如下。

```
1   import torch
2   from torchvision import datasets
3   import torchvision
4   from torch.utils.data import DataLoader
5   import matplotlib.pyplot as plt
6   # 加载数据集
7   train_dataset = datasets.MNIST(root='./datasetMNIST', train=True,
transform=torchvision.transforms.ToTensor(), download=False)
8   train_loader = torch.utils.data.DataLoader(dataset=train_dataset,batch_size=8)
9   # 实现图片可视化效果
10  numberImages, labels = next(iter(train_loader))
11  numberImg = torchvision.utils.make_grid(numberImages)
12  #指定使用的数据维度
13  numberImg = numberImg.numpy().transpose(1, 2, 0)
14  print(labels) # 输出标志，即数字
15  plt.imshow(numberImg) # 输出图形
16  plt.show()
```

这里先通过第 7 行和第 8 行代码，用 DataLoader 对象获取 MNIST 数据集里的样本数据，含 28×28 的图片数据和表示真实结果的标签数据，加载时所用的 batch_size 参数用于指定加载时每个批次的样本个数。

随后，通过第 10 ~ 16 行代码，实现了可视化效果。具体是，先通过第 10 行代码，获取数据集里的第一批 8 个数据，并把其中的图片和标签值赋予给了 numberImages 和 labels 对象，随后再通过第 11 行代码，指定将以网格化的方式展示数据。

在此基础上，通过第 13 行代码，设置图片数据的维度，最后通过第 14 行代码，在控制台上输出了数据的标签，并通过第 15 行代码，展示了手写数字图片的可视化效果。

本范例运行后，能在控制台看到如下输出的标签值，而数据集可视化的效果如图 3.3 所示，从中大家可以看到，标签值和所展示的数据是能完全匹配上的。

```
1   tensor([5, 0, 4, 1, 9, 2, 1, 3])
```

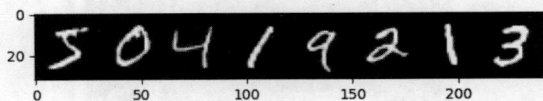

图 3.3　可视化 MNIST 数据集的效果图

3.2　激活函数

在搭建神经网络的过程中，如果把每个神经元的计算结果直接传递给下一个神经元，那么该神经网络是以线性的方式分析数据，该神经网络属于线性模型。

相比非线性模型，线性模型在分析数据时会有一定的局限性。在神经网络中引入激活函数的目的是，在搭建模型时引入非线性因素，从而使模型能够拟合各种复杂的具有非线性关系的数据。

3.2.1　引入非线性因素的激活函数

假设类似如图 3.4 所示的神经网络中不包含激活函数，那么哪怕该神经网络中包含的神经元个数再多，该神经网络模型依然是用线性的方式来分析数据。

具体来看，每个神经元的输出结果均如图 3.5 中的公式所示，即该神经元是针对多个输入值，经线性加权运算后得到一个输出值，再向后传递。

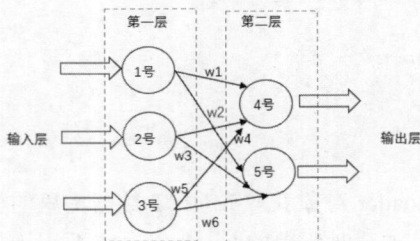

图 3.4　不包含激活函数的神经网络效果图

$$a_i = \sum_{j=1}^{m} x_j w_i + b$$

图 3.5　输出结果公式

这样一来，该神经网络的最终输出值是由其中多个神经元叠加作用而成，这样和输入值之间依然会存在线性关系。对此，有必要对神经元的输出值，再用能表征非线性关系的激活函数处理一下，把由激活函数处理后的值再传递给下一个神经元。

这样一来，神经元之间，乃至整个神经网络，就能用非线性的关系来拟合数据，具体效果如图 3.6 所示。

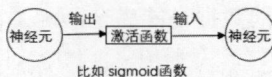

图 3.6　激活函数和神经元之间的关系图

Pytorch 框架支持的激活函数比较多，但常用的激活函数有 sigmoid、tanh 和 ReLU 等。

3.2.2　sigmoid 激活函数

sigmoid 激活函数的数学表达式如图 3.7 所示，其中 x 是输入项，比如可以是某个神经元的输出值，而 e 则是自然对数的底数，约等于 2.718。

$$\text{sigmoid}(x) = \frac{e^x}{e^x + 1} = \frac{1}{1 + e^{-x}}$$

图 3.7　sigmoid 函数的表达式

通过下面的 displaySigmoid.py 范例，大家能看到该激活函数的可视化效果。

```
1   import numpy as np
2   import matplotlib.pyplot as plt
3   # 定义 sigmoid 激活函数
4   def sigmoid(x):
5       return 1 / (1 + np.exp(-x))
6   # 可视化 sigmoid 激活函数
7   plt.figure()
8   x = np.linspace(-10, 10, 200)
9   plt.plot(x, sigmoid(x))
10  plt.title('Sigmoid')
11  plt.show()
```

这里通过第 4 行和第 5 行代码，定义了 sigmoid 函数的计算方式，随后，用第 8 行代码定义了均匀分布在 $-10 \sim 10$ 区间内的 200 个数值，再用第 9 行代码绘制基于这 200 个样本数据的 sigmoid 函数可视化效果。

本范例的运行结果如图 3.8 所示，这里大家还可以修改第 8 行代码，查看不同区间范围数据的 sigmoid 函数效果。

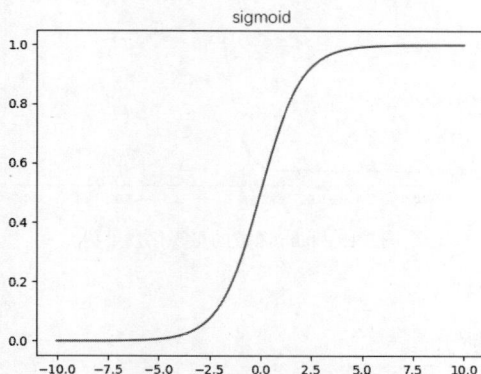

图 3.8　sigmoid 函数的可视化效果图

通过图 3.8 的展示效果及 sigmoid 函数的公式，大家能看到，该函数能把实数范围内的数据映射到 $0 \sim 1$ 这个区间内。

3.2.3 tanh 激活函数

tanh 函数其实是 sigmoid 的变体，其数学表达式如图 3.9 所示，从中大家能看到，该函数能把输入值映射到 -1 ～ 1 这个区间内。

$$\tanh(x) = \frac{e^x - e^{-x}}{e^x + e^{-x}}$$

图 3.9   tanh 函数的表达式

通过下面的 displayTanh.py 范例，大家能看到该激活函数的可视化效果。

```
1   import numpy as np
2   import matplotlib.pyplot as plt
3   # 定义 tanh 激活函数
4   def tanh(x):
5       return (np.exp(x) - np.exp(-x)) / (np.exp(x) + np.exp(-x))
6   # 可视化 tanh 激活函数
7   plt.figure()
8   x = np.linspace(-10, 10, 200)
9   plt.plot(x, tanh(x))
10  plt.title('Tanh')
11  plt.show()
```

该范例和上文给出的 displaySigmoid.py 范例很相似，主要的修改是，在第 4 行和第 5 行代码中，定义了 tanh 函数的计算方式，同时，通过第 9 行代码绘制了 tanh 函数的可视化效果，具体运行结果如图 3.10 所示。

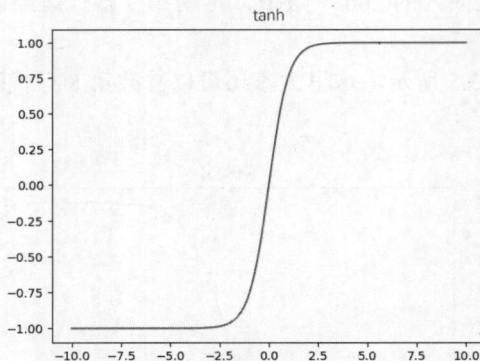

图 3.10   tanh 函数的可视化效果图

3.2.4 ReLU 激活函数

在第 2 章搭建神经网络时，用到的激活函数其实就是 ReLU，该激活函数的工作方式是，如果输入参数是负值，则返回 0；如果输入参数是正值，则不做改变直接输出。该函数的数学公式如图 3.11 所示。

$$f(x) = \max(0, x)$$

图 3.11　ReLU 函数的表达式

通过下面的 displayReLu.py 范例，大家能看到该激活函数的可视化效果。

```
1  import numpy as np
2  import matplotlib.pyplot as plt
3  # 定义 ReLU 激活函数
4  def ReLU(x):
5      return np.maximum(0, x)
6  # 可视化 ReLU 激活函数
7  plt.figure()
8  x = np.linspace(-5, 10, 100)
9  plt.plot(x, ReLU(x))
10 plt.title('ReLU')
11 plt.show()
```

本范例通过第 4 行和第 5 行代码，定义了 ReLU 函数的计算方式，并通过第 9 行代码绘制了在 −5 ～ 10 区间范围内的 ReLU 函数的可视化效果，本范例的运行效果如图 3.12 所示。

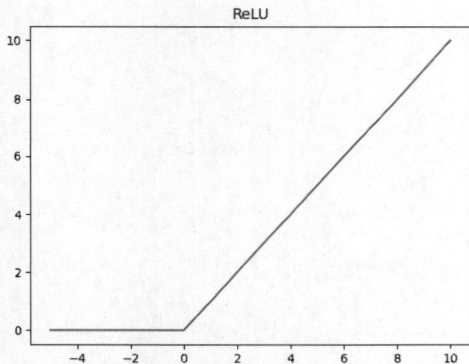

图 3.12　ReLU 函数的可视化效果图

3.3　神经网络与损失函数

第 2 章提到的神经网络，由于是由多个全连接层构成，所以也称多层感知机。这里将用 MNIST 数据集训练神经网络的具体案例，全面讲述搭建神经网络和用数据训练神经网络的具体步骤，从中大家不仅能了解搭建神经网络时各个参数的具体含义，还能掌握训练神经网络时的实践要点。

搭建神经网络的目的是预测数据，比如识别 MNIST 数据集里的图片。不过这里为了突出重点，先不做预测动作，而是先用基于均方差和交叉熵两种损失函数来定量观察训练结果。

3.3.1 用 MNIST 训练，观察损失值

这里要做的是，用 MNIST 数据集里若干张 28×28 的图片及其对应的数字标签（该图片对应的数字）训练神经网络，期望神经网络在训练后能识别数字图片，训练的流程如图 3.13 所示。

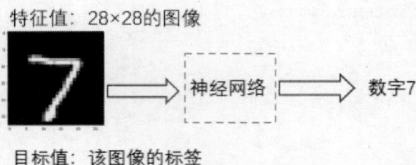

图 3.13　用 MNIST 数据集训练神经网络的示意图

在下面的 MSELossDemo.py 范例中，首先搭建神经网络，再用 MNIST 里的训练集对神经网络模型进行多轮训练，训练所用的损失函数是在第 2 章中提到的，基于均方差算法的损失函数。

每轮训练后，将收集该轮训练的损失值，最终再用可视化的方式展示各轮训练输出的损失值的趋势。而用神经网络预测图片数据的功能将在本章 3.5 节给出的范例中实现。

```
1  import numpy as np
2  import torch
3  import torchvision
4  import matplotlib.pyplot as plt
5  from torchvision import datasets, transforms
6  from torch import nn, optim
7  import torch.nn.functional as F
8  # 获取并加载训练集和测试集
9  batch_size = 200  # 每批训练的数量
10 train_dataset = torchvision.datasets.MNIST('./dataset',train=True,
transform=transforms.ToTensor(),download=False)
11 test_dataset = torchvision.datasets.MNIST('./dataset', train=False,
transform=transforms.ToTensor(), download=False)
12 train_loader = torch.utils.data.DataLoader(dataset=train_dataset, batch_
size=batch_size, shuffle=True)  # 一批数据为 100 个
13 test_loader = torch.utils.data.DataLoader(dataset=test_dataset, batch_
size=batch_size, shuffle=False)
```

本范例先通过第 1 ～ 7 行代码，引入了所需的类库，随后，通过第 10 行和第 11 行代码下载了 MNIST 的训练集和测试集。这里请注意，如果本地存在这些数据集，可设置 download 参数为 False；如果本地不存在，那可以设置该参数为 True，此时会下载数据集并保存到本地。

下载完成后，再通过第 12 行和第 13 行代码，把 MNIST 的训练集和测试集放入到 train_loader 和 test_loader 这两个对象里。

```
14 # 设置超参数
15 input_size = 28 * 28     # 输入大小，这里是分析 28×28 的图片
16 hidden_size = 512        # 隐藏节点数量
17 num_epochs = 10          # 训练轮数
18 # 定义神经网络
```

```
19 class NET(nn.Module):
20     # 初始化方法
21     def __init__(self, input_size, hidden_size, output_size):
22         super(NET, self).__init__()
23         self.hidden = torch.nn.Linear(input_size, hidden_size)
24         self.predict = torch.nn.Linear(hidden_size, output_size)
25     def forward(self, x):
26         x = self.hidden(x)
27         x = F.relu(x)
28         x = self.predict(x)
29         return x
30 # 实例化神经网络
31 net = NET(input_size, hidden_size, 10)
32 loss_func = nn.MSELoss()
33 optimizer = optim.SGD(net.parameters(),0.2)
34 # 用于放置多轮训练的损失函数
35 train_losses = []
```

随后，本范例通过 15 ～ 17 行代码定义了神经网络中的超参数，同时通过第 19 ～ 29 行代码定义了一个如图 3.14 所示的神经网络。

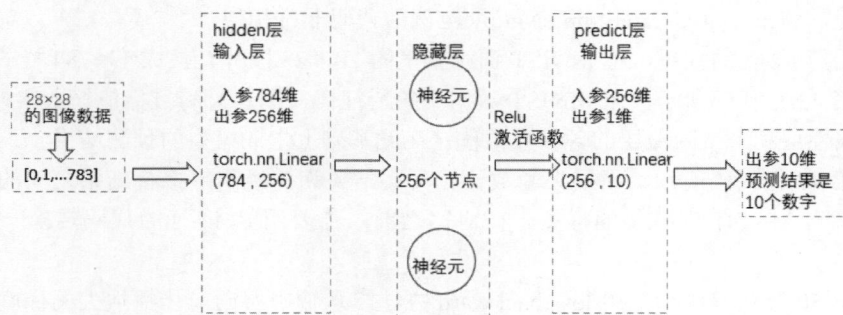

图 3.14　面向 MNIST 数据集的神经网络效果图

MNIST 训练集里的每个 28×28（等于 784）的手写数字图片，在输入神经网络前，需要先转换成神经网络可以接受的 1×784 形式的张量数据。这里，hidden 线性层会把 784 维的数据转换成 256 维，256 的数值依然和隐藏层的节点个数相匹配，而 predict 线性层将会把 256 维的数据转换成 10 维，原因是手写体图片的预测结果是数字 1 ～ 10。

随后，在第 32 行里定义损失函数，本范例所用到的损失函数是第 2 章提到的基于均方差的损失函数，而本范例用到的优化器如第 33 行代码所示，是基于梯度下降算法的。

需要注意的是，训练过程中，优化器也相当重要，本章后文也会专门讲到，只不过这里讲述的重点是损失函数，所以暂时略过。

```
36 # 用数据集训练神经网络
37 # 用外层 for 循环多次训练，用内层 for 循环设置每次训练的图片数量
38 for epoch in range(num_epochs):
39     sum_loss = 0.0
40     for i, (images, labels) in enumerate(train_loader):
41         # 将 images 转换成向量
```

```
42          images = images.reshape(-1, 28 * 28)
43          outputs = net(images)   # 用神经网络开始训练
44          labels = labels.reshape(-1, 1)    # 转换标签数据
45          one_hot = torch.zeros(images.shape[0], 10).scatter(1, labels, 1)
46          # 根据损失函数，计算本次训练的损失值
47          loss = loss_func(outputs, one_hot)
48          optimizer.zero_grad()   # 每次训练后清零梯度值
49          # 根据损失值反向传播，优化下次训练
50          loss.backward()
51          optimizer.step()    # 调参
52          # 累加损失值，sum_loss 是这批数据的整体损失值
53          sum_loss = sum_loss+ loss.item();
54      print(f'Epoch [{epoch + 1}],Loss:{sum_loss:.4f}')
55      train_losses.append(sum_loss)
```

本范例的关键是第 38～55 行代码，这里用 MNIST 数据集训练在第 31 行创建的名为 net 的神经网络模型，这里由两层 for 循环构成的训练过程，也可以理解成是神经网络的通用训练过程。

用两层循环训练的具体做法是，用 38 行指定的外层 for 循环指定训练的轮数，这里是 10 轮；用第 40 行的内层 for 循环指定每轮训练时的具体动作。这部分的训练过程也是沿用比较通用的训练过程，和第 2 章 CreateSimpleNet.py 范例的代码非常相似。

（1）先用第 42 行的代码，把 MNIST 训练集里的 28×28 图片转换成 1×784 样式的张量。

（2）如第 43 行代码所示，用 MNIST 数据集的特征值（图片）和目标值（数字），拟合神经网络中两个线性层和一个隐藏层的各参数数值，在此基础上生成模型的预测结果。

（3）如第 47 行代码所示，用损失函数计算真实结果和神经网络拟合结果之间的差异。这里真实结果是源自 MNIST 训练集的标签，在对比之前，需要用第 44 行的代码转换一下标签数据的格式。

（4）如第 50 行代码所示，用 loss.backward 方法，从输出层向前传播损失的梯度值，该过程也称后向传播。

（5）如第 51 行代码所示，用损失值针对各个节点的梯度值，更新神经网络的参数，这样做的目的是优化参数，提升下一次训练的准确性。

（6）本次训练结束后，用如第 48 行代码清空梯度参数。这里请注意，一次训练过程是由一次前向传播、一次后向传播和一次调参构成的。其中前向传播是拟合参数，而后向传播是用损失值的梯度更新参数。

（7）最后用第 55 行代码，把各轮训练的损失值放入 train_losses 对象。

```
56 # 绘制损失函数的图片
57 plt.figure()
58 x=np.arange(1,num_epochs+1)
59 plt.plot(x, train_losses, label='Training Loss')
60 plt.title('Training Loss')
61 plt.xlabel('Epoch')
62 plt.ylabel('Loss')
63 plt.show()
```

完成训练后，本范例通过第 57 ～ 63 行代码，用 matplotlib 库绘制了损失函数的图片。本范例的运行效果如图 3.15 所示。

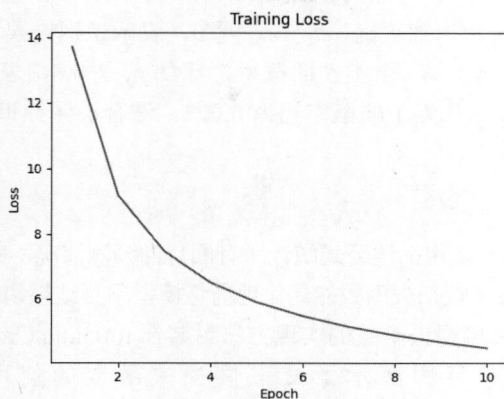

图 3.15　基于均方差算法的损失函数效果图

从图 3.15 中大家能看到，在每次训练后，神经网络会根据损失函数调整下次训练的参数，所以随着训练轮数的增多，神经网络的质量也会不断增强，相应的，损失函数的数值也会不断下降。

如果每轮训练后得到的损失值越来越小，这说明训练所用的调参或优化等策略是正确的；反之，则要考虑调整各种策略，甚至需要考虑调整训练所用的模型的种类。

3.3.2　交叉熵损失函数

交叉熵损失函数可以用在分类场景，比如用 MNIST 数据集训练神经网络时，是需要把若干个手写数字图片分类成 0 ～ 9 的数据，该分类场景可以使用交叉熵损失函数。交叉熵损失函数的数学定义如图 3.16 所示。

$$-\sum_{i=1}^{C} x_i \log y_i$$

图 3.16　交叉熵损失函数的数学公式

比如，在基于 MNIST 数据集的手写数字识别场景，神经网络等模型要做的是，把每个手写体数字图片识别成 0 ～ 9 的数字。针对某张图片，某次训练后的识别概率结果如表 3-1 所示。

表 3-1　数字识别概率结果表

模型识别结果	概　　率	是否正确
0	0.8	是
1 ～ 8	(1-0.8) / 9，约是 0.022	否
9	(1-0.8) / 9，约是 0.022	否

该图片事实上应该是 0，而模型认为，该图片是 0 的概率是 0.8，而是 1 ～ 9 等其他数字的

概率约是 0.022 这个数值。

结合该案例来观察交叉熵损失函数的数学定义，其中 C 表示某图片或某被训练数据的种类数量。在 MNIST 场景下 C 等于 10，即可以分成 10 类。x_i 表示该分类的正确结果，由于这里识别结果是 0，所以 x_0 是 1，表示识别正确，$x_1 \sim x_9$ 是 0，表示识别错误。

而 y_i 则表示模型认为 x 属于第 i 个类别的概率，比如 y_0 是 0.8，表示模型识别该图片是 0 的概率为 0.8，y_1 表示模型识别图片为 1 的概率约为 0.022。结合该图片识别案例，针对该张图片识别结果的交叉熵损失函数如下。

```
1    1*log0.8 + 0*0.022 * 9
```

在基于 MNIST 的训练场景，用上述公式统计所有图片的预测情况，即可得到该次训练的交叉熵损失值。从统计角度来看，交叉熵损失函数能量化地衡量模型预测结果和真实结果之间的差距。

在 Pytorch 框架里，交叉熵损失函数的实现方法封装在 torch.nn.CrossEntropyLoss 里。CrossEntropyLossDemo.py 范例演示了交叉熵损失函数的使用方法。该范例其实和 MSELossDemo.py 范例非常相似，只是修改了定义损失函数的代码，修改前后的代码如下。

```
1    修改前
2    loss_func = nn.MSELoss()
3    修改后
4    loss_func = nn.CrossEntropyLoss()
```

其他代码完全相似，所以这里就不再给出 CrossEntropyLossDemo.py 范例的全部代码，大家可以从本书附带的代码集里看到该范例的全部代码。该范例的运行结果如图 3.17 所示。

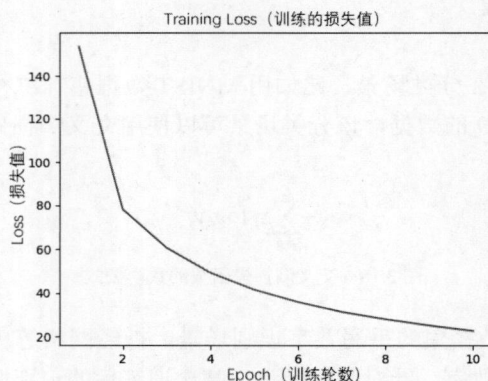

图 3.17　基于交叉熵损失函数效果图

从图 3.17 中大家也能看到，随着训练轮数的增多，神经网络的质量也会不断增强，相应的，损失函数的数值也在不断下降。

3.4　优化器与前后向传播

神经网络等模型的关键因素在于训练，即通过训练找出适合训练集的拟合函数，而训练的关键在于选取优化器和设置优化相关参数。在上文给出的范例中，所用的优化器是基于梯度下降算法，而和优化方向相关的超参数是学习率（或学习步长）。

在之前的范例中，大家还看到了前后向传播的动作，通过前向传播动作，模型可以用多层网络对输入数据进行预测；通过后向传播，模型可以通过损失函数更新模型参数，优化训练过程。

3.4.1 SGD 优化器与梯度下降

在神经网络等深度学习场景，创建模型时需要设置优化器。优化器的作用是，在训练过程中，根据损失函数，用梯度下降等方法，不断调整神经网络等模型内部的参数，从而让模型能更好地拟合数据，做出更精确的预测。

在上文给出的 MSELossDemo.py 范例中，是通过下面的代码设置神经网络中的优化器，具体设置的优化器是基于梯度下降算法的 SGD 对象，设置的学习率（也称步长）是 0.2。

```
1  optimizer = optim.SGD(net.parameters(),0.2)
```

神经网络等模型的训练目标，是让训练所得的结果和真实结果尽可能地吻合，换句话说，是通过调整各神经元参数，让损失函数返回尽可能小的损失值，而梯度下降则是求（多元损失）函数最小值的常用算法，反之梯度上升则是求最大值的常用算法。由于这里是求损失函数的最小值，所以用的是梯度下降算法。

梯度表示函数在某一点位置的变化情况，即在该点位置如果改变某参数的输入，函数的输出会有多大的变化。而梯度的方向则是指在该点位置，能导致函数变化率最大的方向，再进一步讲，沿着梯度下降方向调整参数，能用最少的调整次数找到损失函数的最小值。

假设用 MNIST 数据集训练神经网络模型时，损失函数值和若干个神经元的参数有关，数学公式如下所示。

```
1  Loss_value = f(a,b,c,d···,t)
```

在该函数某一点调整 a,b,···,t 参数，均可能引起函数值 loss_value 的变化，而训练的目的是求损失函数的最小值。沿着该点梯度下降的方向改变参数，比如在该次迭代过程中，改变神经元参数 a 和 c 的值，能导致损失函数的取值尽可能地变小。

事实上，在用 MNIST 数据集训练时，会在每次迭代时获取损失函数的梯度下降方向，并沿着该方向变更不同神经元节点的参数，直到获取到损失函数的最小值，由此达到训练模型的目的。

在含 2 个自变量函数的二维平面场景，梯度方向其实是该点的斜率，具体效果如图 3.18 所示，从中大家能看到，沿着斜率这个方向，二维函数的变化率是最大的。

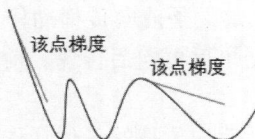

图 3.18 平面场景梯度的效果图

与梯度下降相关的概念是步长，步长是指每次学习时前进的长度，具体效果如图 3.19 所示。

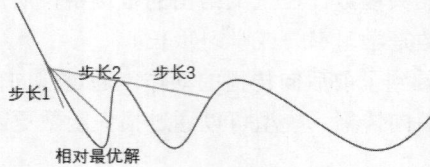

图 3.19　步长的效果图

从中大家能看到，如果步长设置得过大，学习的次数会减少，即学习的代价会比较小，但容易错过一些相对最优解。反之如果步长过小，能找到更多的相对最优解，但学习的代价就比较大。

虽然梯度下降的算法比较复杂，但 Pytorch 框架的 optim.SGD 模块有效地封装了基于梯度下降算法的优化器代码。

在本章的学习过程中，程序员能通过创建 optim.SGD 类的实例来定义优化器，并能通过设置 SGD 实例的诸多参数，来定义优化器的具体工作方式。而在第 5 章讲解残差神经网绤时，会进一步讲述梯度的相关知识点。

3.4.2　前向传播与后向传播

在上文给出的 MSELossDemo.py 范例中，大家能看到，神经网络的训练过程还包含了前向传播和后向传播等两大重要步骤。

前向传播的含义是，上层神经元在训练完成后，把结果传递给下层神经元，由此完成一次数据拟合的动作。在 MSELossDemo.py 范例定义神经网络时，其实也定义前向传播动作，关键代码如下。

```
1    # 定义神经网络
2    class NET(nn.Module):
3        # 初始化方法
4        def __init__(self, input_size, hidden_size, output_size):
5            super(NET, self).__init__()
6            self.hidden = torch.nn.Linear(input_size, hidden_size)
7            self.predict = torch.nn.Linear(hidden_size, output_size)
8        # 定义前向传播动作
9        def forward(self, x):
10           x = self.hidden(x)
11           x = F.relu(x)
12           x = self.predict(x)
13           return x
```

这里是通过第 9 行的 forward 方法定义了前向传播动作，具体是，先通过该神经元的权重等参数拟合入参，用 relu 激活函数处理结果后再向后传递。前向传播的意义在于，根据训练数据拟合神经网络内的各种参数。

与前向传播相对应的是后向传播，后向传播的具体动作是，在每轮训练结束后，计算每个神经元节点关于损失函数的梯度值，并从后向前传递各梯度值，在此基础上，用梯度值更新每个神经元节点的参数。MSELossDemo.py 范例中的相关代码如下。

```
1          loss.backward()
2          optimizer.step()  # 调参
```

通俗地讲，前向传播时其实是不知道该次训练过程中所能得到的最小损失值，事实上，在前向传播时，通过各神经元节点参数和激活函数算出来的损失值要大于训练所得到的损失值。在本轮训练结束后得到取值最小的损失值之后，就相当于得到了一个相对准确的标准答案。而后向传播的意义就是，把该标准答案向前传播，让各层神经元据此再调整其中的参数，这样就能在一个更加准确的基础上进行下轮训练。

前文也提到了，每轮训练的过程由一次前向传播、一次后向传播和一次调参过程构成，三者缺一不可。从 MSELossDemo.py 范例的运行结果里可以看到，每轮训练的损失值其实是不断减少的，从中大家能直观地感受到每轮训练后的优化效果。

这里先请大家从语法角度感受下前后向传播的过程，在第 5 章讲残差神经网络时，还会进一步讲解后向传播的知识点，并讲述在这个过程中可能会引发的梯度爆炸和梯度消失等问题。

3.4.3　SGD 引入 Momentum 参数

在通过 optim.SGD 模块创建基于梯度下降的优化器时，除了可以设置 lr 学习率参数，还可以通过 Momentum 参数设置动量因素。

动量（Momentum）是物理中的概念，在梯度下降场景还具有"惯性"的含义。在基于梯度下降的 optim.SGD 优化器里引入动量因素后，该优化器在考虑梯度下降方向时，还会考虑惯性因素，即会参考之前下降的方向和数值，从而能有效加速求解的过程。

定义含动量因素的 SGD 优化器的代码如下所示，其中，通过 momentum 参数定义动量。梯度下降和动量背后所包含的数学公式较为复杂，在大多数场景里，定义的动量值是 0.9，对应的含义是，在求梯度下降方向时，会综合考虑之前 60 次的惯性因素。

```
1  optimizer = optim.SGD(net.parameters(),0.2, momentum=0.9)
```

下面的 SGDMomentumDemo.py 范例将演示包含动量参数的 SGD 优化器的用法，该范例所创建的神经网络依然会用来拟合 MNIST 数据集。

但和之前范例所不同的是，该范例创建的神经网络包含了 3 层隐藏节点，每个神经元节点都采用了 sigmoid 激活函数。

```
1  import torch
2  import torchvision
3  from torchvision import datasets, transforms
4  from torch import nn, optim
5  # 获取并加载训练集和测试集
6  batch_size = 200   # 每批训练的数量
7  train_dataset = torchvision.datasets.MNIST('./dataset',train=True,
transform=transforms.ToTensor(),download=False)
8  test_dataset = torchvision.datasets.MNIST('./dataset', train=False,
transform=transforms.ToTensor(), download=False)
9  train_loader = torch.utils.data.DataLoader(dataset=train_dataset, batch_
size=batch_size, shuffle=True)  # 一批数据为 100 个
```

```
10 test_loader = torch.utils.data.DataLoader(dataset=test_dataset, batch_
size=batch_size, shuffle=False)
11 # 设置超参数
12 input_size = 28 * 28   # 输入大小，这里是分析 28×28 的图片
13 hidden_size = 512   # 隐藏节点数量
14 num_epochs = 10   # 训练轮数
```

上述代码下载并加载了 MNIST 数据集，设置了与神经网络相关的变量。这部分代码和上文 MSELossDemo.py 范例里的代码完全一致，所以就不再重复讲述了。

```
15 # 定义神经网络
16 class NET(nn.Module):
17     # 初始化方法
18     def __init__(self, input_size, hidden_size, output_size):
19         super(NET, self).__init__()
20         # 定义三层结构
21         self.linear1 = torch.nn.Linear(input_size, hidden_size)
22         self.sigmoid = torch.nn.Sigmoid()
23         self.linear2 = torch.nn.Linear(hidden_size, hidden_size)
24         self.sigmoid2 = torch.nn.Sigmoid()
25         self.linear3 = torch.nn.Linear(hidden_size, output_size)
26     def forward(self, x):
27         # 定义前向传播函数
28         x = self.linear1(x)
29         x = self.sigmoid(x)
30         x = self.linear2(x)
31         x = self.sigmoid2(x)
32         x = self.linear3(x)
33         return x
```

在第 15 行创建神经网络 NET 类的代码中，大家能看到，在 __init__ 构造函数中，是通过第 21 ~ 25 行代码定义了 3 个线性层，每个线性层里的节点是用线性函数来拟合数据的。

在 NET 类的 forward 方法里，定义了前向传播的动作，具体是，上层神经元节点在用线性函数完成数据拟合后，输出结果用 sigmoid 激活函数处理后，再交由下层神经元节点处理。

```
34 # 实例化神经网络
35 net = NET(input_size, hidden_size, 10)
36 # 定义损失函数和优化器
37 loss_func = nn.MSELoss()
38 optimizer = optim.SGD(net.parameters(),0.2, momentum=0.9)
```

随后，本范例使用第 35 行代码创建了神经网络模型的实例对象 net，并通过第 37 行和第 38 行代码定义了损失函数和优化器。

这里损失函数是基于均方差算法，而优化器是基于梯度下降算法。在定义优化器时，设置的步长参数是 0.2，动量参数是 0.9，即会参考过去 60 次的梯度下降方向和数据。

```
39 # 用数据集训练神经网络
40 # 用外层 for 循环多次训练
41 # 用内层 for 循环设置每次训练的图片数量
42 for epoch in range(num_epochs):
```

```
43      sum_loss = 0.0
44      for i, (images, labels) in enumerate(train_loader):
45          images = images.reshape(-1, 28 * 28) # 将 images 转成向量
46          outputs = net(images)  # 用神经网络开始训练
47          labels = labels.reshape(-1, 1)  # 转换标签数据
48          one_hot = torch.zeros(images.shape[0], 10).scatter(1, labels, 1)
49          # 根据损失函数，计算本次训练的损失值
50          loss = loss_func(outputs, one_hot)
51          optimizer.zero_grad()  # 每次训练后清零梯度值
52          # 根据损失值反向传播，优化下次训练
53          loss.backward()
54          optimizer.step()  # 调参
55          # 累加损失值，sum_loss 是这批数据的整体损失值
56          sum_loss = sum_loss+ loss.item();
57      print(f'Epoch [{epoch + 1}],Loss:{sum_loss:.4f}')
```

完成定义神经网络模型后，再通过第 39 ～ 57 行代码，用 MNIST 数据集训练该神经网络，这部分的代码和之前 MSELossDemo.py 范例很相似，这里就不再重复说明了。

本范例在训练后，使用第 57 行代码直接输出每轮训练后的损失值，具体结果如下。

```
1   Epoch [1],Loss:76.1237
2   Epoch [2],Loss:27.0154
3   Epoch [3],Loss:27.0207
4   Epoch [4],Loss:27.0193
5   Epoch [5],Loss:27.0204
6   Epoch [6],Loss:27.0235
7   Epoch [7],Loss:27.0206
8   Epoch [8],Loss:27.0207
9   Epoch [9],Loss:27.0191
10  Epoch [10],Loss:27.0167
```

本范例输出的损失值普遍大于 MSELossDemo.py 范例输出的损失值，具体原因是，本范例更换了神经网络中的激活函数和前向传播的动作。

如果大家更改 MSELossDemo.py 范例中定义优化器的代码，如下所示，在优化器中添加动量参数，就会发现，运行后的损失值会变小，由此大家能看到动量参数能优化模型的拟合效果。

```
1   optimizer = optim.SGD(net.parameters(),0.2, momentum=0.9)
```

3.4.4 Adagrad、RMSprop 和 Adam 优化器

从上文中大家可以看到，在创建模型训练数据的过程中，优化器的作用是，用指定的算法来拟合训练数据。Pytorch 框架是在 optim 模块里定义各个优化器的实现代码，比如在上文里，是通过 optim.SGD 来定义基于梯度下降的优化器。

除此之外，还可以通过下面的代码定义 Adagrad、RMSprop 和 Adam 优化器。

```
1   # 含动量的 SGD 优化器
2   optimizer = optim.SGD(net.parameters(),0.2, momentum=0.9)
```

```
3   # 基于 Adagrad 的优化器
4   optimizer = optim.Adagrad(net.parameters())
5   # 基于 RMSprop 的优化器
6   optimizer = optim.RMSprop(net.parameters())
7   # 基于 Adam 的优化器
8   optimizer = optim.Adam(net.parameters(),0.2)
```

Adagrad 优化器其实也是基于梯度下降算法，但具有自适应性，会根据每个训练集的参数调整学习率的数值。而 RMSprop 优化器则是在 Adagrad 的基础上，通过滑动平均的方式来迭代学习率。

Adam 优化器一方面引入了动量因素，即会参考之前梯度下降的情况进行拟合，另一方面会像 RMSprop 一样，用滑动平均的方式来迭代学习率，所以能适用于更多的深度学习场景。

表 3-2 归纳了上文提到的优化器的特点及适用场景。

表 3-2　优化器特点及其适用场景归纳表

优化器名	特　　点	适用场景
基于梯度下降的 SGD 优化器	算法相对简单，学习率固定，但拟合数据时收敛较慢	数据集较小的场景
含动量因素的 SGD 优化器（该优化器也称动量优化器）	引入动量因素，但容易用局部最优解替代全局最优解	规模较大的复杂数据集场景
Adagrad 优化器	能根据训练集的参数自适应学习率	稀疏数据集场景，即数据集里的有效数据较少
RMSprop 优化器	自适应学习率参数时相对稳定，防止拟合收敛的速度过快	较为复杂的数据集场景
Adam 优化器	综合了动量和自适应学习率的因素	适用场景较多，比如可以适用于数据集简单或复杂的场景

这里大家还可以通过 optimDemo.py 范例，从代码层面了解上述优化器的用法。该范例的代码和 SGDMomentumDemo.py 很相似，只不过是把其中定义优化器部分的代码修改成如下的代码。

```
1    省略之前的代码
2    # 实例化神经网络
3    net = NET(input_size, hidden_size, 10)
4    # 定义损失函数和优化器
5    loss_func = nn.MSELoss()
6    # 含动量的 SGD 优化器
7    #optimizer = optim.SGD(net.parameters(),0.2, momentum=0.9)
8    # 基于 Adagrad 的优化器
9    #optimizer = optim.Adagrad(net.parameters())
10   # 基于 RMSprop 的优化器
11   optimizer = optim.RMSprop(net.parameters())
12   # 基于 Adam 的优化器
13   #optimizer = optim.Adam(net.parameters())
14   # 用数据集训练神经网络
15   # 用外层 for 循环多次训练
```

```
16  # 用内层 for 循环设置每次训练的图片数量
17  for epoch in range(num_epochs):
18  省略之后的训练代码
```

通过第 7 行、第 9 行、第 11 行和第 13 行代码，本范例使用 optim 模块，分别创建了不同的优化器，并在随后的代码里用该优化器拟合 MNIST 数据集。

具体运行时，大家可以逐一打开每个优化器，同时确保其他优化器的代码处于注释状态，这样就可以通过观察每次训练的损失值，直观地了解每个优化器对拟合结果的影响。

3.5 用神经网络作预测

本章在前文部分，分别讲述了神经网络的关键知识点，包括用来引入非线性因素的激活函数，用来量化模型训练结果的损失函数，用来拟合训练集的优化器，以及训练过程中的前后向传播过程。

但是，为了更关注讲解技术，之前范例的输出结果是损失函数，事实上，神经网络或其他模型更应该在训练的基础上做出预测，比如用 MNIST 数据集训练模型的基础上，再用该模型读取数据集里的手写数字图片，识别该图片所对应的数字。

下面的 trainAndPredict.py 范例将演示神经网络的训练和预测过程。

```
1   import torch
2   import torchvision
3   from torchvision import datasets, transforms
4   from torch import nn, optim
5   import matplotlib.pyplot as plt
6   # 获取并加载训练集和测试集
7   batch_size = 200    # 每批训练的数量
8   train_dataset = torchvision.datasets.MNIST('./dataset',train=True,
transform=transforms.ToTensor(),download=False)
9   test_dataset = torchvision.datasets.MNIST('./dataset', train=False,
transform=transforms.ToTensor(), download=False)
10  train_loader = torch.utils.data.DataLoader(dataset=train_dataset, batch_
size=batch_size, shuffle=True)  # 一批数据为 100 个
11  # 设置超参数
12  input_size = 28 * 28  # 输入大小，这里是分析 28×28 的图片
13  hidden_size = 512   # 隐藏节点数量
14  num_epochs = 10   # 训练轮数
15  # 定义神经网络
16  class NET(nn.Module):
17      # 初始化方法
18      def __init__(self, input_size,hidden_size,output_size):
19          super(NET, self).__init__()
20          # 定义结构
21          self.linear1 = torch.nn.Linear(input_size, hidden_size)
22          self.reLU1 = torch.nn.ReLU()
23          self.linear2 = torch.nn.Linear(hidden_size, hidden_size)
```

```
24          self.reLu2 = torch.nn.ReLU()
25          self.linear3=torch.nn.Linear(hidden_size, output_size)
26      def forward(self, x):
27          # 定义前向传播函数
28          x = self.linear1(x)
29          x = self.reLU1(x)
30          x = self.linear2(x)
31          x = self.reLu2(x)
32          x = self.linear3(x)
33          return x
34 # 实例化神经网络
35 net = NET(input_size, hidden_size, 10)
36 # 定义损失函数和优化器
37 loss_func = nn.MSELoss()
38 optimizer = optim.SGD(net.parameters(),0.2, momentum=0.9)
39 # 用数据集训练神经网络
40 # 用外层 for 循环多次训练
41 # 用内层 for 循环设置每次训练的图片数量
42 for epoch in range(num_epochs):
43      for i, (images, labels) in enumerate(train_loader):
44          images = images.reshape(-1, 28 * 28)   # 转换成向量
45          outputs = net(images)   # 用神经网络开始训练
46          labels = labels.reshape(-1, 1)   # 转换标签数据
47          one_hot = torch.zeros(images.shape[0], 10).scatter(1, labels, 1)
48          # 根据损失函数，计算本次训练的损失值
49          loss = loss_func(outputs, one_hot)
50          optimizer.zero_grad()   # 每次训练后清零梯度值
51          # 根据损失值反向传播，优化下次训练
52          loss.backward()
53          optimizer.step()   # 调参
```

上述代码完成了神经网络模型的训练动作，在这个过程中，神经网络所用的激活函数是 ReLU，损失函数是基于均方差算法，优化器则使用包含动量因素的基于梯度下降算法的 SGD 优化器。在每轮训练结束后，会通过后向传播动作，根据该轮训练的损失值更新神经网络中的参数。

该训练过程和第 2 章讲述的训练定式非常相似，也就是说，在用神经网络训练其他类型的数据集时，依然可以沿用这部分给出的样式代码。

```
54 # 把模型设置成评估模式
55 net.eval()
56 # 用 8 个测试集图片来验证
57 test_loader = torch.utils.data.DataLoader(dataset=test_dataset, batch_size=8)
58 # 评估时不需要设置梯度
59 with torch.no_grad():
60      # 获取第一批的 8 个测试数据来验证
61      numberImages, labels = next(iter(test_loader))
62      imagesForPredict = numberImages.reshape(-1, 28 * 28)
63      print("real result:" + str(labels))   # 正确结果的数字
64      output = net(imagesForPredict)   # 用训练好的模型预测
65      # probability 是正确的概率
```

```
66    # predict 则是预测结果
67    probability, predict = torch.max(input=output.data, dim=1)
68    # 输出预测结果
69    print("predict result:" + str(predict))
70    #print("predict probability:' + str(probability))
71    numberImg = torchvision.utils.make_grid(numberImages)
72    # 指定使用的数据维度
73    numberImg = numberImg.numpy().transpose(1, 2, 0)
74    plt.imshow(numberImg) # 输出图形
75    plt.show()
```

完成训练后，本范例就用训练好的 net 模型预测 MNIST 的测试集图片。具体的动作是，先通过第 55 行代码，把训练好的模型设置成评估模式，由于评估时不需要设置梯度，所以再通过第 59 行代码，在预测时关闭梯度。

在预测时，先通过第 61 行代码获取测试集里的一批数据，这批数据的个数是 8 个。在预测前，先通过第 63 行代码输出这批数据的标签，即正确的数字结果，再通过第 64 行代码用训练好的 net 模型预测测试集的数据，预测后通过第 67 行代码，把预测结果和该预测正确的概率赋予 predict 和 probability 两个对象。

完成预测后，先通过第 69 行代码输出了预测结果，大家如果打开第 70 行的注释代码，还能看到该预测所对应的准确率，最后再通过第 74 行代码，用 matplotlib 库的 plt 对象，输出测试集数据所对应的图片。

本范例运行后，能看到如下所示的输出结果，其中第 1 行输出的是这批测试集数据的真实值，第 2 行输出的是预测值，从中大家能看到，用 net 这个模型预测的结果，和真实结果完全匹配。

```
1   real result:tensor([7, 2, 1, 0, 4, 1, 4, 9])
2   predict result:tensor([7, 2, 1, 0, 4, 1, 4, 9])
```

此外，本范例运行后还会输出如图 3.20 所示的可视化效果，从中大家能进一步验证，本模型在训练后，对这些手写体数字图片做出的预测，和真实结果完全匹配。

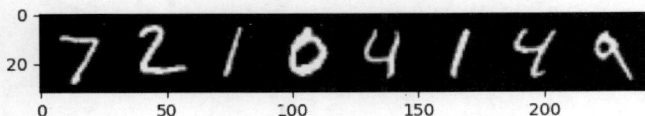

图 3.20　预测值输出的效果图

3.6　小结和预告

本章首先讲述了激活函数、损失函数、优化器和前后向传播等神经网络关键技术的工作原理，在此基础上，以 MNIST 手写数字的数据集为例，给出了一个包含训练和预测流程的神经网络实例。由此，大家能从代码层面综合掌握定义神经网络、训练神经网络和用训练好的模型做预测的实践要点。

本章给出的神经网络模型所包含的神经元节点数量不少，因此已经可以算是"深度学习"模型。在第 4 章中，将讲述基于卷积神经网络的深度学习知识要点。大家在学习后，能通过这两类模型进一步掌握深度学习相关的技术要点。

第 4 章
用卷积神经网络识别图片

📖 **学习目标**

- 知道并会使用 CIFAR-10 数据集
- 熟悉卷积神经网络，并掌握其中关键概念
- 在代码层面，了解创建并训练卷积神经网络的实践要点
- 掌握用卷积神经网络做预测的实践要点

4.1 下载并使用 CIFAR-10 数据集

CIFAR-10 数据集共包含了 60000 个样本数据，其中 50000 个是训练集数据，10000 个是测试集数据，其中每个样本都是 32×32 像素的彩色图片数据。本章将用该数据集讲述基于卷积神经网络的图片分类和识别技术。

4.1.1 获取 CIFAR-10 数据集

可直接到 http://www.cs.toronto.edu/~kriz/cifar.html 官网上下载 CIFAR-10 数据集，该网站提供了面向 Python、Matlib 和 C 语言 3 个版本的 CIFAR-10 数据集，这里请下载 Python 版本的。

此外，还可以通过运行 getCIFAR10.py 范例来下载该数据集，具体代码如下。

```
1   import torchvision
2   # 下载训练集
3   torchvision.datasets.CIFAR10("./dataset", train=True, transform=torchvision.
transforms.ToTensor(),                                          download=True)
4   # 下载测试集
5   torchvision.datasets.CIFAR10("./dataset", train=False, transform=torchvision.
transforms.ToTensor(),                                          download=True)
```

下载 CIFAR-10 数据集的方式和下载 MNIST 数据集的方式很相似，这里通过第 3 行和第 5 行的代码，分别下载了该数据集的训练集和测试集，并把下载的数据放置到 dataset 目录里。

请注意，调用 torchvision.datasets.CIFAR10 方法下载时，可通过设置 train 参数，指定是下载训练集还是测试集。在后文用该方法加载数据集时，由于本地已经保存有下载结果，可以把

download 参数修改成 False，表示是直接加载本地数据文件，而不用去远端下载。

下载完成后，可以在本项目的 dataset 目录下看到如图 4.1 所示的下载结果，其中 data_batch_1 ～ data_batch_5 的 5 个文件里包含的是训练集的数据，每个文件包含了 10000 张图片及其分类结果，而 test_batch 文件里包含的是测试集的数据，其中也包含了 10000 张图片及其分类结果。

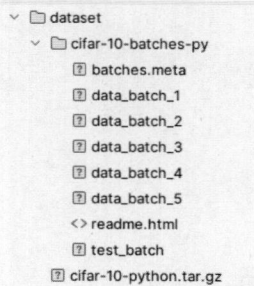

图 4.1　CIFAR10 下载文件的效果图

4.1.2　观察 CIFAR-10 数据集

在用 CIFAR-10 数据集训练卷积神经网络之前，先用下面的 displayCIFAR10.py 范例观察该数据集的可视化效果及其标签，具体代码如下。

```
1   import torchvision
2   import matplotlib.pyplot as plt
3   train_dataset = torchvision.datasets.CIFAR10("./dataset", train=True,
transform=torchvision.transforms.ToTensor(),download=False)
4   # 生成标签
5   type_str = "airplane|automobile|bird|cat|deer|dog|frog|horse|ship|truck"
6   type = type_str.split("|")
7   # 取第一张图片数据
8   img,label = train_dataset[0]
9   print(label)
10  plt.imshow(img.permute(1,2,0))
11  plt.title(type[label])
12  plt.show()
```

这里先通过第 3 行的代码获取 CIFAR-10 数据集，由于之前已经下载到本地，所以第 3 行方法的 download 参数是 False，表示不再下载，直接用本地数据。

该数据集里的图片可以分成如第 5 行所示的 10 分类，这里先用第 6 行代码生成一个包含所有分类数据的数组。

随后，用第 8 行代码获取数据集里的第 1 个样本数据的图片和标签，通过第 9 行的输出，大家能发现该样本数据的标签值是 6，对应的 type[6] 字符串是 frog，说明该图片属于 frog 分类。

最后，通过第 10 行和第 11 行代码输出了第一个样本数据的图片和标签值，具体效果如图 4.2 所示，从中大家能确认，该数据集的图片样本数据是由 32×32 的彩色像素构成的。

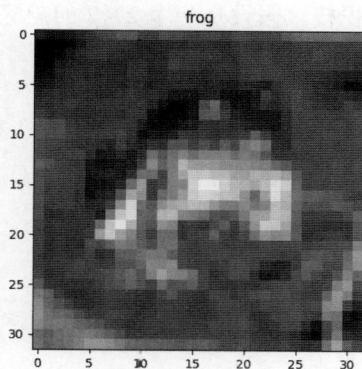

图 4.2　CIFAR-10 第一个样本数据的可视化效果图

而用该数据集训练卷积神经网络等模型的一般流程是，让模型学习输入的图片样本和标签值，在学习过程中，用梯度下降等算法，根据损失值调整模型中的各个参数，最终让该模型具有预测新图片分类的功能。

4.2　卷积神经网络概述

卷积神经网络的英语简称是 CNN（全称是 Convolutional Neural Network），是由一个或多个卷积层、池化层和全连接层构成的。相比于传统的神经网络，卷积神经网络在图片和视觉处理等领域的表现更为出色。

本节将在讲述卷积和池化等相关概念的基础上，带领大家具体搭建一个卷积神经网络，这样大家就能直观地了解神经网络的工作原理及其相关构成。

4.2.1　二维卷积的计算范例

在本书讲到的图片处理等深度学习的场景，卷积可以理解成是基于 2 个矩阵的数学运算。

下面用一个案例来讲述卷积运算。比如 CIFAR-10 数据集里每张图片是由 32×32 像素组成，由于是彩色，每个像素点是由 R（Red）、G（Green）和 B（Blue）这 3 个分量组成，假设某张图的红色分量是由如图 4.3 所示的矩阵组成。

图 4.3　某图片红色分量的矩阵效果图

与卷积相关的一个概念是卷积核，假设是一个 2×2 的矩阵，具体效果如图 4.4 所示，这里该矩阵取值全是 0.1，纯粹是为了计算方便，在卷积神经网络等场景，会根据训练数据不断调整卷积核的数值。

0.1	0.1
0.1	0.1

图 4.4　卷积核效果图

而对应的卷积运算大致流程如图 4.5 所示。

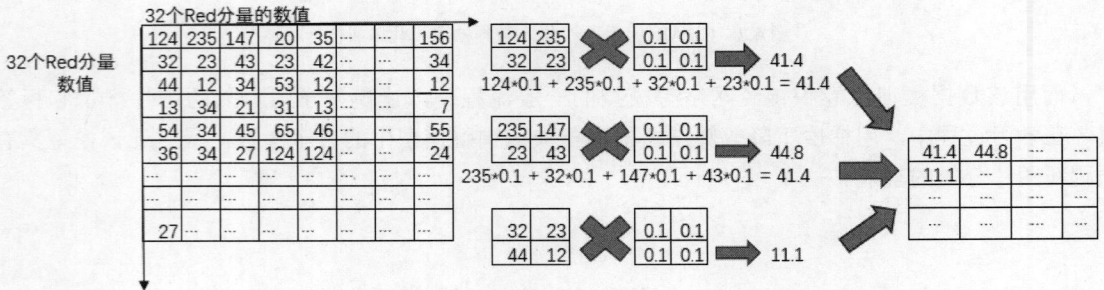

图 4.5　卷积效果大致的流程图

首先，根据卷积核 2×2 的维度，获取左上角的 2×2 的子矩阵，该子矩阵里的数值分别是 124、235、32 和 23，用该子矩阵和卷积核进行计算，得到的结果是 41.4。随后再以此类推，此时的子矩阵是向右偏移一位的 2×2 矩阵，具体效果如图 4.6 所示，用该矩阵和卷积核进行运算，得到的结果是 44.8。

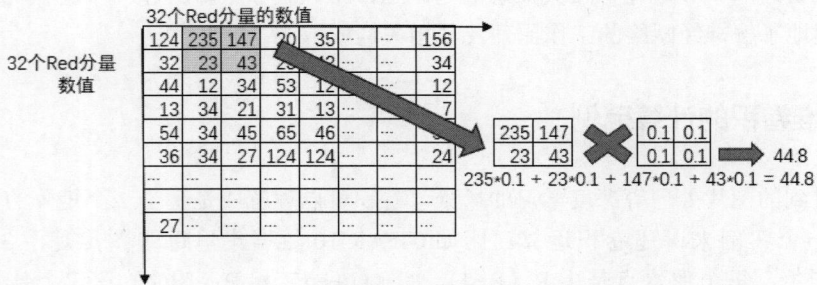

图 4.6　子矩阵的效果图

在此基础上，再分别依次截取 32×32 矩阵的子矩阵，用截取到的结果和卷积核进行运算，把得到的数值填入到如图 4.5 所示的最右边的一个矩阵，该矩阵即为卷积运算的结果。

上文给出的是 2 维卷积的运算过程，该过程能在平面坐标系里展示。在更高维的矩阵场景，卷积运算的流程和这非常类似，即先指定一个卷积核，再用依次截取的子矩阵和卷积核运算，把得到的结果填入结果矩阵。

在深度学习的图片识别和视觉处理等场景，用合适的卷积核对图片进行卷积运算后，能有效提取图片各部分的关键特征信息，从而更好地识别和处理图片。

4.2.2　填充和移动步长

如果卷积核矩阵的维度数量大于 1，相比于包含原始数据的矩阵，经卷积处理后得到的矩阵，其长度和宽度是会缩小的。

具体来讲，比如原图片的长度是 length1，宽度是 width1，而卷积核的长度和宽度分别是 length2 和 width2，那么卷积后得到的矩阵长度是（length1-length2+1），而宽度则是（width1-width2+1）。

比如在 4.2.1 节讲解的卷积案例中，卷积结果矩阵的长度是 32-2+1，最终结果是 31，而宽度也是 31，尺寸小于原来的 32×32。

在一些卷积场景里，希望卷积后的结果矩阵保持维度不变，那么在卷积前就要扩展包含原始数据的矩阵。

填充的具体效果如图 4.7 所示，请注意，填充操作的目的是确保卷积后的矩阵维度不变。在卷积处理时，与填充有关的参数是 padding，该参数能定义在原始矩阵外填充多少层元素，比如 padding 取值是 1，那么在原始的 3 维矩阵外再填充一层元素，大多数情况下，填充的元素是 0。

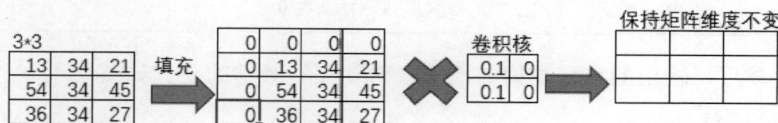

图 4.7　卷积前的填充效果图

与卷积操作相关的另外一个概念是移动步长，也称移动步幅，参数名为 stride，即每次卷积后卷积窗口移动的步长。在上文给出的卷积案例中，每次卷积完成后，卷积窗口会向右移动一个位置，即该次卷积操作的移动步长参数取值为 1。

4.2.3　卷积通道数值说明

在卷积处理中，一般有 3 种类型的通道，分别是原始数据的通道、卷积核的入口通道（in_channel）和卷积完成后的出口通道（out_channel）。

首先介绍原始数据的通道，比如在 4.2.1 节中，是用 CIFAR-10 数据集图片的红色分量讲解了卷积操作，事实上，该张图片是由红、绿、蓝 3 个颜色分量组成，那么原始数据就有 3 个通道。

原始数据通道的含义是，不同通道里的数据共同描述了原始数据的信息，比如在 MNIST 数据集里，只需要用一类像素数据来描述手写数字，所以 MNIST 数据集的通道数量是 1。

卷积核的入口通道含义是，如果是针对原始数据第一次做卷积操作，那么入口通道的数量等于原始数据的通道数量。

卷积完成后的出口通道数量取决于卷积核的数量，事实上，为了提升卷积效果，可在卷积神经网络的卷积层里设置多个卷积核。如果是多次卷积，那么该次卷积核的入口通道等于上次卷积操作结果的出口通道数量。

4.2.4 二维卷积方法及其参数

Pytorch 框架的 torch.nn 模块封装了各种卷积操作的方法，比较常用的有 torch.nn.Conv1d()、torch.nn.Conv2d() 和 torch.nn.Conv3d()，分别针对 1 维、2 维和 3 维数据进行卷积操作。

本章由于是对 2 维图片数据进行操作，所以用到的是 torch.nn.Conv2d() 方法，该方法的重要参数如表 4-1 所示。

表 4-1　Conv2d() 方法重要参数一览表

参 数 名	说 明
in_channels	卷积核的入口通道数
out_channels	卷积核的出口通道数
kernel_size	卷积核的大小，比如 3×3 或 5×5
stride	卷积运算的移动步幅，默认为 1
padding	输入特征图周围添加的像素层数，默认为 0

经过卷积运算后，输出的特征数据的尺寸会有变化，具体的公式如下。

```
1   output size=(input size-kernel size+2*padding)/stride+1
```

即输出尺寸等于（输入尺寸 − 卷积核尺寸 +2× 周边添加的像素层数）/ 步幅 +1，由于 stride 取值默认是 1，所以这种情况下，输出尺寸取值为：输入尺寸 − 卷积核尺寸 +2× 周边添加的像素层数 +1。如果步幅（stride）的取值大于 1，那么输出尺寸的结算结果可能是小数，这种情况下，输出尺寸的值就需要用到该小数的向下取整的值。

4.2.5 池化层及池化策略

在卷积神经网络中，池化层一般位于卷积层之后，会对卷积所得的结果进行池化处理。

引入池化层的目的是，不仅可以降低卷积结果的空间尺寸，从而提升模型处理数据的效率，而且还可以合并卷积结果所包含的相邻区域的特征，从而能提取更高层面上（图片等）的特征，帮助模型更有效地分析处理（图片等的）数据。

池化层常见的池化操作策略有两种，分别是最大池化和平均池化。

比如，某卷积操作返回如图 4.8 所示的 4×4 的矩阵结果，按区域分别划分成 A1、A2、A3 和 A4 这 4 个部分。

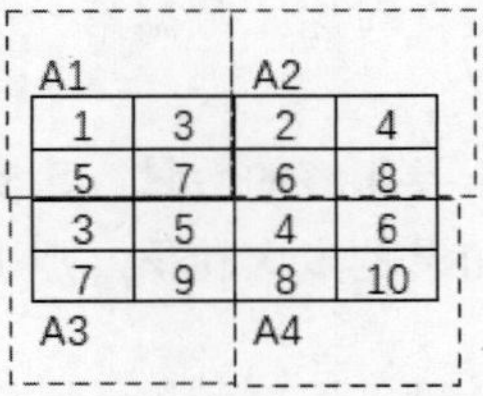

图 4.8　某卷积结果及其区域划分图

　　如果池化层是采用最大池化策略，且池化结果是一个 2×2 的矩阵，那么相关的操作是，会分别读取这 4 个区域里的最大值并放入结果矩阵，最终结果如图 4.9 所示。

　　事实上，最大池化策略可以用来获取每个区域里最为明显的特征信息，换句话说，虽然池化操作带有降维效果，但在降维过程中并没有丢失关键特征信息。

　　而如果采用的是平均池化策略，且池化结果也是个 2×2 的矩阵，那么相关的操作是，求取每个区域内的平均值并放入结果矩阵，具体结果如图 4.10 所示。

```
A1   A2
 7 |  8
 9 | 10
A3   A4
```

图 4.9　基于最大池化策略的输出效果图

```
A1   A2
 4 |  5
 6 |  7
A3   A4
```

图 4.10　基于平均池化策略的输出效果图

　　平均池化的操作策略，也能在降维的前提下保留原图片数据各区域的特征信息。在二维池化场景，torch.nn.MaxPool2d 类封装了基于最大池化效果的池化实现动作，而 torch.nn. AvgPool2d 类则封装了基于平均池化效果的池化动作。

　　不过，在大多数卷积神经网络的场景中，最大池化策略用得较多，即在二维卷积场景，torch.nn.MaxPool2d 类用得比较多。

　　在创建 MaxPool2d 类时，其构造函数里包含若干参数，表 4-2 整理了关键的几个参数及其含义。

图 4-2　MaxPool2d 类重要构造函数参数一览表

参　数　名	说　　　明
kernel_size	最大池化窗口的大小
stride	池化窗口的移动步长数，默认取值为 kernel_size
padding	周围添加的像素层数

　　而经池化处理后，输出的尺寸大小也会有变化，具体公式如下。

```
1   输出长度 = 向下取整 ((输入长度 - 池化卷积核大小) / 移动步数 + 1) )
```

4.2.6　整体结构及工作流程

　　一般来说，常用的卷积神经网络是由卷积层、池化层和全连接层组成，其中全连接层可以采用第 3 章提到的线性层，大致的结构如图 4.11 所示。

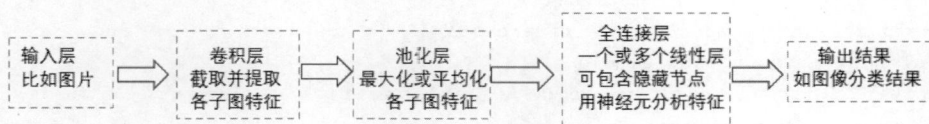

```
输入层          卷积层          池化层          全连接层          输出结果
比如图片   →   截取并提取   →   最大化或平均化   →   一个或多个线性层   →   如图像分类结果
              各子图特征       各子图特征        可包含隐藏节点
                                              用神经元分析特征
```

图 4.11　卷积神经网络的一般结构图

卷积神经网络的一般工作流程如图 4.12 所示。比如针对一张图片，卷积层会先用卷积核提取该图片的局部特征，形成特征矩阵，再根据最大池比或平均池化策略，提取每个局部子图最显著的特征，或者提取各子图的平均特征，在此基础上，用全连接层分析各局部子图的特征并做出预测的结果。

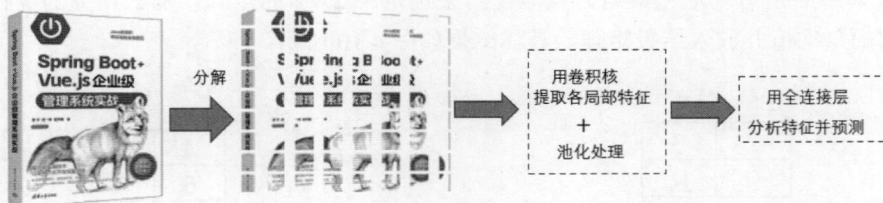

图 4.12　卷积神经网络的一般工作流程图

卷积神经网络在训练过程中，不仅会调整全连接层里各个神经元节点的权重等参数，更会调整用于生成局部特征的卷积核。理想状态的卷积核不仅能有效提取特征，而且还能有效过滤图片中与待分类物品无关的背景特征。

训练参数的过程依然会涉及较为复杂的数学原理，不过程序员可以通过使用 torch 等模块里的方法创建并训练卷积神经网络，并在此基础上生成预测结果。

4.3　用 MNIST 训练卷积神经网络

MNIST 数据集是用单通道的数据来展示手写数字图片，可以用来训练卷积神经网络模型。训练时的特征数据依然是一张张 28×28 的图片，目标值是该图片代表的真实数字。

4.3.1　搭建模型，观察训练结果

下面的 CNN4MNIST.py 范例将演示创建卷积神经网络和用 MNIST 训练卷积神经网络的实践要点，代码较长，这里会分段讲解。

```
1  import torch
2  import torchvision
3  import matplotlib.pyplot as plt
4  from torchvision import transforms
5  from torch import nn, optim
6  # 获取并加载训练集和测试集
7  batch_size = 200    # 每批训练的数量
8  train_dataset = torchvision.datasets.MNIST('./dataset',train=True,transfcrm=transforms.ToTensor() ,download=False)
9  train_loader = torch.utils.data.DataLoader(dataset=train_dataset, batch_size=batch_size, shuffie=True)
10 num_epochs = 10    # 训练轮数
```

在上述代码中，通过第 8 行代码下载 MNIST 训练数据集，如果本地已经存在，可修改 download 参数为 False；通过第 9 行代码，用 train_loader 对象加载 MNIST 训练数据集。

```
11  # 定义卷积神经网络
12  class CNN(nn.Module):
13      def __init__(self):
14          super(CNN, self).__init__()
15          self.conv1 = nn.Conv2d(1,16,kernel_size=3,padding=1)
16          self.conv2 = nn.Conv2d(16,32,kernel_size=3,padding=1)
17          self.pool = nn.MaxPool2d(2)
18          # 32 * 7 * 7是卷积层输出的维度
19          self.linear1 = nn.Linear(32 * 7 * 7, 128)
20          self.linear2 = nn.Linear(128, 64)
21          self.linear3 = nn.Linear(64, 10)
22      def forward(self, x):
23          # 搭建神经网络
24          x = self.pool(torch.relu(self.conv1(x)))
25          x = self.pool(torch.relu(self.conv2(x)))
26          # 和上文19行的全连接入口维度保持一致
27          x = x.view(-1, 32 * 7 * 7)
28          x = torch.relu(self.linear1(x))
29          x = torch.relu(self.linear2(x))
30          x = self.linear3(x)
31          return x
```

本范例通过第 12 ～ 31 行代码定义了卷积神经网络（CNN）的搭建方式。首先，通过第 13 行的 __init__ 方法定义了卷积神经网络中卷积层、池化层和线性层的参数。

通过第 15 行代码大家能看到，其中名为 conv1 的卷积层，入口通道的数值是 1，这是因为 MNIST 数据集是用像素的灰度来展示数字，而该卷积层的出口通道数是 16，即该层包含了 16 个卷积核。同时该卷积层的卷积核尺寸是 3，卷积前，填充了周围 1 层边框。

通过第 16 行代码大家能看到，名为 conv2 的卷积层，入口通道数量是 16，这和 conv1 卷积层的出口通道数量相符，该层的出口通道数量是 32，该层的卷积核尺寸同样是 3，卷积前同样是填充了周围一层边框。

通过第 17 行代码大家能看到，该卷积神经网络中所用的池化层采用了最大池化策略，即用到了 MaxPool2d 对象，该池化层的池化窗口尺寸是 2，而由于没有设置池化窗口的移动步长数，所以默认等于该池化层的池化窗口尺寸，也就是 2。

通过第 19 ～ 21 行代码，大家能看到，该网络在卷积层和池化层之后包含了 3 个线性层（也称全连接层），这些线性层的目的是分析卷积后的 MNIST 数据。这里请注意，第 19 行定义的 linear1 线性层，其接受的入参数据维度是 32×7×7，这是根据前文提到的卷积层和池化层计算输出尺寸的公式计算而得到的。

而第 22 行代码的 forward 方法则定义了数据的流向，也就是卷积神经网络的构造，通过下文第 55 行的 print 方法，大家能看到该卷积神经网络的具体构造。

这里再详细讲解一下卷积层之后的线性层 linear1 入参维度的计算方法，这也是搭建卷积神经网络的关键要点。

（1）该卷积层接收的是 28×28 的 1 通道的图片数据，第 1 个卷积层 conv1，卷积核尺寸是 3，填充层数为 1，步幅没有设置，所以采用默认的取值 1。根据 4.2.4 节给出的公式，该卷积层输出的特征值的计算方式是（输入尺寸 – 卷积核尺寸 +2× 周边添加的像素层数）+1，代入数字，是 28-3+2×1+1，依然是 28。

（2）经过 conv1 卷积处理后，会经过一次池化处理，该次池化处理所用的卷积核大小是 2，由于移动步数没有设置，所以使用默认的与卷积核大小相同的值，也是 2。根据 4.2.5 节给出的公式，池化处理后的尺寸是"向下取整（（输入长度 – 池化卷积核大小）/ 移动步数 + 1））"，代入本场景给出的参数，结果是（28-2）/2+1=14，即第二个卷积层 conv2 入参的特征值尺寸是 14×14。

（3）同理计算第二个卷积层的输出大小，这里入参取值是 14，得到结果依然是 14，在此基础上计算 conv2 之后的池化层的输出结果是 7×7。

（4）由于第二个卷积层的出口通道数量是 32，每个通道的尺寸是 7×7，所以卷积层 conv2 之后的线性层 linear1，其入参维度是 32×7×7。

```
32 device = torch.device("cuda" if torch.cuda.is_available() else "cpu")
33 # 实例化模型
34 model = CNN().to(device)
35 # 定义损失函数和优化器
36 loss_func = nn.CrossEntropyLoss()
37 optimizer = optim.Adam(model.parameters(), lr=0.001)
```

随后，通过第 34 行代码创建了名为 model 的 CNN 类的实例，在创建时，还能根据计算机是否支持 GPU 的特性，指定该 model 卷积神经网络模型是运行在 CPU 还是 GPU 环境。

完成后模型的创建，通过第 36 行代码指定了损失函数，这里用到了交叉熵损失函数，通过第 37 行代码指定了训练所用的优化器，这里是用到了基于 Adam 的优化器，且该优化器的学习步长是 0.001。

```
38 # 用于放置多轮训练的损失函数
39 train_losses = []
40 # 用数据集训练神经网络
41 for epoch in range(num_epochs):
42     sum_loss = 0.0
43     for i, (images, labels) in enumerate(train_loader):
44         images, labels = images.to(device), labels.to(device)
45         outputs = model(images)   # 开始训练
46         # 根据损失函数，计算本次训练的损失值
47         loss = loss_func(outputs, labels)
48         optimizer.zero_grad()   # 每次训练后清零梯度值
49         # 根据损失值反向传播，优化下次训练
50         loss.backward()
51         optimizer.step()   # 调参
52         # 累加损失值，sum_loss 是这批数据的整体损失值
53         sum_loss = sum_loss+ loss.item();
54     train_losses.append(sum_loss)
55 print(model) # 打印模型效果
```

完成定义模型的实例后，本范例通过第 41 行和第 43 行的两层 for 循环，用 MNIST 数据集来训练名为 model 的卷积神经网络模型。其中，用第 41 行的外层 for 循环，根据指定的训练轮

数多次训练；用第 43 行的内层 for 循环定义训练的具体动作，其中训练的具体步骤如下所述。

（1）首先，用第 44 行代码，根据当前计算机的情况，把 MNIST 训练集里的特征数据和目标数据转换成 CPU（或 GPU）模式。

（2）如第 45 行代码所示，用 MNIST 数据集的特征值训练 model 模型，训练后的结果存放在 outputs 对象里。

（3）如第 47 行代码所示，用交叉熵损失函数根据训练结果和真实结果计算损失值，并用第 50 行代码的 loss.backward 方法，从输出层向前传播损失值。

（4）本次训练结束后，用第 48 行代码清空优化器里的梯度参数值。

（5）如第 51 行代码所示，用损失值更新神经网络的参数，这样做的目的是优化参数，提升下一次训练的准确性。

（6）最后，用第 54 行代码，把各轮训练的损失值放入 train_losses 对象。

从中大家能看到，这里给出的基于卷积神经网络的训练步骤和之前章节给出的基于神经网络的训练步骤非常相似。

```
56  # 绘制损失函数的图片
57  plt.figure()
58  x=np.arange(1,num_epochs+1)
59  plt.plot(x, train_losses, label='Training Loss')
60  plt.title('Training Loss')
61  plt.xlabel('Epoch')
62  plt.ylabel('Loss')
63  plt.show()
```

完成训练后，本范例通过可视化各轮损失值的方式，展示了训练结果，该范例的运行效果如图 4.13 所示，可以看到，随着训练次数的增多，各轮训练所得到的损失值不断变小，由此大家能看到，卷积神经网络也能较好地处理（图片）分类问题。

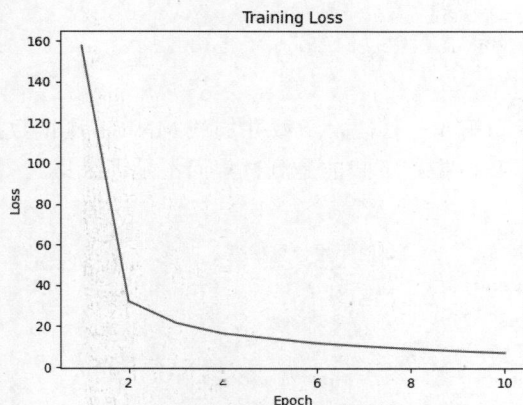

图 4.13　卷积神经网络损失值的效果图

4.3.2　观察模型的结构

CNN4MNIST.py 范例是通过第 55 行的 print(model) 语句，具体输出了该卷积神经网络的组成结构，该语句的输出结果如下，即该模型从前往后的模块分别是，名为 conv1 和 conv2 的卷积层、池化层，然后才是 3 个线性层（也称全连接层）。

通过 print 语句，大家能形象化地看到 CNN4MNIST.py 范例中 CNN 类里定义的模型结构，事实上，大家在用代码创建其他模型时，也可以用 print 方法查看该模型的具体结构。

```
1   CNN(
2     (conv1): Conv2d(1, 16, kernel_size=(3, 3), stride=(1, 1), padding=(1, 1))
3     (conv2): Conv2d(16, 32, kernel_size=(3, 3), stride=(1, 1), padding=(1, 1))
4     (pool): MaxPool2d(kernel_size=2, stride=2, padding=0, dilation=1, ceil_mode=False)
5     (linear1): Linear(in_features=1568, out_features=128, bias=True)
6     (linear2): Linear(in_features=128, out_features=64, bias=True)
7     (linear3): Linear(in_features=64, out_features=10, bias=True)
8   )
```

4.3.3　用卷积神经网络预测结果

上面的 CNN4MNIST.py 范例主要讲解了搭建卷积神经网络模型的实践要点，该范例的输出是每次训练后的损失值，事实上，搭建模型的目的是做预测。

下面的 CNNPredictMNIST.py 范例将演示用卷积网络做预测的实践要点，具体包括，用训练后的模型预测测试集数据并输出预测的准确率，在此基础上，用可视化的方式展示预测结果。

本范例的前半部分搭建和训练模型的代码，与 CNN4MNIST.py 范例中的很相似，所以这里重点讲述预测部分的代码。

```
1   之前是创建和训练模型的代码
2   # 训练完成，用测试集验证
3   # 加载 MNIST 测试集
4   test_data = torchvision.datasets.MNIST(root='./dataset', train=False,
transform=transforms.ToTensor())
5   test_loader = torch.utils.data.DataLoader(test_data, batch_size=batch_size,
shuffle=False)
```

这里，首先通过第 4 行和第 5 行代码，下载并加载 MNIST 测试数据集，请注意在第 4 行的代码里，是通过设置 train 参数，指定下载的是测试集而不是训练集。

```
6   model.eval()
7   with torch.no_grad():  # 测试时不用计算梯度
8       for epoch in range(num_epochs):
9           correct_rate = 0
10          correct_items = 0
11          for images, labels in test_loader:
12              images, labels = images.to(device), labels.to(device)
13              # 用模型针对测试集做预测
14              outputs = model(images)
15              _, predicted = torch.max(outputs, 1)   # 获取预测结果
16              _, predictResult = outputs.max(1)
17              correct_items += (predictResult == labels).sum().item()
18          correct_rate = correct_items / len(test_data)
```

```
19              print(f'Epoch [{epoch + 1}],correct_rate:{correct_rate:.6f}')
```

随后，通过第 6 ～ 19 行代码，用模型预测测试集数据，并输出预测的准确率。

这里先用第 6 行代码把训练好的卷积模型设置成评估模式，由于评估时不需要设置梯度，所以这里再通过第 7 行代码关闭梯度。

和训练时一样，这里预测时也用到了两层循环。其中第 8 行的外层循环是控制预测的轮数，第 11 行的内层循环是定义了具体的预测的动作。

在具体预测时，通过第 14 行代码用卷积模型预测测试集，并在第 15 行得到预测结果，随后，再用第 17 行代码对比预测结果和真实结果，再用第 18 行代码统计本次预测的准确率。

```
20 display_loader = torch.utils.data.DataLoader(dataset=test_data, batch_size=8,
shuffle=False)
21 # 评估时不需要设置梯度
22 with torch.no_grad():
23     # 获取第一批的 8 个测试数据来验证
24     numberImages, labels = next(iter(display_loader))
25     print("real result:" + str(labels))   # 输出标志，即正确结果的数字
26     output = model(numberImages)     # 用训练好的模型预测
27     # predict 则是预测结果
28     _, predict = torch.max(input=output.data, dim=1)
29     # 输出预测结果
30     print("predict result:" + str(predict))
31     numberImg = torchvision.utils.make_grid(numberImages)
32     # 指定使用的数据维度
33     numberImg = numberImg.numpy().transpose(1, 2, 0)
34     plt.imshow(numberImg) # 输出图形
35     plt.show()
```

计算完准确率以后，本范例用第 20 ～ 35 行代码实现了可视化的效果。

具体做法是，先通过第 20 行代码获取测试集里的 8 个数据，随后再通过第 26 行代码，用训练好的 model 模型预测这 8 个测试集的手写图片数据，预测后再通过第 31 ～ 35 行代码，输出这 8 个数据的图片效果，而这 8 张图片所对应的真实数字，是通过第 25 行代码输出的。

本范例运行后，能在控制台里看到如下所示的多轮预测的正确率，从中大家能看到，该模型被训练得比较成熟，能够稳定地做出预测。

```
1  Epoch [1],correct_rate:0.988600
2  Epoch [2],correct_rate:0.988600
3  Epoch [3],correct_rate:0.988600
4  Epoch [4],correct_rate:0.988600
5  Epoch [5],correct_rate:0.988600
6  Epoch [6],correct_rate:0.988600
7  Epoch [7],correct_rate:0.988600
8  Epoch [8],correct_rate:0.988600
9  Epoch [9],correct_rate:0.988600
10 Epoch [10],correct_rate:0.988600
```

同时，也能看到如图 4.14 所示的手写数字可视化的效果，而这些手写体图片所对应的数字也打印在了控制台里，大家通过对比能发现，本次可视化输出的 8 个手写体数字，均被卷积神经

网络正确地识别。

```
1  real result:tensor([7, 2, 1, 0, 4, 1, 4, 9])
2  predict result:tensor([7, 2, 1, 0, 4, 1, 4, 9])
```

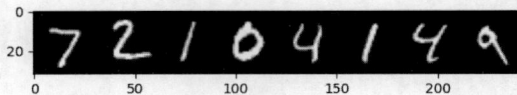

图 4.14　卷积神经网络预测 MNIST 的效果图

4.4　用 CIFAR-10 训练卷积神经网络

搭建卷积神经网络模型之后，本节将用具有 R、G、B 这 3 个通道的 CIFAR-10 特征值数据训练该模型，在此基础上用训练后的模型预测图片的种类。

4.4.1　卷积及池化后的尺寸计算方式

在搭建卷积神经网络时，卷积层之后的线性层的入参维度数量取决于卷积层和池化层的若干参数，算起来有一定的复杂度，但这也是搭建卷积神经网络的一个关键难点，所以这里用专门的篇幅，以 CIFAR-10 数据集为例，再讲讲线性层入参维度的计算方式。

比如，有如下的搭建神经网络的代码，其第一个卷积层的入口通道是 3 个，因为 CIFAR-10 数据集是用 R、G、B 这 3 个通道来描述彩色数据的，第二个卷积层的出口通道是 32。

```
1   class CNN(nn.Module):
2     def __init__(self):
3         super(CNN, self).__init__()
4         self.conv1 = nn.Conv2d(3, 16, 3, padding =1 )
5         self.pool = nn.MaxPool2d(2)
6         self.conv2 = nn.Conv2d(16, 32, 3, padding =1)
7         self.linear1 = nn.Linear(32 * 8 * 8, 128)
8         self.linear2 = nn.Linear(128, 64)
9         self.linear3 = nn.Linear(64, 10)
10    def forward(self, x):
11        x = self.pool(F.relu(self.conv1(x)))
12        x = self.pool(F.relu(self.conv2(x)))
13        x = x.view(-1, 32 * 8 * 8)
14        x = F.relu(self.linear1(x))
15        x = F.relu(self.linear2(x))
16        x = self.linear3(x)
17        return x
```

从第 7 行代码中大家能看到，卷积层之后的全连接层，其入参的维度是 $32 \times 8 \times 8$，其计算过程如下所示。

（1）该卷积层接受的是 32×32 的 3 通道图片数据，第 1 个卷积层 conv1 入口通道也是 3，卷积核尺寸是 3，填充层数数量是 1，步幅用默认的取值 1。根据公式，该卷积层输出的特征值的计算方式是（输入尺寸 – 卷积核尺寸 +2× 周边添加的像素层数）+1，代入数字，是 32-3+2×1+1，依然是 32。

（2）经过 conv1 卷积处理后，会经过一次池化处理，该次池化处理所用的卷积核大小是 2，移动步数用和卷积核大小相同的值，也是 2。根据公式，池化处理后的尺寸是"向下取整（（输入长度 – 池化卷积核大小）/ 移动步数 + 1））"，代入本场景给出的参数，结果是（32-2）/2+1=16，即第二个卷积层 conv2 入参的特征值尺寸是 16×16。

（3）同理，计算第二个卷积层的输出大小，这里入参取值是 16，得到结果依然是 16，在此基础上计算 conv2 之后的池化层的输出结果是 8×8。

（4）由于第二个卷积层的出口通道数量是 32，每个通道的尺寸是 8×8，所以卷积层 conv2 之后的线性层 linear1，其入参维度是 32×8×8。

对于 CIFAR-10 数据集，也可用下面的代码搭建卷积神经网络。

```
1   class CNN(nn.Module):
2      def __init__(self):
3          super(CNN, self).__init__()
4          self.conv1 = nn.Conv2d(3, 16, 5 )
5          self.pool = nn.MaxPool2d(2)
6          self.conv2 = nn.Conv2d(16, 32, 5)
7          self.linear1 = nn.Linear(32 * 5 * 5, 128)
8          self.linear2 = nn.Linear(128, 64)
9          self.linear3 = nn.Linear(64, 10)
10     def forward(self, x):
11         x = self.pool(F.relu(self.conv1(x)))
12         x = self.pool(F.relu(self.conv2(x)))
13         x = x.view(-1, 32 * 5 * 5)
14         x = F.relu(self.linear1(x))
15         x = F.relu(self.linear2(x))
16         x = self.linear3(x)
17         return x
```

从第 7 行代码中大家能看到，该模型卷积层之后的全连接层，其入参的维度是 32×5×5，具体计算步骤如下所示。

（1）第一个卷积层 conv1 由于没有设置表示填充层数的 padding 参数，所以该参数取值是 0，代入后得到的结果是 32-5+1=28，即 conv1 卷积层的输出特征数据的尺寸是 28。

（2）conv1 之后的池化层，移动步数用和卷积核大小数值都是 2，计算所得，该池化层的输出特征数据的尺寸是（28-2）/2+1，等于 14，即 conv2 卷积层的入参维度是 14×14。

（3）conv2 卷积层的依然没有设置 padding 参数，代入公式后，得到该层的输出维度是 10×10，对应地，该层之后的池化层输出大小是（10-2）/2+1=5。

（4）conv2 卷积层的出口通道数是 32，所以之后全连接层的入参维度是 32×5×5。

在其他卷积神经网络的场景，大家也可以用类似的方法计算卷积层之后的全连接层的入参维度数值。

4.4.2　搭建及训练模型

用 CIFAR-10 数据集训练卷积神经网络的过程是，先搭建网络模型，再用该数据集的特征值和目标值训练模型，训练时的特征值是一张张包含 R、G、B 这 3 个通道的 32×32 图片；目标值是该图片的真实分类结果，训练后的模型可用于图片分类场景。

这里先用下面的 Cifar10TrainCNN.py 范例，用代码讲述搭建和训练模型的过程，本范例的代码比较长，同样是分段讲解。

```
1   import torch
2   from torch import nn, optim
3   import torch.nn.functional as F
4   import torchvision
5   import torchvision.transforms as transforms
6   batch_size = 200    # 每批训练的数量
7   num_epochs = 10   # 训练轮数
8   # 训练数据
9   trainset = torchvision.datasets.CIFAR10(root='./dataset', train=True,
download=False, transform=transforms.ToTensor())
10  trainloader = torch.utils.data.DataLoader(trainset, batch_size=batch_
size,shuffle=True)
11  # 测试数据
12  testset = torchvision.datasets.CIFAR10(root='./dataset', train=False,
download=False, transform=transforms.ToTensor())
13  testloader = torch.utils.data.DataLoader(testset, batch_size=batch_size,
shuffle=False)
14  # 每种分类的名称
15  classes = ('plane', 'car', 'bird', 'cat', 'deer', 'dog', 'frog', 'horse',
'ship', 'truck')
```

本范例是通过第 9 行代码下载了 CIFAR-10 训练集的数据，下载后使用第 10 行代码，用 trainloader 对象加载训练集数据。

随后，用第 12 行和第 13 行代码下载和加载测试集数据。本范例只是用训练集数据训练模型，其实并没有用到测试集数据。测试集数据将用在预测图片种类的场景。

```
16  # 卷积神经网络定义
17  class CNN(nn.Module):
18      def __init__(self):
19          super(CNN, self).__init__()
20          self.conv1 = nn.Conv2d(3, 16, 5 )
21          self.pool = nn.MaxPool2d(2)
22          self.conv2 = nn.Conv2d(16, 32, 5)
23          self.linear1 = nn.Linear(32 * 5 * 5, 128)
24          self.linear2 = nn.Linear(128, 64)
25          self.linear3 = nn.Linear(64, 10)
26      def forward(self, x):
27          x = self.pool(F.relu(self.conv1(x)))
28          x = self.pool(F.relu(self.conv2(x)))
29          x = x.view(-1, 32 * 5 * 5)
30          x = F.relu(self.linear1(x))
```

```
31          x = F.relu(self.linear2(x))
32          x = self.linear3(x)
33          return x
```

本范例通过第 17 ～ 33 行代码定义了卷积神经网络的实现类，其中卷积层、池化层和线性层的各取值参数的含义在前文均已经讲述过。

这里尤其请大家注意第 23 行代码定义的线性层入参的维度数值，在搭建卷积神经网络时，卷积层之后的第一线性层入参的计算方式尤为重要，相关细节大家请参考本章 4.4.1 节的讲解。

```
34 device = torch.device("cuda" if torch.cuda.is_available() else "cpu")
35 model = CNN().to(device)
36 # 定义损失函数和优化器
37 loss_func = nn.CrossEntropyLoss()
38 optimizer = optim.Adam(model.parameters(), lr=0.001)
39 # 训练网络
40 train_losses = []
41 for epoch in range(num_epochs):  # 多次训练
42     sum_loss = 0.0
43     for i, images in enumerate(trainloader, 0):
44         inputs, labels = images
45         optimizer.zero_grad()  # 梯度清零
46         outputs = model(inputs)  # 神经网络前向传播
47         loss = loss_func(outputs, labels)  # 计算损失
48         loss.backward()  # 后向传播
49         optimizer.step()  # 更新参数
50         sum_loss += loss.item()  # 累加损失
51     print(f'Epoch [{epoch + 1}],Loss:{sum_loss:.4f}')
52 # 可打开该句注释，观察模型结构
53 #print(model)
```

在训练模型时，先使用第 35 行代码创建模型，随后，用第 41 ～ 51 行的两层循环训练模型，训练时所用的是交叉熵损失函数，基于 Adam 的优化器。

在第 43 行内层循环里定义的训练动作和前文案例中的非常相似，具体是，先通过第 45 行代码清空梯度值，再通过第 46 行代码，用数据集的特征值和目标值训练模型，训练后用第 47 行代码计算损失值，再通过第 48 行和第 49 行代码后向传播损失值，并用损失值更新卷积网络的参数。

本范例运行后的输出结果是每轮训练时的累计损失值，从下面的输出结果中大家能看到，每轮训练的损失值是逐步下降的，即该模型在不断训练后，能更好地预测图片的种类。

```
1  Epoch [1],Loss:460.2317
2  Epoch [2],Loss:386.0718
3  Epoch [3],Loss:350.7749
4  Epoch [4],Loss:324.4486
5  Epoch [5],Loss:303.9552
6  Epoch [6],Loss:289.7792
7  Epoch [7],Loss:276.0798
8  Epoch [8],Loss:264.0950
9  Epoch [9],Loss:253.7218
10 Epoch [10],Loss:244.9314
```

4.4.3　用模型预测图片分类

本节给出的 CNNPredictCifar10.py 范例将用训练好的卷积模型，读取 CIFAR-10 数据集的部分图片，在此基础上预测图片的种类，通过本范例输出的图片真实种类和预测得到的种类，大家能直观地看到该模型的预测准确性。

CNNPredictCifar10.py 范例搭建和训练卷积神经网络部分的代码和 Cifar10TrainCNN.py 范例中的完全一致，所以不再赘述，这里只给出预测部分的代码。

```
1   之前的代码和 Cifar10TrainCNN.py 范例里的完全一致
2   import matplotlib.pyplot as plt
3   display_loader = torch.utils.data.DataLoader(dataset=testset, batch_size=8,
shuffle=False)
4   # 评估时不需要设置梯度
5   with torch.no_grad():
6       # 获取 8 个测试数据来验证
7       numberImages, labels = next(iter(display_loader))
8       print('Real Result: ', ' '.join('%5s' % classes[labels[index]]    for index
in range(8)))
9       output = model(numberImages)    # 用训练好的模型预测
10      # predict 则是预测结果
11      _, predict = torch.max(input=output.data, dim=1)
12      # 输出预测结果
13      print('Predict Result: ', ' '.join('%5s' % classes[predict[index]]    for
index in range(8)))
14      numberImg = torchvision.utils.make_grid(numberImages)
15      # 指定使用的数据维度
16      numberImg = numberImg.numpy().transpose(1, 2, 0)
17      plt.imshow(numberImg)  # 输出图形
18      plt.show()
```

这里请注意，本范例是把导入可视化 plt 模块的代码放在代码的中间位置，即如第 2 行代码所示，事实上还可以把 import 语句放在代码的开始位置。

本范例是通过第 3 行代码，加载了测试集里的 8 张图片，让训练好的卷积神经网络模型预测这 8 张图片的种类，在预测前同样是通过第 5 行代码关闭了梯度。

在预测过程中，先用第 8 行代码输出了这 8 张图片的真实种类，再用第 9 行代码，用模型做出预测，并用第 13 行代码输出预测结果，最后再用第 14 ～ 18 行代码输出了这 8 张图片的可视化效果。

本范例运行后，大家能看到如图 4.15 所示的 8 张图片的可视化效果。

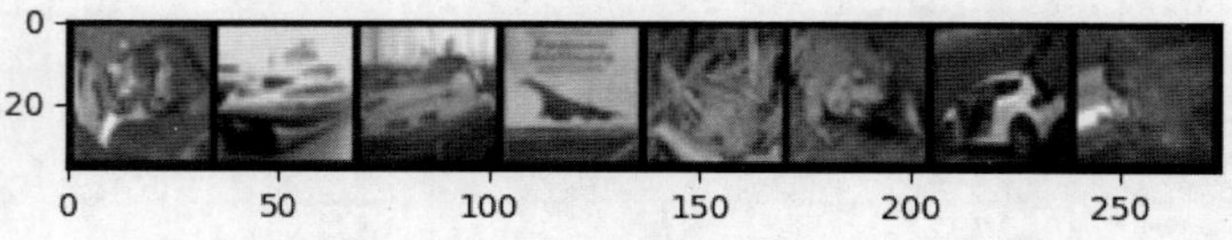

图 4.15　8 张 CIFAR-10 图片的可视化效果

同时，还能在控制台里看到下面的输出结果，从中大家能看到，模型在预测第 7 张图片时出现了问题，该图片实际上是属于"汽车"种类，但被模型识别成"飞机"种类。如果大家提升训练的轮数，比如把本范例中的训练轮数从 10 次提升到 50 次，应该能提升该模型预测的准确率。

```
1  Real Result:     cat  ship  ship plane  frog  frog  car  frog
2  Predict Result:  cat  ship  ship  plane  frog  frog plane  frog
```

4.5　小结和预告

　　本章首先讲述了卷积神经网络的相关概念及创建神经网络时关键参数的取值含义，随后用 MNIST 和 CIFAR-10 这两个数据集，演示了搭建和训练卷积神经网络的实现步骤，并在此基础上演示了用卷积神经网络预测图片分类的做法。

　　通过本章的学习，大家不仅能了解相关概念及各个重要参数的含义，而且还能掌握动手编写卷积神经网络代码的实践要点。

　　第 5 章将通过讲述"残差神经网络"的实践要点，带领大家进一步深入了解梯度下降及前后向传播等关键细节知识点。

第 5 章
实战残差神经网络

学习目标

- 进一步掌握梯度和后向传播等关键技能
- 了解梯度爆炸和梯度消失的原因
- 掌握搭建和训练残差神经网络的技能要点
- 掌握用残差神经网络做预测的实践要点

5.1　梯度爆炸和梯度消失

残差神经网络（ResNet）是在 2015 年提出并实现的，在这之前人们发现，为了提升神经网络的计算精度，一般需要加深神经网络的层数，但这样可能会引发梯度爆炸或梯度消失的问题。

在讲述残差神经网络之前，先来讲述梯度爆炸或梯度消失的现象和原因，从中大家一方面能更好地理解残差神经网络，另一方面还能对之前提到的梯度下降和反向传播等知识有进一步的了解。

5.1.1　可视化观察梯度下降

从前文给出的案例中大家能看到，神经网络（多层感知机）和卷积神经网络，包括其他模型，是用梯度下降的方式来获取模型中各神经元参数的优化方向的。

从代码角度大家能看到，各种模型的优化器是基于梯度下降算法的。进一步讲，在后向传播时，沿着损失函数梯度下降的方向，能找到损失函数的最小值。

所以，在训练过程中，如果沿着损失函数的梯度下降方向调整模型的参数，就能训练出能导致最小损失值的模型。通过下面的 disGrad3D.py 范例，大家能直观地看到梯度下降的效果。

```
1   import matplotlib.pyplot as plt
2   import numpy as np
3   from mpl_toolkits.mplot3d import Axes3D
4   # 用 2 个参数模拟损失函数
5   def loss_func(x, y):
6       return 5*(x - 15) ** 2 + (y - 15) ** 2
```

这里用第 5 ～ 6 行代码定义损失函数，出于方便可视化的目的，该损失函数只包含两个参数，事实上，一个模型内的损失函数的计算结果，应该是和该模型内的各神经元参数有关。

```
7  cnt = 200   # 迭代 200 次
8  step = 0.005  # 步长
9  x = 40  # x 的初始值
10 y = 40  # y 的初始值
11 figure = Axes3D(plt.figure())   # 设置 3D 画布
12 figure.view_init(elev=45, azim=-90)# 设置俯视模式
13 # 设置 X 和 Y 轴的取值
14 axis_x = np.linspace(0, 40, 400)
15 axis_y = np.linspace(0, 40, 400)
16 axis_x, axis_y = np.meshgrid(axis_x, axis_y) #网格化处理
17 # 计算 Z 值
18 z = loss_func(axis_x, axis_y)
19 figure.set_xlabel('X')
20 figure.set_ylabel('Y')
21 figure.set_zlabel('Z')
22 figure.plot_surface(axis_x, axis_y, z, rstride=1,  cmap='viridis')  # 做出底图
```

由于损失函数包含了 2 个参数，所以这里是用 3 维效果来可视化梯度下降的效果。具体是通过第 11 行代码设置了 3D 画布，通过第 14 行和第 15 行代码设置了 x 轴和 y 轴的取值范围，并通过第 18 行代码设置了损失函数值，即 z 值的计算方式。

在此基础上，上述代码是在第 19 ～ 21 行设置了 3 个轴的标签，并通过第 22 行代码设置了具有 3D 效果的底图。

```
23 # 模拟并可视化梯度下降
24 for index in range(cnt):
25     current_x = x
26     current_y = y
27     current_lossValue = loss_func(x, y)
28     print("第 %d 次迭代: x 值 =%f, y 值 =%f, 损失函数值 =%f" % (index + 1, x, y, current_lossValue))
29     # 计算并绘制梯度方向
30     x = x - step * 2 * (x - 15)
31     y = y - step * 2 * (y - 15)
32     nextLossVal = loss_func(x, y)
33     figure.plot([current_x, x], [current_y, y], [current_lossValue, nextLossVal], lw=4)
34 plt.show()
```

本范例通过第 24 行代码的 for 循环模拟了梯度下降的效果，具体是，在 200 次循环过程中，通过第 28 行代码输出了本次迭代的 x 和 y 值，以及损失函数的返回值；通过第 30 行和第 31 行的代码，通过求导的方式求得下次迭代时的 x 和 y 值。

由于损失函数是 $5×（x-15）××2+（y-15）××2$，通过对 x 求导，能得到该函数在 x 方向的梯度，该函数对 x 的求导结果如第 30 行代码所示，同样，通过对 y 求导，能得到如第 31 行代码所示的在 y 方向的梯度。而在第 30 行和第 31 行代码中，step 则表示本次迭代的步长。

在得到梯度结果后，通过第 32 行代码计算本地迭代"梯度下降"后的损失值，并通过第 33 行代码绘制该梯度下降的可视化效果。

本范例的运行结果如图 5.1 所示，从中大家能看到梯度下降的方向。在每次迭代过程中，其

实是根据 x 和 y 这两个方向求导的结果来求得梯度下降的值。

从数学角度大家能看到，当 x 和 y 都取 15 时，该损失函数能得到最小值 0，从图 5.1 中可以看到，沿着梯度下降的方向，该损失函数确实在一点点逼近（15,15）这个点。

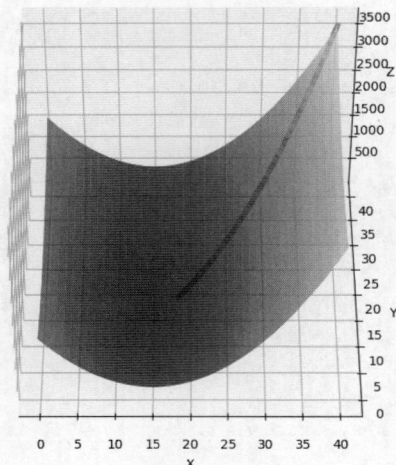

图 5.1　梯度下降可视化效果图

该范例在控制台的输出如下所示，大家能看到，在 200 次沿着梯度下降迭代结束后，并没有达到（15,15）这个点，这是因为步长设置得过小。大家如果把步长设置成 0.03 或更大的值，就能在 200 次迭代结束后发现损失值达到了 0，由此，可以理解步长和梯度下降的关系。

```
1    第 197 次迭代：x 值 =18.486889，y 值 =18.486889，损失函数值 =72.950379
2    第 198 次迭代：x 值 =18.452020，y 值 =18.452020，损失函数值 =71.498666
3    第 199 次迭代：x 值 =18.417500，y 值 =18.417500，损失函数值 =70.075843
4    第 200 次迭代：x 值 =18.383325，y 值 =18.383325，损失函数值 =68.681333
```

在本范例的损失函数中，损失值为 0 时，x 和 y 的取值均是 15，在训练场景大家则可以理解成，参数均为 15 时，该模型能更好地拟合训练数据。

在其他神经网络等场景，如果优化器是基于梯度下降算法，虽然模型内的参数数量会很多，但事实上，也会按本范例给出的示意效果，在每个损失函数参数的方向求梯度，根据结果得到梯度下降方向，并沿着该方向优化模型各参数的取值。

5.1.2　后向传播、梯度消失和梯度爆炸

前文也已经提到，在神经网络（多层感知机）的训练过程中，前向传播的目的是拟合参数，而后向传播的目的是根据损失函数的梯度下降方向，从后往前调整各层参数。

假设某神经网络内有节点 x，该节点离输出层的损失函数之间还有 u_1、u_2……u_n 等节点，具体效果如图 5.2 所示。

图 5.2　某神经网络的效果图

在后向传播时，用损失函数 y 更新 x 节点的参数时，会用函数 y 对 x 求梯度，并沿着梯度下降的方向更新参数，这样能达到损失函数值最小化的效果。

但是，由于 x 和 y 不直接相连，所以在求梯度时，需要用链式方式，逐层求梯度并向前传递，具体计算方式如图 5.3 所示，也就是说，该次梯度值是由多个梯度值相乘而得。

$$\frac{dy}{dx} = \frac{dy}{du_n}\frac{du_n}{du_{n-1}}\cdots\frac{du_2}{du_1}\frac{du_1}{dx}$$

图 5.3　后向传播时链式求梯度的效果图

从图 5.3 所示的算式中大家能看到，如果右边多个梯度的取值均小于 1，那么损失函数关于各神经元节点的梯度，在传递到中途时就会消失成 0，从而无法再向前传递，这就是梯度消失。

相反，如果多个梯度取值均很大，那么多次相乘以后，梯度值就会爆炸成一个没有实际意义的巨大值，这样继续向前传递也会失去意义，这就是梯度爆炸。

5.1.3　梯度消失和梯度爆炸的解决方法

在后向传播时的链式求梯度的过程中，应当尽量避免梯度消失和梯度爆炸问题，因为这两类问题会导致神经元节点无法被有效优化。

在实践中，一般会采用下列措施来避免梯度消失问题。

（1）选择 ReLU 等合适的激活函数，合适的激活函数能有效地确保梯度数值的稳定性。

（2）引入批标准化（Batch Normalization）策略，对每个小批量的数据进行标准化处理，从而使模型内各层间传递的梯度值稳定在合理的范围内。

相应地，会用下列措施来避免梯度爆炸问题。

（1）对网络各节点的权重等参数引入正则化处理机制，由此来限制权重的取值范围。

（2）引入梯度截断（Gradient Clipping）机制，即当梯度超过某个阈值时，对其进行截断或缩放操作，避免梯度取值过大。

除此之外，在模型中引入残差模块（Residual Connections），即直接关联输入层和输出层，这样能在传递梯度时避免过于繁多的梯度值相乘的运算，从而有效避免梯度消失和梯度爆炸的问题。

5.2　搭建残差神经网络

残差神经网络（ResNet）模型被广泛应用在图片识别和分类，以及语义分割等场景。顾名思义，该种模型里会包含残差模块。

残差模块可以由多个全连接层（或卷积层）和一个跳跃连接构成，跳跃连接是输入层和输出层之间的一条捷径。下面将通过代码讲述搭建和训练残差网络的实践要点。

5.2.1　残差模块的结构

残差是一个统计学方面的概念，是指观测值（可以理解成是真实值）和拟合值之间的差异。

比如，当前模型 model1 拥有 m 层，该模型能最优化地解决某类（如图片分类）问题。那么在此基础上，如果再新加 n 层，该 $m+n$ 层模型输出的结果其实和在 m 层输出的结果差别不大。也就是说，再搭建新层意义不大，哪怕再搭建新层，模型训练结果的残差值也未必会减小。

但反过来讲，如果拥有 m 层的 model1 模型还没有取得最优的结果，那么再搭建新层确实可能提升优化效果。不过，在引出残差网络的同时，一些专家发现，在模型里通过再过多叠加网络层的做法，未必再能提升准确度，甚至还可能引发梯度爆炸和梯度消失问题。

也就是说，在深度学习的训练场景，存在深层模型和浅层模型效果差不多的情况，即离开输出层较近的若干层可能未必能被很好地训练，这种情况下，就可以用跳跃连接直接关联一些本不相邻的连接层，这也是残差模块的设计动机，相关效果如图 5.4 所示。

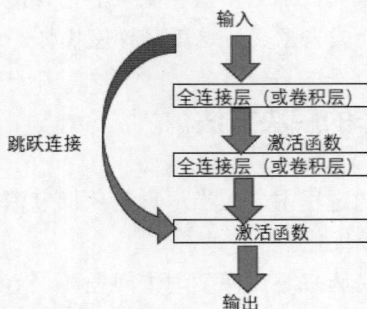

图 5.4　残差模块效果图

事实上，一个残差神经网络可以由一个或多个残差模块构成，而跳跃连接会让输入值不经过若干层的运算，直接经由一次激活运算后形成输出值。

5.2.2　搭建残差神经网络的方法

本节将以训练 MNIST 数据集为例，给出搭建残差神经网络的实现代码。与搭建常规神经网络（即多层感知机）和卷积神经网络相比，搭建残差神经网络时，需要额外定义残差模块。

```
1   # 定义残差模块
2   class ResidualBlock(torch.nn.Module):
3       def __init__(self, channels):
4           super(ResidualBlock, self).__init__()
5           self.channels = channels
6           self.conv1 = torch.nn.Conv2d(channels, channels, kernel_size=3, padding=1)
7           self.conv2 = torch.nn.Conv2d(channels, channels, kernel_size=3, padding=1)
8       # 定义残差模块的前向传播动作
9       def forward(self, x):
10          y = torch.relu(self.conv1(x))
11          y = self.conv2(y)
12          return torch.relu(x + y)
```

这里用第 2 行代码的 ResidualBlock 类定义了残差模块，具体是在第 3 行代码的 __init__ 方法里定义了残差模块中包含的子模块，从第 6 行和第 7 行代码中大家能看到，该残差模块包含两个卷积核是 3 的卷积层。

而在第 9 行代码的 forward 方法里，定义了残差模块的前向传递动作，尤其请大家注意第 12 行代码，其中的激活函数 ReLU 是处理 $x+y$ 的值，由此体现出残差的理念。该残差模块的结构如图 5.5 所示。

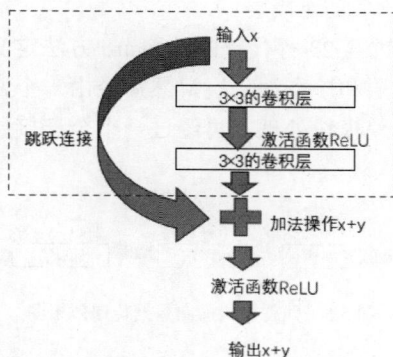

图 5.5 残差模块的结构图

与之前的前向动作不同的是，上述代码第 12 行定义残差网络前向传递动作时，输出的结果是 $x+y$，而不是简单的 x，这里分两种情况加以说明。

（1）如果当前网络模型过深，再叠加学习层也未必能提升训练效果，换句话说，此时新搭建的学习层，其输入和输出的差别不大，上述结构里的 y 值可能会很小，那么图 5.5 中的虚线部分，其实是用来拟合这个非常小的 y 值，如果这个 y 值足够小，那么该残差模块输入和输出基本相同，就相当于走了跳跃连接的路径。

（2）但如果并没有出现上述情况，也就是说输出和输入差别很大，还有多叠加学习层的必要，那么数据走的是图 5.5 中从上到下的路径，相当于并没有走跳跃连接。

换句话说，上述代码定义的 ResidualBlock 模块，能根据当前模型里的实际情况，拟合两种不同的数据走向，从而实现残差模块的效果。

```
13  # 定义残差神经网络
14  class RESNet(torch.nn.Module):
15      def __init__(self):
16          super(RESNet, self).__init__()
17          self.conv1 = torch.nn.Conv2d(1, 16, kernel_size=5)
18          self.conv2 = torch.nn.Conv2d(16, 32, kernel_size=5)
19          self.pool = torch.nn.MaxPool2d(2)
20          self.resBlock1 = ResidualBlock(16)
21          self.resBlock2 = ResidualBlock(32)
22          self.linear = torch.nn.Linear(512, 10)
23      def forward(self, x):
24          x = self.pool(torch.relu(self.conv1(x)))
25          x = self.resBlock1(x)
26          x = self.pool(torch.relu(self.conv2(x)))
27          x = self.resBlock2(x)
28          # 张量 tensor 维度 (n,1,28,28) 转换为 (n,784)
29          x = x.view(x.size(0), -1)
```

```
30        return self.linear(x)
```

随后，用第 14 行代码的 **RESNet** 类定义残差神经网络，在该类里，用第 15 行代码的 __init__ 方法定义残差神经网络中的各模块，从中大家能看到，通过第 17 行和第 18 行代码定义了两个卷积层，通过第 19 行代码定义了一个池化层，通过第 20 行和第 21 行代码定义了两个残差模块，通过第 22 行代码定义了一个全连接层。

同时，在 RESNet 类里，通过第 23 行代码的 forward 方法定义前向传递的动作，也就是说，数据的流向是，会经过一个卷积层和一个池化层，然后经由一个残差模块处理，再经过一个卷积层和一个池化层后，再由一个残差模块处理，再经过一个全连接层后形成输出结果，具体前向数据传递效果如图 5.6 所示。

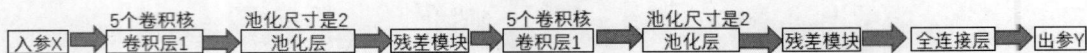

图 5.6　残差模块前向数据传递效果图

5.3　残差神经网络与图片分类

本节将以 MNIST 和 CIFAR-10 数据集为例，给出搭建和训练残差神经网络的具体案例，从中大家能看到用残差神经网络实现图片分类功能的具体做法。

5.3.1　识别 MNIST 手写数字体

上文给出了搭建残差神经网络部分的代码，而下文给出的 ResNetPredictMNIST.py 范例将在此基础上，进一步讲述用 MNIST 数据集训练残差网络并做出预测的实践要点。

```
1   import torch
2   import torchvision
3   import matplotlib.pyplot as plt
4   from torchvision import transforms
5   from torch import nn, optim
6   # 获取并加载训练集和测试集
7   batch_size = 200   # 每批训练的数量
8   train_dataset = torchvision.datasets.MNIST('./dataset',trair=True,
transform=transforms.ToTensor() ,download=False)
9   train_loader = torch.utils.data.DataLoader(dataset=train_dataset, batch_
size=batch_size, shuffle=True)
10 num_epochs = 10   # 训练轮数
```

上述代码的作用是下载并加载 MNIST 的训练集，并定义训练轮数。

```
11 # 定义残差模块
12 class ResidualBlock(torch.nn.Module):
13     def __init__(self, channels):
```

```
14          super(ResidualBlock, self).__init__()
15          self.channels = channels
16          self.conv1 = torch.nn.Conv2d(channels, channels, kernel_size=3, padding=1)
17          self.conv2 = torch.nn.Conv2d(channels, channels, kernel_size=3, padding=1)
18      def forward(self, x):
19          y = torch.relu(self.conv1(x))
20          y = self.conv2(y)
21          return torch.relu(x + y)
22  # 定义网络
23  class RESNet(torch.nn.Module):
24      def __init__(self):
25          super(RESNet, self).__init__()
26          self.conv1 = torch.nn.Conv2d(1, 16, kernel_size=5)
27          self.conv2 = torch.nn.Conv2d(16, 32, kernel_size=5)
28          self.pool = torch.nn.MaxPool2d(2)
29          self.resBlock1 = ResidualBlock(16)
30          self.resBlock2 = ResidualBlock(32)
31          self.linear = torch.nn.Linear(512, 10)
32      def forward(self, x):
33          x = self.pool(torch.relu(self.conv1(x)))
34          x = self.resBlock1(x)
35          x = self.pool(torch.relu(self.conv2(x)))
36          x = self.resBlock2(x)
37          # 张量 tensor 维度 (n,1,28,28) 转换为 (n,784)
38          x = x.view(x.size(0), -1)
39          return self.linear(x)
```

本范例通过第 12 ～ 39 行代码定义了一个名为 RESNet 的残差神经网络，该网络的组成模块和前向数据传输流程，尤其是残差模块的含义，在前文里已经讲过。

这里请大家注意第 31 行搭建全连接层时的入参 512，该参数值的计算过程在 4.4.1 节已经讲过，针对该残差网络里诸多卷积层和池化层的参数，这里分析下参数 512 的计算方法。

（1）该残差网络卷积层 conv1 接受的是 28×28 的 1 通道的图片数据，第 1 个卷积层 conv1 卷积核尺寸是 5，填充层数 padding 参数没有设置，使用的是默认值 0，stride 步幅参数没有设置，所以使用默认的取值 1。该卷积层输出的特征值的计算方式是（输入尺寸－卷积核尺寸 +2× 填充层数 padding）+1，代入数字，是 28-5+0×1+1，取值是 24。

（2）前向传输过程中，经过 conv1 卷积层处理后，会经过一次池化处理，该次池化处理所用的卷积核大小是 2，由于移动步数没设，所以使用默认的与卷积核大小相同的值，也是 2。池化处理后的尺寸是"向下取整（（输入长度－池化卷积核大小）/ 移动步数 + 1））"，代入本场景给出的参数，结果是（24-2）/2+1=12，即第一个残差模块 resBlock1 的入参尺寸是 12×12。

（3）残差模块 resBlock1 并没有改变数据的维度，所以出参依然是 12×12，所以第二个卷积层 conv2 的入参也是这个数值。

（4）根据公式，能得到 conv2 的输出特征值尺寸，具体计算方式依然是（输入尺寸－卷积核尺寸 +2× 填充层数 padding）+1，代入数字是 12-5+0×1+1，等于 8。

（5）再计算 conv2 之后第二个池化层的尺寸，按公式"向下取整（（输入长度－池化卷积核大小）/ 移动步数 + 1））"，代入数字，是（8-2）/2+1。结果是 4，即第二个池化层的数据输出维度是 4×4。

（6）第二个残差层依然没有变更数据维度，所以该层的输出依然是 4×4，但该残差层的出口通道是 32，所以之后的全连接层 linear，其入参维度是 32×4×4，结果是 512，但该全连接层的输出结果是预测数字 1 ~ 10，即 10 个维度，所以该全连接层的定义是入参为 512，出参为 10。

```
40 device = torch.device("cuda" if torch.cuda.is_available() else "cpu")
41 # 实例化模型
42 model = RESNet().to(device)
43 # 定义损失函数和优化器
44 loss_func = nn.CrossEntropyLoss()
45 optimizer = optim.SGD(model.parameters(), lr=0.01)
```

在上述代码中，在第 42 行里定义了名为 model 的残差网络模型，在第 44 行定义了损失函数，在第 45 行定义了优化器。

其中，损失函数是基于 CrossEntropyLoss 算法，优化器是基于随机的梯度下降算法，而梯度下降的步长是 0.01。

```
46 # 用数据集训练残差神经网络
47 for epoch in range(num_epochs):
48     sum_loss = 0.0
49     for i, (images, labels) in enumerate(train_loader):
50         images, labels = images.to(device), labels.to(device)
51         outputs = model(images)    # 开始训练
52         # 根据损失函数，计算本次训练的损失值
53         loss = loss_func(outputs, labels)
54         optimizer.zero_grad()    # 每次训练后清零梯度值
55         # 根据损失值反向传播，优化下次训练
56         loss.backward()
57         optimizer.step()    # 调参
58         # 累加损失值，sum_loss 是这批数据的整体损失值
59         sum_loss = sum_loss+ loss.item();
60     print(f'Epoch [{epoch + 1}],Loss:{sum_loss:.4f}')
```

在第 47 ~ 60 行代码里，通过两层循环来训练残差网络。具体训练步骤如下所述。

（1）先用第 50 行代码，根据当前计算机的情况，把 MNIST 训练集里的特征和目标数据转换成 CPU（或 GPU）模式，如果转换成 GPU 模式，训练速度会明显加快。

（2）在第 51 行代码里，用 MNIST 数据集训练残差网络模型 model，训练后把结果放到 outputs 对象里。

（3）在第 53 行代码里，根据训练结果和真实结果，用损失函数计算损失值，并用第 56 行代码后向传播损失值，传播时使用第 57 行代码，用损失值具体调参。

（4）本次训练结束后，用第 54 行代码，清空优化器里的梯度参数值。

（5）最后用第 59 行代码，把各轮训练的损失值放入 sum_loss 对象。

```
61 # 训练完成，用测试集验证
62 # 加载 MNIST 测试集
63 test_data = torchvision.datasets.MNIST(root='./dataset', train=False,
transform=transforms.ToTensor(),download=True)
```

```
64 test_loader = torch.utils.data.DataLoader(test_data, batch_size=batch_size,
shuffle=False)
65 model.eval()
66 with torch.no_grad():   # 测试时不用计算梯度
67     correct_rate = 0
68     correct_items = 0
69     for images, labels in test_loader:
70         images, labels = images.to(device), labels.to(device)   # 输入数据转移到 GPU
71         # 用模型针对测试集做预测
72         outputs = model(images)
73         _, predicted = torch.max(outputs, 1)   # 获取预测结果 找最大值所在的索引
74         _, predictResult = outputs.max(1)
75         correct_items += (predictResult == labels).sum().item()
76     correct_rate = correct_items / len(test_data)
77     print(f'correct_rate:{correct_rate:.4f}')
78 display_loader = torch.utils.data.DataLoader(dataset=test_data, batch_size=8,
shuffle=False)
```

　　用 MNIST 数据集完成对残差模型 model 训练后，开始用该模型预测测试集数据。

　　具体做法是，先通过第 65 行的 model.eval() 代码，把训练好的残差模型设置成评估模式，由于评估时不需要梯度，所以再通过第 66 行代码关闭梯度操作。

　　预测时用到了单层循环，仅对 MNIST 测试集的数据做循环，而且只预测一次，而不是多次。在做预测时，使用第 72 行代码，用残差模型预测测试集，并在第 73 行得到预测结果，随后，再用第 75 行代码对比预测结果和真实结果，并用第 76 行代码统计预测的准确率。

```
79 # 评估时不需要设置梯度
80 with torch.no_grad():
81     # 获取第一批的 8 个测试数据来验证
82     numberImages, labels = next(iter(display_loader))
83     print("real result:" + str(labels))   # 输出标志，即正确结果的数字
84     output = model(numberImages)      # 用训练好的模型预测
85     # predict 则是预测结果
86     _, predict = torch.max(input=output.data, dim=1)
87     # 输出预测结果
88     print("predict result:" + str(predict))
89     numberImg = torchvision.utils.make_grid(numberImages)
90     # 指定使用的数据维度
91     numberImg = numberImg.numpy().transpose(1, 2, 0)
92     plt.imshow(numberImg) # 输出图形
93     plt.show()
```

　　完成预测后，再通过第 80 ～ 93 行代码，可视化预测结果。

　　具体做法是，通过第 82 行代码获取测试集里的前 8 个数据，随后再用第 84 行代码，让训练好的 model 残差模型预测这 8 个测试集的手写图片数据，预测后再通过第 92 行和第 93 行代码，输出这 8 个数据的图片效果。

　　范例运行后，大家可以在控制台里看到每轮训练的损失值和训练后该模型预测数据的准确率，从下面的输出中大家能看到，该模型的预测准确率是 97.45%，而每轮训练后的损失值逐渐降低。

```
1  Epoch [1],Loss:493.7106
2  Epoch [2],Loss:116.4491
3  Epoch [3],Loss:75.0896
4  Epoch [4],Loss:56.8396
5  Epoch [5],Loss:46.4904
6  Epoch [6],Loss:39.9637
7  Epoch [7],Loss:35.7004
8  Epoch [8],Loss:32.4065
9  Epoch [9],Loss:29.7324
10 Epoch [10],Loss:27.6639
11 correct_rate:0.9745
```

除此以外，大家还能看到如图 5.7 所示的可视化效果，以及对应的控制台输出结果。由此可以看到，该模型预测这 8 个测试集数据时，结果完全正确。

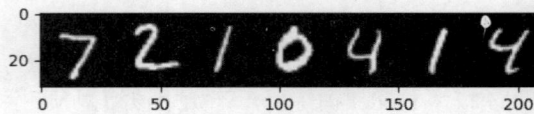

图 5.7　残差网络预测 MNIST 的可视化效果图

```
1  real result:tensor([7, 2, 1, 0, 4, 1, 4, 9])
2  predict result:tensor([7, 2, 1, 0, 4, 1, 4, 9])
```

5.3.2　分类 CIFAR-10 图片

下面的 ResNetPredictCIFAR10.py 范例将演示用 CIFAR-10 数据集训练残差神经网络的做法，从中大家能了解残差神经网络的实践要点。

```
1  import torch
2  from torch import nn, optim
3  import torch.nn.functional as F
4  import torchvision
5  import torchvision.transforms as transforms
6  batch_size = 200   # 每批训练的数量
7  num_epochs = 40   # 训练轮数
8  # 训练数据
9  trainset = torchvision.datasets.CIFAR10(root='./dataset', train=True,
download=True, transform=transforms.ToTensor())
10 trainloader = torch.utils.data.DataLoader(trainset, batch_size=batch_
size,shuffle=True)
11 # 测试数据
12 testset = torchvision.datasets.CIFAR10(root='./dataset', train=False,
download=True, transform=transforms.ToTensor())
13 testloader = torch.utils.data.DataLoader(testset, batch_size=batch_size,
shuffle=False)
14 # 每种分类的名称
15 classes = ('plane', 'car', 'bird', 'cat', 'deer', 'dog', 'frog', 'horse',
'ship', 'truck')
```

在上述代码里，用第 6 行代码的 batch_size 变量定义每轮训练的数量，用第 7 行代码的 num_epochs 变量定义训练的轮数，本范例中将会用数据集对残差网络模型训练 40 轮。

在搭建和训练模型前，通过第 9 行和第 10 行代码下载并加载 CIFAR-10 训练集的数据，用第 12 行和第 13 行代码下载测试集的数据。

由于 CIFAR-10 数据集包含了 10 类数据，为了更好地展示分类结果，这里用第 15 行代码定义了具体分类的名称。

```
16 class ResidualBlock(torch.nn.Module):
17     def __init__(self, channels):
18         super(ResidualBlock, self).__init__()
19         self.channels = channels
20         self.conv1 = torch.nn.Conv2d(channels, channels, kernel_size=3, padding=1)
21         self.conv2 = torch.nn.Conv2d(channels, channels, kernel_size=3, padding=1)
22     def forward(self, x):
23         y = torch.relu(self.conv1(x))
24         y = self.conv2(y)
25         return torch.relu(x + y)
26 class RESNet(nn.Module):
27     def __init__(self):
28         super(RESNet, self).__init__()
29         self.conv1 = nn.Conv2d(3, 16, 5 )
30         self.pool = nn.MaxPool2d(2)
31         self.conv2 = nn.Conv2d(16, 32, 5)
32         self.resBlock1 = ResidualBlock(16)
33         self.resBlock2 = ResidualBlock(32)
34         self.linear1 = nn.Linear(32 * 5 * 5, 128)
35         self.linear2 = nn.Linear(128, 64)
36         self.linear3 = nn.Linear(64, 10)
37     def forward(self, x):
38         x = self.pool(F.relu(self.conv1(x)))
39         x = self.resBlock1(x)
40         x = self.pool(F.relu(self.conv2(x)))
41         x = self.resBlock2(x)
42         x = x.view(-1, 32 * 5 * 5)
43         x = F.relu(self.linear1(x))
44         x = F.relu(self.linear2(x))
45         x = self.linear3(x)
46         return x
```

在上述代码里，用第 16 ～ 25 行代码定义了残差模块，这里定义的残差模块与 5.2.2 节给出的完全一致，随后，用第 26 ～ 44 行代码定义残差网络。

定义残差网络时，在第 27 行代码的 __init__ 方法里定义残差网络里的模块，请注意，是通过第 32 行和第 33 行代码定义了两个残差模块。

而该网络的前向传播动作是定义在第 37 行代码的 forward 方法里，从中大家能看到，在前向传播时，会如第 39 行和第 41 行代码所定义的一样，经过两个残差模块。

```
47 device = torch.device("cuda" if torch.cuda.is_available() else "cpu")
48 model = RESNet().to(device)
```

```
49  # 定义损失函数和优化器
50  loss_func = nn.CrossEntropyLoss()
51  optimizer = optim.Adam(model.parameters(), lr=0.001)
52  # 训练网络
53  train_losses = []
54  for epoch in range(num_epochs):  # 多次训练
55      sum_loss = 0.0
56      for i, images in enumerate(trainloader, 0):  # 遍历训练集
57          inputs, labels = images
58          optimizer.zero_grad()  # 梯度清零
59          outputs = model(inputs)  # 神经网络前向传播
60          loss = loss_func(outputs, labels)  # 计算损失
61          loss.backward()  # 反向传播
62          optimizer.step()  # 更新参数
63          sum_loss += loss.item()  # 累加损失
64      print(f'Epoch [{epoch + 1}],Loss:{sum_loss:.4f}')
```

完成定义残差网络后，用第 48 行代码创建了一个名为 model 的残差网络模型，用第 50 行和第 51 行代码定义了训练所用的损失函数和优化器，随后，通过第 54 ～ 64 行代码，用两层循环训练残差网络模型。

训练的过程在前文已经详细分析，这里不再赘述，在每次训练后，会用第 64 行代码输出本次训练的损失值。

```
65  import matplotlib.pyplot as plt
66  display_loader = torch.utils.data.DataLoader(dataset=testset, batch_size=16,
    shuffle=False)
67  # 评估时不需要设置梯度
68  with torch.no_grad():
69      # 获取16个测试数据来验证
70      numberImages, labels = next(iter(display_loader))
71      print('Real Result: ', ' '.join('%5s' % classes[labels[index]] for index in
    range(16)))
72      output = model(numberImages)     # 用训练好的模型预测
73      # predict 则是预测结果
74      _, predict = torch.max(input=output.data, dim=1)
75      # 输出预测结果
76       print('Predict Result: ', ' '.join('%5s' % classes[predict[index]]   for
    index in range(16)))
77      numberImg = torchvision.utils.make_grid(numberImages)
78      # 指定使用的数据维度
79      numberImg = numberImg.numpy().transpose(1, 2, 0)
80      plt.imshow(numberImg)  # 输出图形
81      plt.show()
```

完成训练后，用第 68 ～ 81 行代码来预测 CIFAR-10 测试集里的数据，即分类这 16 张图片的种类。

具体的做法是，先通过第 66 行代码加载了测试集里的 16 张图片，让训练好的残差模型分类这 16 张图片，在分类前同样先通过第 68 行代码关闭了梯度。

在预测过程中，先用第 71 行代码输出了这些图片的真实种类，再通过第 72 行代码用 model

残差模型分类这 16 张图片，并通过第 76 行代码输出了预测结果，最后再通过第 77 ～ 81 行代码输出了这 16 张图片。

本范例运行后，大家能在控制台里看到 40 轮训练的损失值，由于篇幅所限，这里只给出了第 1 轮和第 40 轮训练的损失值，从中可以看到，经 40 轮训练后，损失值是大幅降低的。

再对比一下输出的真正结果和预测结果，大家能发现预测结果和真实结果差别不大，即预测的准确率比较高。

事实上，如果大家更改本范例第 7 行 num_epochs 变量的取值，比如提升到 80，即用 CIFAR-10 数据集训练该残差模型 80 轮，该模型预测图片的准确率还会进一步提升，同时，第 80 轮训练后输出的损失值还会进一步降低。

```
1  Epoch [1],Loss:454.3156
2  ...
3  Epoch [40],Loss:106.7863
4  Real Result:   cat ship ship plane frog frog  car frog  cat  car plane
truck  dog horse truck  ship
5  Predict Result:  cat ship  ship plane deer  frog  car  frog  cat  car
deer truck   dog horse truck  frog
```

本范例运行后，大家还能看到如图 5.8 所示的这 16 张图片的具体效果，由此，大家能用可视化的方式验证该残差模型的图片分类效果。

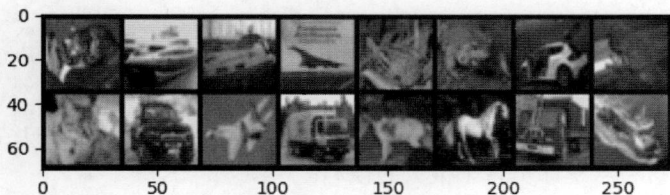

图 5.8　残差网络预测 CIFAR-10 的可视化效果图

5.4　小结和预告

本章首先讲述梯度爆炸和梯度消失这两类问题，并讲述了引入残差模块解决这两类问题的原因。在此基础上，本章给出了搭建残差神经网络的具体实践要点，并给出了用残差网络预测 MNIST 和 CIFAR-10 数据集的实现代码。

第 6 章将讲述针对网络模型的基本操作，包括保存和加载网络模型、可视化网络模型和数据预处理的基本操作等。

第6章

对模型的实用性操作

学习目标

- 掌握可视化模型的技巧
- 掌握保存和加载模型的技巧
- 掌握对模型数据处理的技巧

6.1 可视化模型

前文已经讲解了用 print 方法打印模型结构的方法。本节将讲述用 PyTorchViz 和 TensorboardX 等组件可视化模型的做法。

通过本节讲解的可视化工具，程序员能观察到模型，尤其是复杂模型的结构，并且还能观察到训练模型的过程，这将给程序员带来很大的便利。

6.1.1 用 PyTorchViz 可视化模型

PyTorchViz 是一种可视化模型的组件，如果是在 Windows 操作系统环境，可以先到官网去下载 64 位的安装程序，官网地址为 https://graphviz.org/download/。下载安装程序后，可按提示完成安装，随后使用 pips install torchviz 命令安装组件包。

完成搭建 PyTorchViz 环境后，可以通过下面的 torchvizDemo.py 范例观察可视化模型的效果。

```
1    import torch
2    from torch import nn
3    from torchviz import make_dot
4    # 定义卷积神经网络
5    class CNN(nn.Module):
6        def __init__(self):
7            super(CNN, self).__init__()
8            self.conv1 = nn.Conv2d(1, 16, kernel_size=3, padding=1)
9            self.conv2 = nn.Conv2d(16, 32, kernel_size=3,padding=1)
10           self.pool = nn.MaxPool2d(2)
11           self.linear1 = nn.Linear(32 * 7 * 7, 128)
```

```
12              self.linear2 = nn.Linear(128, 64)
13              self.linear3 = nn.Linear(64, 10)
14      def forward(self, x):
15              # 搭建神经网络
16              x = self.pool(torch.relu(self.conv1(x)))
17              x = self.pool(torch.relu(self.conv2(x)))
18              x = x.view(-1, 32 * 7 * 7)
19              x = torch.relu(self.linear1(x))
20              x = torch.relu(self.linear2(x))
21              x = self.linear3(x)
22              return x
23  model = CNN()
24  input = torch.randn(1, 1, 28, 28).requires_grad_(True)   # 定义一个网络的输入值
25  output = model(input)   # 获取网络的预测值
26  modelView = make_dot(output, params=dict(list(model.named_parameters()) + [('x',
input)]))
27  # 指定生成文件的格式和路径
28  modelView.format = "png"
29  modelView.directory = "data"
30  # 生成文件
31  modelView.view()
```

本范例通过第 5 ～ 22 行代码，定义了一个名为 CNN 的卷积神经网络类，并通过第 23 行代码实例化了名为 model 的模型。

随后，用第 24 行代码定义了一组输入数据，再通过第 26 行代码，用 torchviz 库里的 make_dot 方法，生成了一个名为 modelView 的可视化模型视图，并通过传入的参数，设置了该模型的输入和输出。

在此基础上，通过第 28 和第 29 行代码，设置了生成可视化模型的格式和路径，并通过第 31 行代码输出了模型的可视化效果。

本范例运行后，能看到如图 6.1 所示的可视化效果，同时能在项目的 data 路径里，看到格式为 .png 的保持可视化效果的图片。

由于篇幅所限，图 6.1 无法具体展示该模型的细节，大家可以在自己的计算机上运行本范例并放大可视化图，从而观察到较为清晰的效果。

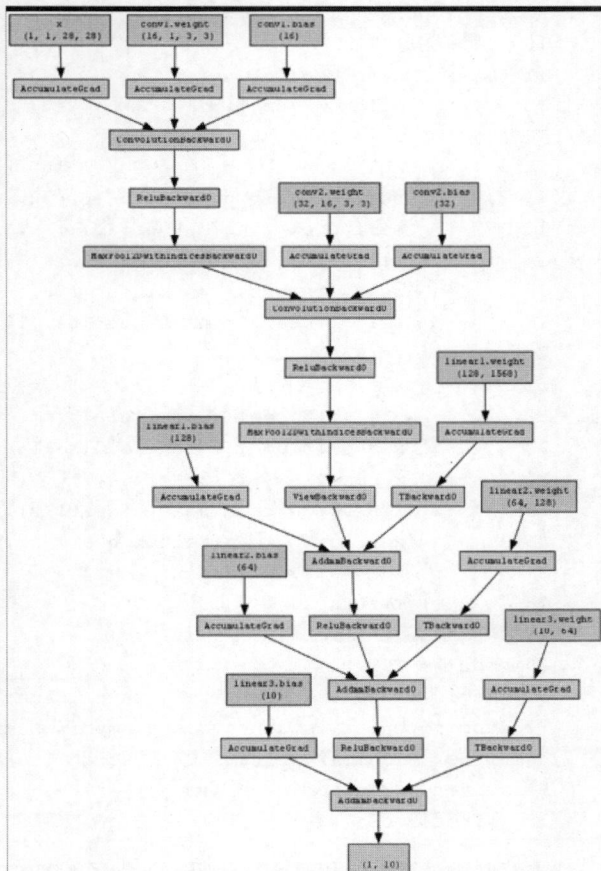

图 6.1　基于 PyTorchViz 组件的可视化模型效果图

6.1.2 用 TensorboardX 可视化模型

TensorboardX 也是一个可视化工具，在 Python 环境里，可以通过下面的两个命令安装对应的库。

```
1  python install tensorboard
2  python install tensorboardX
```

完成安装后，可通过下面的 tensorboardForModel.py 范例，了解用 TensorboardX 可视化模型的做法。

```
1  import torch
2  import torchvision
3  from torchvision import transforms
4  from torch import nn
5  # 获取并加载训练集和测试集
6  batch_size = 200    # 每批训练的数量
7  train_dataset = torchvision.datasets.MNIST('./dataset',train=True,
transform=transforms.ToTensor() ,download=False)
8  train_loader = torch.utils.data.DataLoader(dataset=train_dataset, batch_
size=batch_size, shuffle=True)
9  num_epochs = 10   # 训练轮数
10 # 定义卷积神经网络
11 class CNN(nn.Module):
12     def __init__(self):
13         super(CNN, self).__init__()
14         self.conv1 = nn.Conv2d(1, 16, kernel_size=3, padding=1)
15         self.conv2 = nn.Conv2d(16, 32, kernel_size=3,padding=1)
16         self.pool = nn.MaxPool2d(2)
17         self.linear1 = nn.Linear(32 * 7 * 7, 128)
18         self.linear2 = nn.Linear(128, 64)
19         self.linear3 = nn.Linear(64, 10)
20     def forward(self, x):
21         # 搭建神经网络
22         x = self.pool(torch.relu(self.conv1(x)))
23         x = self.pool(torch.relu(self.conv2(x)))
24         x = x.view(-1, 32 * 7 * 7)
25         x = torch.relu(self.linear1(x))
26         x = torch.relu(self.linear2(x))
27         x = self.linear3(x)
28         return x
29 # 实例化模型
30 model = CNN()
31 images, labels = next(iter(train_loader))
32 from torch.utils.tensorboard import SummaryWriter
33 writer = SummaryWriter('E:/pytorch_log/mnist')
34 writer.add_graph(model,images)
35 writer.close()
```

本范例通过第 7 行和第 8 行代码，下载了 MNIST 数据集的训练集数据，并通过第 11 ～ 28 行代码，创建了一个名为 CNN 的卷积神经网络类，随后，通过第 30 行代码实例化了 CNN 类的模型。

通过第 32 ～ 35 行代码，大家能看到用 TensorboardX 组件可视化模型的一般做法。

首先，通过第 32 行代码，用 import 语句引入了依赖包，这句话本该放在代码的初始位置，这里为了突出重点，就把 import 语句放在了可视化代码的附近。

随后，通过第 33 行代码，用 SummaryWriter 方法指定写日志的路径。日志是基于 TensorboardX 可视化的基础，指定日志路径后，再通过第 34 行代码，向日志里输出模型及入参。写完日志后，用第 35 行代码关闭用于写日志的 writer 对象。

运行本范例后，在 E:/pytorch_log/mnist 这个路径里，能看到输出的日志。

由于之前已经用 pip3 命令安装了 tensorboard 组件，这里可先开启一个命令行窗口，并进入到 Tensorboard 组件所在的路径，比如 Python 解释器的 Scripts 路径里，通过运行下面的命令打开 Tensorboard 组件，其中，可以通过 logdir 参数指定日志的路径。

```
1   tensorboard --logdir=E:/pytorch_log/mnist
```

运行该命令后，不要关闭该命令窗口，随后打开一个浏览器，在其中输入 localhost:6006，能看到如图 6.2 所示的模型效果。

在图 6.2 中，可双击 CNN 模型，进一步观察到模型可视化效果的细节，如图 6.3 所示。除此之外，单击图 6.2 中的 input 和 output，也能看到该模型的入参和出参的细节效果图。

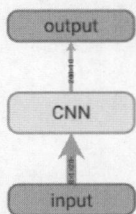

图 6.2　基于 Tensorboard 的可视化模型效果图

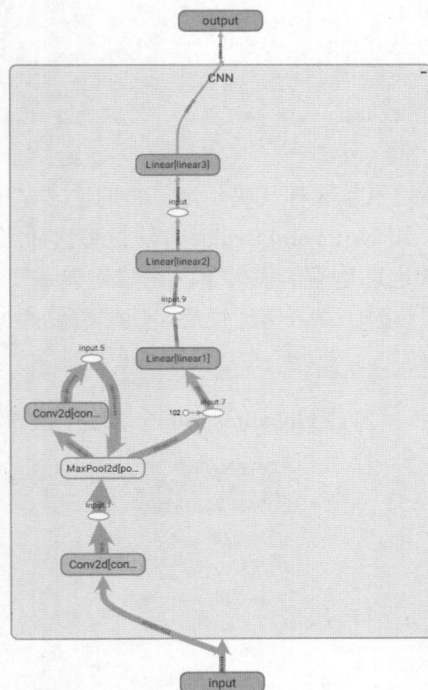

图 6.3　CNN 模型可视化效果图的细节

6.1.3　用 TensorboardX 观察训练过程

上例是用 TensorboardX 组件观察静态的模型，下面的 tensorboardForTrain.py 范例将以观察损失值为例，讲述用该组件观察训练过程的一般做法。

该范例创建模型的代码和 tensorboardForModel.py 范例中的完全一致，所以这里不再赘述。本范例将重点讲述"可视化训练过程"的实践要点。

```
1   省略定义 CNN 类的代码
2   # 实例化模型
3   model = CNN()
4   from torch.utils.tensorboard import SummaryWriter
5   # 定义损失函数和优化器
6   loss_func = nn.CrossEntropyLoss()
7   optimizer = optim.Adam(model.parameters(), lr=0.001)
8   writer = SummaryWriter('E:/pytorch_log/mnist')
9   # 用数据集训练神经网络
10  for epoch in range(num_epochs):
11      sum_loss = 0.0
12      for i, (images, labels) in enumerate(train_loader):
13          outputs = model(images)   # 开始训练
14          # 根据损失函数，计算本次训练的损失值
15          loss = loss_func(outputs, labels)
16          optimizer.zero_grad()   # 每次训练后清零梯度值
17          # 根据损失值反向传播，优化下次训练
18          loss.backward()
19          optimizer.step()   # 调参
20          # 累加损失值，sum_loss 是这批数据的整体损失值
21          sum_loss = sum_loss+ loss.item();
22      writer.add_scalar('training loss', sum_loss,epoch)
23  writer.close()
```

本范例通过第 8 行代码指定日志的输出路径。在第 10 ～ 22 行代码的训练过程中，是通过第 22 行代码，用 writer.add_scalar 方法把每次训练所产生的损失值输出到日志里。

请注意这里是输出损失值，在其他训练模型的场景，也可以用 writer.add_scalar 方法输出其他所关心的数据。本范例运行后，依然需要通过下面的命令开启 Tensorboard 组件。

```
1   tensorboard --logdir=E:/pytorch_log/mnist
```

开启后，可再到 localhost:6006 地址中观察损失值的变化情况，具体效果如图 6.4 所示。

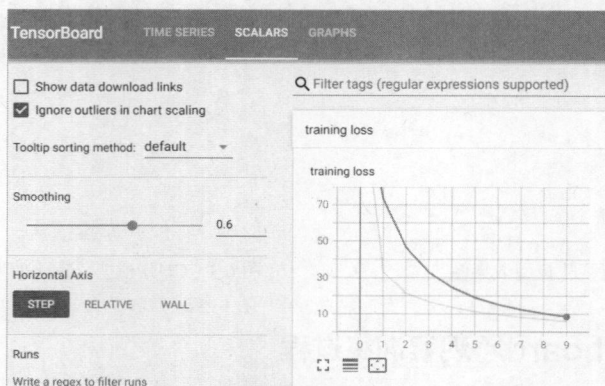

图 6.4   用 TensorboardX 观察训练情况（损失值）的效果图

6.2　保存和加载模型

在上文给出的范例中，是在同一台主机上创建和训练模型，并在同一台主机上用该模型预测数据。实际上，在很多深度学习场景中，需要在测试环境上训练好模型，并在生产环境上加载训练好的模型，即训练模型和使用模型未必在同一台主机上。

为了让大家更好地应对这种情况，本节将讲述保存训练好的模型，以及把该模型加载到其他主机的具体做法。

6.2.1　保存模型

在下面的 saveModel.py 范例中，首先用 MNIST 训练集训练了一个卷积神经网络模型，并把训练好的结果保存到 .pth 格式的文件里，从中大家能掌握用 torch.save 方法保存模型的做法。

```
1  import torch
2  import torchvision
3  from torchvision import transforms
4  from torch import nn, optim
5  batch_size = 200   # 每批训练的数量
6  train_dataset = torchvision.datasets.MNIST('./dataset',train=True,transform=transforms.ToTensor() ,download=False)
7  train_loader = torch.utils.data.DataLoader(dataset=train_dataset, batch_size=batch_size, shuffle=True)
8  num_epochs = 10   # 训练轮数
9  # 定义卷积神经网络
10 class CNN(nn.Module):
11     def __init__(self):
12         super(CNN, self).__init__()
13         self.conv1 = nn.Conv2d(1, 16, kernel_size=3, padding=1)
14         self.conv2 = nn.Conv2d(16, 32, kernel_size=3,padding=1)
15         self.pool = nn.MaxPool2d(2)
16         self.linear1 = nn.Linear(32 * 7 * 7, 128)
17         self.linear2 = nn.Linear(128, 64)
18         self.linear3 = nn.Linear(64, 10)
19     def forward(self, x):
20         # 搭建神经网络
21         x = self.pool(torch.relu(self.conv1(x)))
22         x = self.pool(torch.relu(self.conv2(x)))
23         x = x.view(-1, 32 * 7 * 7)
24         x = torch.relu(self.linear1(x))
25         x = torch.relu(self.linear2(x))
26         x = self.linear3(x)
27         return x
28 model = CNN()
29 loss_func = nn.CrossEntropyLoss()
30 optimizer = optim.Adam(model.parameters(), lr=0.001)
31 # 用数据集训练神经网络
```

81

```
32  for epoch in range(num_epochs):
33      sum_loss = 0.0
34      for i, (images, labels) in enumerate(train_loader):
35          outputs = model(images)   # 开始训练
36          # 根据损失函数，计算本次训练的损失值
37          loss = loss_func(outputs, labels)
38          optimizer.zero_grad()   # 每次训练后清零梯度值
39          # 根据损失值反向传播，优化下次训练
40          loss.backward()
41          optimizer.step()   # 调参
42          # 累加损失值，sum_loss 是这批数据的整体损失值
43          sum_loss = sum_loss+ loss.item();
44      print(f'Epoch [{epoch + 1}],Loss:{sum_loss:.4f}')
45  # 完成训练后，保存模型
46  torch.save(model.state_dict(), 'data/myCNNModel.pth')
47  # 打印训练好模型的状态字典参数
48  for model_param in model.state_dict():
49      print(model_param, "\t", model.state_dict()[model_param].size())
```

本范例通过第 10 ～ 27 行代码，定义了一个名为 CNN 的卷积神经网络类，并通过第 28 行代码实例化了名为 model 的模型，随后，通过第 32 ～ 44 行代码，用 MNIST 训练集数据训练了该模型，这些代码之前都分析过，这里不再赘述。

完成训练后，用第 46 行代码把该模型保存到 data 路径里的 myCNNModel.pth 文件里。这里用 save 方法保存的是 model.state_dict() 对象，即保存该模型以字典形式存储的诸多参数，而通过第 48 行和第 49 行代码，能看到被保存的 model.state_dict() 对象的详细信息。

6.2.2 加载模型

保存模型后，可以通过下面的 loadModel.py 范例，从文件里加载已训练好的模型。

```
1   import torch
2   from torch import nn
3   # 定义卷积神经网络
4   class CNN(nn.Module):
5       def __init__(self):
6           super(CNN, self).__init__()
7           self.conv1 = nn.Conv2d(1, 16, kernel_size=3, padding=1)
8           self.conv2 = nn.Conv2d(16, 32, kernel_size=3,padding=1)
9           self.pool = nn.MaxPool2d(2)
10          self.linear1 = nn.Linear(32 * 7 * 7, 128)
11          self.linear2 = nn.Linear(128, 64)
12          self.linear3 = nn.Linear(64, 10)
13      def forward(self, x):
14          # 搭建神经网络
15          x = self.pool(torch.relu(self.conv1(x)))
16          x = self.pool(torch.relu(self.conv2(x)))
17          x = x.view(-1, 32 * 7 * 7)
18          x = torch.relu(self.linear1(x))
```

```
19          x = torch.relu(self.linear2(x))
20          x = self.linear3(x)
21          return x
22 model = CNN()
23 model.load_state_dict(torch.load('data/myCNNModel.pth'))
```

具体地，以上范例是通过第 23 行代码的 load_state_dict 方法，从指定路径里加载现成的模型，随后该模型可以用在数据预测场景中。

6.3　数据预处理和数据增强

在用数据训练模型前，为了提升训练的效率和准确性，一般需要对数据进行归一化等方式的处理，常见的归一化方法包括 transforms.ToTensor 和 transforms.Normalize。

数据增强是对现有数据进行扩展，从而生成新训练数据的一种技术，常见的数据增强措施包括"裁剪""擦除""翻转"和"色彩变换"。在图片识别等场景中，如果在训练前对图片进行合适的数据增强操作，能有效提升训练的正确性。

6.3.1　归一化处理

在深度学习场景中，归一化的含义是把特征值的范围统一到同一个尺度上，这样做的目的是加快模型的收敛速度，提升训练效率。

之前在获取 MNIST 等数据集时，其实已经对数据进行了归一化处理，相关代码如下。

```
1  train_dataset = torchvision.datasets.MNIST('./dataset',train=True,transform=transforms.ToTensor() ,download=False)
```

这里用 transform 参数来指定对数据的预处理方式，在上述代码里，是用 transforms.ToTensor() 方法对数据进行预处理，该方法会把像素值从 [0, 255] 的范围，等比例地缩小到 [0.0, 1.0] 的范围，也就是进行了归一化处理。

此外，还可以通过 transforms.Normalize 方法对数据进行归一化处理，比如在加载 CIFAR-10 数据集时，可以在 transform 参数里引入该方法，具体代码如下。

```
1  transform = transforms.Compose( [transforms.ToTensor(), transforms.Normalize((0.5, 0.5, 0.5), (0.5, 0.5, 0.5))])
2  train_dataset = torchvision.datasets.CIFAR10(root='./dataset', train=True, download=false, transform=transform)
```

在第 1 行代码中，定义了一个名为 transform 的数据预处理方法。

在其中用到了 Normalize 方法。由于 CIFAR-10 数据集包含了 R、G、B 共 3 个分量，所以在使用 Normalize 方法时，是通过第 1 个参数（0.5, 0.5, 0.5）指定归一化处理后 3 个分量的均值，通过第 2 个参数（0.5, 0.5, 0.5）指定了 3 个分量的均方差值。

而在第 2 行加载数据时，是通过 transform=transform 的方法，指定了在加载数据时，用第一行 transform 里定义的 Normalize 方法,对数据进行归一化处理。归一化时,3 个分量的均值和均方差值均为 0.5。

6.3.2　图片的随机裁剪

顾名思义,随机裁剪的含义是,随机地截取样本图片的部分区域。随机裁剪是数据增强的一种有效手段,能削弱图片里背景和噪音对图片识别的影响,从而提升训练模型的准确度。

这里给出的原始图片如图 6.5 所示,顺带说明,下文给出的诸如图片缩放等数据增强的案例,也是用到了这张原始图片。

下面的 RandomCropDemo.py 范例将给出随机裁剪的实现方式。

```
1   import PIL.Image as Image
2   import os
3   from torchvision import transforms as transforms
4   image = Image.open(r'./book.jpg')
5   output = r'./output'
6   os.makedirs(output , exist_ok=True)
7   # 随机裁剪
8   RandomCrop = transforms.RandomCrop(size=(180, 180))
9   randomCropImage = RandomCrop(image)
10  # 保存图片
11  randomCropImage.save(os.path.join(output, 'randomCroppedOutput.jpg'))
```

本范例通过第 4 行代码加载了原始图片,随后通过第 8 行代码,用 transforms.RandomCrop 方法创建了一个随机裁剪的变换器,从该方法的参数里能看到,这里将随机裁剪原始图片里的 180×180 范围内的像素。

定义好变换器以后,在第 9 行代码里,用该变换器裁剪了原始图片,并用第 11 行代码把结果放到指定路径。本范例运行后,在指定的路径里,大家能看到如图 6.6 所示的结果。

图 6.5　随机裁剪等案例的原始图片　　　　　　　　图 6.6　随机裁剪的效果图

6.3.3　图片的中心裁剪

与随机裁剪类似的是中心裁剪,它也是数据增强的一种方法,其做法是从中心开始裁剪。下面的 CenterCropDemo.py 范例将演示中心裁剪的做法。

```
1   import PIL.Image as Image
2   import os
3   from torchvision import transforms as transforms
4   image = Image.open(r'./book.jpg')
5   output = r'./output'
6   os.makedirs(output, exist_ok=True)
7   # 中心裁剪
8   CenterCrop = transforms.CenterCrop(size=(100, 100))
9   centerCropImage = CenterCrop(image)
10  # 保存图片
11  centerCropImage.save(os.path.join(output, 'centerCroppedOutput.jpg'))
```

本范例在第 8 行里定义了用于中心裁剪的变换器，这里用到的是 transforms.CenterCrop 方法，通过参数指定裁剪的范围。本范例运行后生成的图片效果如图 6.7 所示。

图 6.7　中心裁剪的效果图

6.3.4　图片缩放

图片缩放也是数据增强的一种常用技术，在深度学习场景中，一般需要用相同尺寸的图片训练模型，而实际采样的图片尺寸往往不固定，所以在训练前需要把图片统一尺寸。

下面的 ResizeDemo.py 范例将演示图片缩放的做法，其中，用第 8 行代码定义了一个用于缩放的变换器，该变换器是通过 transforms.Resize 方法，把图片缩放到 100×100 的尺寸。

```
1   import PIL.Image as Image
2   import os
3   from torchvision import transforms as transforms
4   image = Image.open(r'./book.jpg')
5   output = r'./output'
6   os.makedirs(output, exist_ok=True)
7   # 缩放图片
8   ResizeCrop = transforms.Resize(size=(100, 100))
9   resizeCropImage = ResizeCrop(image)
10  # 保存图片
11  resizeCropImage.save(os.path.join(output, 'resizeOutput.jpg'))
```

本范例运行后生成的图片如图 6.8 所示，从中大家能看到图片缩放的效果。

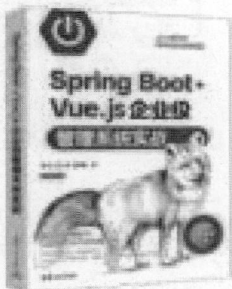

图 6.8　图片缩放的效果图

6.3.5　水平、垂直与随机角度翻转图片

图片翻转的做法是，把图片沿着水平或垂直轴线进行翻转。这种数据增强方法可以在不增加样本图片的基础上，为模型提供更多的训练数据。

尤其在一些对方向不敏感的图片识别或分类场景，通过翻转图片这种数据增强方式，可以让模型在训练过程中接触到更多的视角，从而提升模型的准确度。

下面的 RotationDemo.py 范例将演示水平、垂直和随机角度翻转的做法。

```
1   import PIL.Image as Image
2   import os
3   from torchvision import transforms as transforms
4   image = Image.open(r'./book.jpg')
5   output = r'./output'
6   os.makedirs(output, exist_ok=True)
7   # 水平翻转
8   HorizontalFlip = transforms.RandomHorizontalFlip()
9   horizontalFlipImage = HorizontalFlip(image)
10  horizontalFlipImage.save(os.path.join(output, 'horizontalFlipOutput.jpg'))
11  # 垂直翻转
12  VerticalFlip = transforms.RandomVerticalFlip()
13  verticalFlipImage = VerticalFlip(image)
14  verticalFlipImage.save(os.path.join(output, 'verticalFlipOutput.jpg'))
15  # 随机翻转
16  RandomRotation = transforms.RandomRotation(degrees=(20, 60))
17  randomRotationImage = RandomRotation(image)
18  randomRotationImage.save(os.path.join(output, 'randomRotationOutput.jpg'))
```

这里用第 8 行代码定义了水平翻转的变换器，并在第 9 行代码中使用该变换器实现了水平翻转。在第 12 行和第 13 行代码里，定义并使用了垂直翻转的变换器，在第 16 行和第 17 行代码里，定义并使用了随机翻转的变换器。请注意，这里在第 16 行代码定义随机翻转时，是通过参数指定了在 20°～60° 的范围内进行随机翻转。

本范例运行后，会生成如图 6.9 所示的 3 张图片，从左到右分别展示了"水平翻转""垂直翻转"和"随机翻转"的效果。

图 6.9　"水平翻转""垂直翻转"和"随机翻转"的效果

6.3.6　随机灰度化

灰度化处理后的图片不再包含色彩信息，只会包含亮度值信息，所以更能突出图片中的关键

特征，从而提高模型训练的准确性。下面的 RandomGrayDemo.py 范例将演示随机灰度化的实现方式。

```
1   import PIL.Image as Image
2   import os
3   from torchvision import transforms as transforms
4   image = Image.open(r'./book.jpg')
5   output = r'./output'
6   os.makedirs(output, exist_ok=True)
7   # 随机灰度处理
8   RandomGrayscaleImage = transforms.RandomGrayscale(p=0.5)(image)
9   #保存图片
10  RandomGrayscaleImage.save(os.path.join(output, 'RandomGrayscaleOutput.jpg'))
```

以上范例通过第 8 行代码实现了随机灰度化的效果，这里参数 p=0.5，表示运行本范例时，会有 0.5 的概率对原图进行灰度化处理。本范例生成的图片如图 6.10 所示，从中大家能看到灰度化的效果。

图 6.10　随机灰度化处理的效果图

6.3.7　亮度、对比度、饱和度和色度变换

合理地变更图片的亮度、对比度、饱和度和色度，也能有效突出图片的特征信息，从而提升模型训练的准确性。下面的 ColorJitterDemo.py 范例将演示这 4 种变换的做法。

```
1   import PIL.Image as Image
2   import os
3   from torchvision import transforms as transforms
4   image = Image.open(r'./book.jpg')
5   output = r'./output'
6   os.makedirs(output, exist_ok=True)
7   # 亮度变换
8   brigntnessImage = transforms.ColorJitter(brightness=0.6)(image)
9   brigntnessImage.save(os.path.join(output, 'brigntnessOutput.jpg'))
10  # 对比度变换
11  contrastImage = transforms.ColorJitter(contrast=0.6)(image)
12  contrastImage.save(os.path.join(output, 'contrastOutput.jpg'))
13  #饱和度变换
14  saturationImage = transforms.ColorJitter(saturation=0.6)(image)
15  saturationImage.save(os.path.join(output, 'saturationOutput.jpg'))
```

```
16  # 色调变换
17  hueImage = transforms.ColorJitter(hue=0.5)(image)
18  hueImage.save(os.path.join(output, 'hueOutput.jpg'))
```

第 8 行、第 11 行、第 14 行和第 17 行代码分别演示了亮度变换、对比度变换、饱和度变换和色调变换的做法，从中大家能看到，这些变换均是通过 transforms.ColorJitter 方法来实现的，只不过是用不同的参数来设置变换的种类和参数。

本范例运行后，全生成如图 6.11 所示的 4 张图片，从左到右分别展示了亮度变换、对比度变换、饱和度变换和色调变换的效果。

图 6.11　亮度变换、对比度变换、饱和度变换和色调变换的效果图

6.4　小结和预告

本章讲述了针对模型的实用性操作技巧，首先讲述了可视化模型和保存加载模型的实践要点，随后讲述了数据预处理和数据增强的各种实现方式。

回归分析和聚类分析是机器学习乃至深度学习常用的分析方法，在第 7 章中，将以 California 房价数据集、鸢尾花数据集和股价数据集为例，讲述这两种分析方法的实践要点。

第 7 章

基于深度学习的回归分析和聚类分析

📖 学习目标

- 理解回归分析方法，在此基础上会用模型进行回归分析
- 理解聚类分析方法，在此基础上会用模型进行聚类分析
- 提升用模型解决回归和聚类问题的能力

7.1 回归分析

回归分析是一种数学统计方法，用来明确应变量（目标值）和自变量（特征值）间的依赖关系。在深度学习场景中，一般是训练集的数据训练模型，在模型内部固化表征依赖关系的各个参数，在此基础上用该模型预测新数据。

本节将用 California 房价数据集和股票数据集，结合神经网络模型，讲述用回归分析方法分析和预测数据的一般做法，从中大家可以体验一下用模型解决实际问题的一般技巧。

7.1.1 获取 California 房价数据集

California 房价数据集是机器学习 Sklearn 库包含的一个含有加利福尼亚各地区房价信息的数据集，这里不使用 Sklearn 库里的机器学习方法，而只用其中的数据集。

该数据集包含的特征值有该地区的人口数量和房屋年龄等信息，而目标值则是房屋价格。大家可以先用 pip3 install sklearn 命令下载 sklearn 库。下载完成后，可以用类似 displayHousePrice.py 范例里的方法，加载并观察房价数据集。

```
1  from sklearn.datasets import fetch_california_housing
2  house_data = fetch_california_housing() # 获取数据集
3  print(house_data.DESCR) # 数据集各特征字段的描述
4  print(house_data.data[0:2]) #输出样本数据 2 条的特征值
5  print(house_data.target[0:2]) #输出样本数据 2 条的目标值
```

上述范例通过第 2 行代码获取了 California 房价数据集，并用第 3 行代码输出了该数据集里各特征数据的描述，请注意这些字段仅是特征值，没有包含目标房价字段。表 7-1 在本范例输出

字段描述的基础上，整理了各特征值的含义。

表 7-1　California 房价数据集字段描述一览表

字 段 名	说 明
MedInc	屋主收入的中位数
HouseAge	房龄
AveRooms	房屋所属街区的房屋的平均房间数
AveBedrms	房屋所属街区的房屋的平均卧室数
Population	房屋所属街区的人口数
AveOccup	房屋所属街区的家庭平均人口数量
longitude	房屋的经度
Longitude	房屋的纬度

以上范例还通过第 4 行和第 5 行代码，输出了 2 条特征值和表示房价的目标值数据，具体效果如下所示。

```
1  [[ 8.32520000e+00   4.10000000e+01   6.98412698e+00   1.02380952e+00
3.22000000e+02  2.55555556e+00  3.78800000e+01 -1.22230000e+02]
2  [ 8.30140000e+00   2.10000000e+01   6.23813708e+00   9.71880492e-01
2.40100000e+03  2.10984183e+00  3.78600000e+01 -1.22220000e+02]]
3  [4.526 3.585]
```

其中前两行代码是 2 条特征值数据，从中大家能看到，每条数据都包含了 8 个特征字段，而第 3 行代码则表示这两条特征值所对应的房价字段。

后续回归分析范例所要做的事情是，用模型拟合该数据集的 8 个特征数据和目标房价之间的关系，随后再用该模型分析新的特征值，并预测基于新特征值的房价数据。

7.1.2　用神经网络分析预测房价

下面的 predictHousePrice.py 范例将用 California 房价数据集的训练集训练神经网络模型，并用训练好的模型预测该数据集里的测试数据。请大家在阅读本范例代码时，注意下列几个要点。

（1）该数据集不像 MNIST 数据集一样已经被划分好训练集和测试集，所以在训练前，需要手动划分。

（2）该数据集里特征值的数据范围不同，所以在用模型训练前，需要先用标准化方法，把数据范围统一到同一个量级。

（3）训练所用的模型依然是基于优化器做多轮训练，每轮训练后依然是通过损失函数量化训练结果。训练完成后，用可视化的方式展示预测结果和真实结果的差异。

本范例的全部代码如下所示，由于比较长，将分段进行讲述。

```
1  import torch
2  import torch.nn as nn
```

```
3   import torch.optim as optim
4   import matplotlib.pyplot as plt
5   from sklearn.datasets import fetch_california_housing
6   from sklearn.preprocessing import StandardScaler
7   from sklearn.model_selection import train_test_split
8   # 加载加利福尼亚房价数据集
9   housing = fetch_california_housing()
10  data, target = housing.data, housing.target
11  # 数据标准化处理
12  scaler = StandardScaler()
13  data = scaler.fit_transform(data)
```

这里先用第 9 行代码加载了数据集，并用第 10 行代码把特征值和目标值房价分别赋给了 data 和 target 变量，随后，用第 13 行代码对特征值做了标准化处理。

```
14  # 把特征值和目标值转换成张量
15  data = torch.tensor(data, dtype=torch.float)
16  target = torch.tensor(target, dtype=torch.float).view(-1, 1)
17  # 划分训练集和测试集
18  x_train, x_test, y_train, y_test = train_test_split(data, target, test_
size=0.1)
```

接下来，通过第 15 行和第 16 行代码，把特征值和目标值转换成神经网络模型能处理的张量，在此基础上，通过第 18 行代码，按 9:1 的比例，用 train_test_split 方法，把特征值和目标值划分成训练集和测试集。

```
19  # 定义神经网络
20  class NET(nn.Module):
21      # 初始化方法
22      def __init__(self):
23          super(NET, self).__init__()
24          # 定义三层结构
25          self.linear1 = torch.nn.Linear(data.shape[1], 256)
26          self.reLU1 = torch.nn.ReLU()
27          self.linear2 = torch.nn.Linear(256, 256)
28          self.reLu2 = torch.nn.ReLU()
29          self.linear3 = torch.nn.Linear(256, 1)
30      def forward(self, x):
31          # 定义前向传播函数
32          x = self.linear1(x)
33          x = self.reLU1(x)
34          x = self.linear2(x)
35          x = self.reLu2(x)
36          x = self.linear3(x)
37          return x
38  model = NET()
39  # 设置批处理大小、损失函数和优化器
40  batchSize = 20
41  criterion = nn.MSELoss()
42  optimizer = optim.SGD(model.parameters(), lr=0.001)
```

以上通过第 20 ～ 37 行代码，定义名为 NET 的三层神经网络模型类，并通过第 40 ～ 42 行代码定义了每次训练的数量、损失函数和优化器等参数。

这里请注意，从第 42 行代码中大家能看到，本次训练所用的优化器，其学习率参数是 0.001。

```
43 num_epochs = 100
44 train_losses = []
45 for epoch in range(num_epochs):
46     # 按批次迭代所有数据
47     for i in range(0, len(x_train), batchSize):
48         x_currentBatch = x_train[i:i + batchSize]
49         y_currentBatch = y_train[i:i + batchSize]
50         output = model(x_currentBatch)
51         loss = criterion(output, y_currentBatch)
52         optimizer.zero_grad()
53         loss.backward()
54         optimizer.step()
55         train_losses.append(loss.item())
56     if (epoch + 1) % 10 == 0:
57         print(f'Epoch [{epoch + 1}/{num_epochs}], Train Loss: {loss.item():.4f}')
```

以上代码展示了用数据集训练模型的过程。具体为：通过第 50 行代码训练模型，随后用第 51 行代码生成损失值，并用第 53 行和第 54 行代码，用后向传播传递损失值，以此优化模型参数。

训练时，还会用第 57 行代码输出多轮训练的损失值，从中大家能看到，随着训练的持续，输出的损失值会越来越小，也就是说模型会越来越优化。

```
58 # 用测试集预测
59 model.eval()
60 with torch.no_grad():
61     test_predictions = model(x_test)
62 # 可视化预测结果
63 plt.figure()
64 plt.scatter(y_test, y_test, color = 'red', label='Real Price')
65 plt.scatter(y_test, test_predictions, alpha=0.2, color =  blue',
label='Predicted Price')
66 plt.grid()
67 plt.ylim(0,8)
68 plt.legend()
69 plt.xlabel('Price')
70 plt.ylabel('Price')
71 plt.show()
```

完成训练后，用第 59 ～ 71 行代码预测数据并可视化预测的结果。

具体做法是，先在第 61 行代码中，用 model（x_test）的形式预测测试集的房价，其中 x_test 是测试集的特征值，预测的房价结果会放入 test_predictions 对象。

得到预测结果后，用第 64 行代码，以散点图的方式绘制真实房价，每个散点的 x 坐标值和 y 坐标值均是真实房价，从这行代码里大家能看到，真实房价是用红点表示的。

而第 65 行代码也是用散点图的方式，绘制了预测后的房价，其中每个点的 x 坐标表示的是真实房价，y 坐标表示的是预测后的房价，预测后的房价用蓝点表示。为了提升展示效果，表示预测结果的蓝点会比较透明。

在可视化的过程中，为了提升展示效果，本范例还通过第 66 行代码设置了网格线效果，通过第 68 行代码引入了图例效果。

本范例运行后的结果如图 7.1 所示，从中大家可以看到，用模型预测的房价结果聚集在表示真实结果的红线附近，这说明模型在训练后，能很好地根据测试集的特征值预测房价数据。

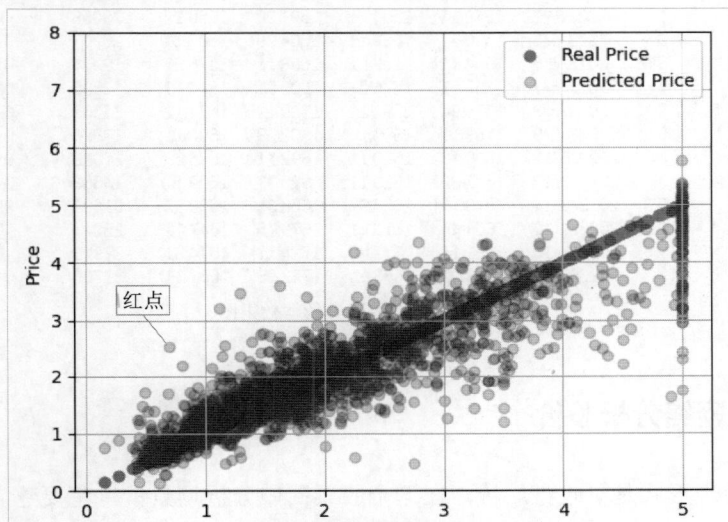

图 7.1　用模型预测房价的效果图

7.1.3　获取股票数据集

预测股票走势是回归分析的一个典型问题，在做具体分析前，可以用下面的 getStockData.py 范例来获取某个时间段内指定股票的数据。

```
1  " # -- coding: utf-8 -- "
2  import efinance as ef
3  import pandas as pd
4  stock_info = ef.stock.get_quote_history("600519", beg="20230601", end="20240601", )
5  # 保存为 .csv 文件
6  stock_info[['日期','开盘','收盘','最高','最低','成交量','换手率']].to_
csv('e:\\600895.csv', encoding='utf-8-sig')
```

由于该范例代码中包含中文字符，所以需要在第 1 行里用 coding 注释，指定该文件是用 utf-8 编码保存，这样在其他计算机上打开该文件时，就不会出现乱码。

该范例在第 4 行代码中，通过 ef.stock.get_quote_history 方法获取了"贵州茅台"股票（代码是 600519）从 2023 年 6 月 1 日到 2024 年 6 月 1 日的交易数据，这里在使用 ef 库之前，需要用第 2 行的 import 方法引入，如果在本地还没有安装 efinance 库，则可以使用 pip3 install efinance 命令安装。

在得到数据后，本范例用第 6 行代码，以 .csv 文件的格式保存股票数据。在保存时，指定了待保存的数据列。本范例把 .csv 文件保存在 e 盘根目录，大家在运行时，可以适当修改保存文件的路径。

本范例运行后，能在本地 e 盘根目录中看到 600895.csv 文件，该文件里前几行的数据如图 7.2 所示，在之后的股票回归分析案例中将用到其中的数据。

	A	B	C	D	E	F	G	H
1		日期	开盘	收盘	最高	最低	成交量	换手率
2	0	2023/6/1	1542.11	1560.03	1599.1	1542.11	28645	0.23
3	1	2023/6/2	1569.11	1594.71	1597.26	1560.22	25058	0.2
4	2	2023/6/5	1590.11	1589.11	1606.99	1587.11	16201	0.13
5	3	2023/6/6	1594.11	1591.1	1608.11	1575.66	19914	0.16
6	4	2023/6/7	1597.1	1575.01	1602.91	1574.11	17890	0.14
7	5	2023/6/8	1579.94	1592.11	1599.11	1574.12	14703	0.12
8	6	2023/6/9	1596.1	1590.11	1602.08	1590.11	17580	0.14
9	7	2023/6/12	1590.13	1620.11	1632.11	1585.63	27029	0.22
10	8	2023/6/13	1617.99	1623.11	1628.72	1609.11	14663	0.12
11	9	2023/6/14	1643.11	1650.99	1658.35	1630.32	31506	0.25
12	10	2023/6/15	1654.45	1679.11	1679.76	1647.11	25223	0.2
13	11	2023/6/16	1681.11	1721.8	1724.11	1674.21	37918	0.3
14	12	2023/6/19	1714.11	1668.11	1722.06	1662.11	31700	0.25

图 7.2　获取到的股票数据效果图

7.1.4　用神经网络分析股价

股价的具体表现形式是"收盘"价，在这个股票回归分析场景里，将要建立"开盘价""最高价""最低价""成交量""换手率"等变量与"收盘价"之间的依赖关系，并用这种关系来预测未来的"收盘价"走势。

具体来说，先创建一个数据分析模型，本范例中用到的是神经网络模型，用训练数据集训练该模型。

训练前，先把数据集纵向拆分成特征值和目标值，横向拆分成训练集和测试集。训练时，"开盘价""最高价""最低价""成交量""换手率"等变量是"特征值"，"收盘价"是"目标值"。训练完成后，再用该模型预测测试数据集里的"收盘价"走势。

下面的 predictStockPrice.py 范例将演示用神经网络模型预测股价的做法，由于该范列比较长，所以将分段进行讲述。

```
1  " # -- coding: utf-8 -- "
2  import torch
3  import torch.nn as nn
4  import torch.optim as optim
5  import matplotlib.pyplot as plt
6  import pandas as pd
7  from sklearn.model_selection import train_test_split
8  from sklearn.preprocessing import StandardScaler
9  import numpy as np
10 import math
11 stockDf = pd.read_csv('e:\\600895.csv',encoding='utf-8-sig')
12 scaler = StandardScaler()
```

```
13 feature = scaler.fit_transform(np.array(stockDf[[' 开盘 ',' 最高 ',' 最低 ',' 成交量 ','
换手率 ']]))
14 target = scaler.fit_transform(np.array(stockDf[' 收盘 ']).reshape(-1, 1))
15 feature_train,feature_test,target_train,target_test=train_test_split(np.
array(feature),np.array(target),test_size=0.05)
16 # 转换成张量
17 feature_train_tensor = torch.from_numpy(feature_train).to(torch.float32)
18 target_train_tensor = torch.from_numpy(target_train).to(torch.float32)
19 feature_test_tensor = torch.from_numpy(feature_test).to(torch.float32)
20 target_test_tensor = torch.from_numpy(target_test).to(torch.float32)
```

在上述代码里，先用第 11 行代码把保存在 .csv 文件里的股票数据装载到 stockDf 这个 DataFrame 对象里，再用第 13 行和第 14 行代码把数据集里的数据拆分成特征值和目标值。

这里由于各股票数据的量级不同，比如"开盘价"和"最高价"等数据的量级是"千"，而"换手率"的数据则小于 1，所以在划分特征值和目标值时，还需要用 scaler.fit_transform 方法，对数据进行标准化处理。

之后，通过第 15 行代码的 train_test_split 方法，把股票数据拆分成训练集和测试集，请注意该方法的 test_size 参数为 0.05，这说明将会把 0.05 部分的股票数据划分成测试集。

在此基础上，上述代码用第 17 ～ 20 行代码，把待训练和待预测的数据转换成模型可以接受的张量，至此，完成数据准备工作。

```
21 # 定义模型
22 class NET(nn.Module):
23     # 初始化方法
24     def __init__(self):
25         super(NET, self).__init__()
26         self.linear1 = torch.nn.Linear(feature_train_tensor.shape[1], 256)
27         self.reLU1 = torch.nn.ReLU()
28         self.linear2 = torch.nn.Linear(256, 256)
29         self.reLu2 = torch.nn.ReLU()
30         self.linear3 = torch.nn.Linear(256, 1)
31     def forward(self, x):
32         # 定义前向传播函数
33         x = self.linear1(x)
34         x = self.reLU1(x)
35         x = self.linear2(x)
36         x = self.reLu2(x)
37         x = self.linear3(x)
38         return x
39 model = NET()
40 # 设置批处理大小，损失函数和优化器
41 criterion = nn.MSELoss()
42 optimizer = optim.SGD(model.parameters(), lr=0.001)
43 num_epochs = 400
```

以上代码用于定义深度神经网络模型，以及定义训练模型时所用到的损失函数和优化器。这部分代码之前反复分析过，所以这里不再赘述。

这里请注意，在第 26 行代码定义该模型的入参维度时，需要和训练集特征值部分的张量

维度相匹配，而在第 30 行代码定义模型的输出维度时，由于该模型是用来预测一维的股票收盘价，所以这里定义的输出维度数值是 1。

```
44 for epoch in range(num_epochs):
45     output = model(feature_train_tensor)
46     loss = criterion(output, target_train_tensor)
47     optimizer.zero_grad()
48     loss.backward()
49     optimizer.step()
50     if (epoch + 1) % 20 == 0:
51         print(f'Epoch [{epoch + 1}/{num_epochs}], Train Loss: {loss.item():.4f}')
```

以上代码是用测试集来训练模型，具体的做法是，先用第 45 行代码，用测试集的特征值来训练模型，训练后用第 46 行代码得到损失值，再用第 48 行和第 49 行代码，前向传递损失值，在此过程中优化模型的参数。

同时请注意，训练模型的次数是由第 44 行代码的 num_epochs 参数定义的，这里该参数的取值是 400，即训练 400 次。

```
52 # 训练后，用模型预测数据
53 model.eval()
54 with torch.no_grad():
55     test_predictions = model(feature_test_tensor)
```

完成训练后，先用第 54 行代码关闭梯度，因为用模型预测数据时不需要梯度，随后再用第 55 行代码，根据测试集的特征值预测测试集数据里的"收盘价"，将预测后的结果赋给 predictions 变量。至此，完成数据预测动作。

```
56 # 准备待预测的数据
57 pridectedDays = int(math.ceil(0.05 * len(stockDf)))   # 预测天数
58 predicted_df = stockDf.tail(pridectedDays)
59 predicted_df.reset_index(inplace=True)# 重设索引
60 plt.figure(figsize=(12, 8))
61 plt.title("Predicted Close Price")
62 # 由于之前做过数据标准化，这里用逆运算恢复原先的 " 收盘价 "
63 plt.plot(scaler.inverse_transform(test_predictions.detach().numpy()), "b",
label="Predicted")
64 plt.plot(scaler.inverse_transform(target_test_tensor.detach().numpy().
reshape(-1, 1)), "r", label='Real')
65 major_index=predicted_df.index[predicted_df.index%3==0]
66 major_xtics=predicted_df[' 日期 '][predicted_df.index%3==0]
67 plt.legend()
68 # 设置 x 轴展示文字
69 plt.xticks(major_index,major_xtics)
70 plt.setp(plt.gca().get_xticklabels(), rotation=30)
71 # 带网格线，且设置了网格样式
72 plt.grid(linestyle='-.')
73 # 设置"收盘价"的数据展示范围
74 plt.ylim(1500,1900)
75 plt.show()
```

以上代码是用可视化的方式,展示了模型的预测结果。具体要点是,先用第 57 ～ 59 行代码,把测试集里的数据赋给 predicted_df 对象,再用第 63 行和第 64 行代码,用折线图的形式,绘制真实的"收盘价"和模型预测出的"收盘价"。

这里请注意,之前由于已经对"收盘价"做了数据标准化处理,所以这里在绘图时,还需要用类似 scaler.inverse_transform 的方式,把标准化以后的数据还原成原始数据。

运行本范例以后,可以在控制台里看到如下所示的损失值变化情况,从中大家能看到,经 400 轮训练后,损失值会降低到一个较低的水平,由此可以说明,模型多轮训练的效果是越来越好的。

```
1  Epoch [20/400], Train Loss: 0.7613
2  Epoch [40/400], Train Loss: 0.5633
3  …
4  Epoch [400/400], Train Loss: 0.0344
```

此外,还能看到如图 7.3 所示的可视化效果图,从中大家能看到,用模型预测出的"收盘价"和真实的"收盘价"大致拟合。

大家在运行并理解本范例的基础上,还可以用 7.1.3 节给出的代码获取其他股票在其他时间段的数据,并用本范例预测其他股票的走势,这样就能进一步掌握用模型解决实际回归问题的能力。

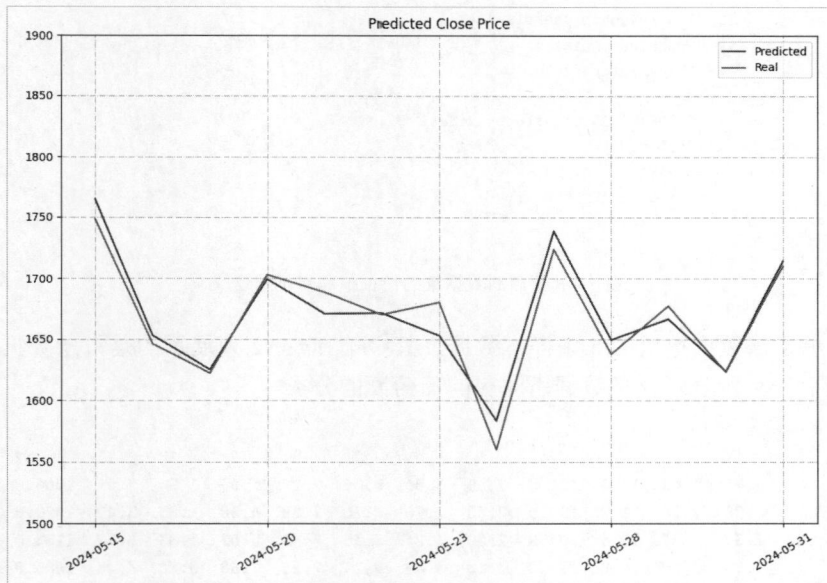

图 7.3　用神经网络模型拟合"收盘价"的效果图

7.2　聚类分析

聚类分析的作用是把数据划分成不同的种类。比如之前章节中已经给出的识别手写体数字时用到的统计方法，就是聚类分析。

本节将用葡萄酒、鸢尾花和股票数据集，进一步讲解用深度神经网络进行聚类分析的实践技巧。

7.2.1 分类葡萄酒数据

本节用到的葡萄酒数据集是 Sklearn 库自带的，该数据集包含 178 条数据，每条数据拥有 14 个字段，其中 13 个是特征值，1 个是表示分类的目标值。

该数据集的特征值和目标值的含义如图 7.4 所示，其中 Attribute Information 部分展示的是 13 个特征值的具体含义（比如 Alcohol 字段表示该类葡萄酒的酒精含量），而 class 则是目标值，从中能看到，该葡萄酒数据集里的数据被划分为 3 类。

```
:Number of Attributes: 13 numeric, predictive attributes and the class
:Attribute Information:
    - Alcohol
    - Malic acid
    - Ash
    - Alcalinity of ash
    - Magnesium
    - Total phenols
    - Flavanoids
    - Nonflavanoid phenols
    - Proanthocyanins
    - Color intensity
    - Hue
    - OD280/OD315 of diluted wines
    - Proline
    - class:
        - class_0
        - class_1
        - class_2
```

图 7.4　葡萄酒数据集的特征值和目标值含义

图 7.5 展示了该数据集里的 5 条样本数据，其中第 0 ～ 12 列展示的是每条数据的 13 个特征值数据，而最后一列则表示该条数据所对应的葡萄酒的分类。

```
      0     1     2     3      4     5     6     7     8     9    10    11      12  0
0  14.23  1.71  2.43  15.6  127.0  2.80  3.06  0.28  2.29  5.64  1.04  3.92  1065.0  0
1  13.20  1.78  2.14  11.2  100.0  2.65  2.76  0.26  1.28  4.38  1.05  3.40  1050.0  0
2  13.16  2.36  2.67  18.6  101.0  2.80  3.24  0.30  2.81  5.68  1.03  3.17  1185.0  0
3  14.37  1.95  2.50  16.8  113.0  3.85  3.49  0.24  2.18  7.80  0.86  3.45  1480.0  0
4  13.24  2.59  2.87  21.0  118.0  2.80  2.69  0.39  1.82  4.32  1.04  2.93   735.0  0
```

图 7.5　葡萄酒数据集的样本数据

下面的 classifyWine.py 范例将演示用神经网络模型分类预测葡萄酒数据的做法。具体是先把该数据集划分成训练集和测试集，再用训练集训练神经网络模型，并用训练好的模型预测测试集的葡萄酒分类。

```
1  import torch
2  import torch.nn as nn
```

```
3   import torch.optim as optim
4   from sklearn.datasets import load_wine
5   from sklearn.model_selection import train_test_split
6   from sklearn.preprocessing import StandardScaler
7   import pandas as pd
8   # 加载 WINE 数据集
9   data = load_wine()
10  print('wine_datas.DESCR:', data.DESCR)
11  sample=pd.concat([pd.DataFrame(data.data),pd.DataFrame(data.target)],axis=1)
12  pd.set_option('display.max_columns', None)
13  pd.set_option('display.width', 1000)
14  # 展示表格的头 5 行数据
15  print(sample.head())
```

这里先用第 9 行代码加载 sklearn 库里的葡萄酒数据集，并用第 10 行和第 15 行代码的 print 语句输出该数据集各字段和含义，以及样本数据。

```
16  # 数据预处理
17  feature = data.data    # 获取数据特征，共 178 个样本，每个样本为 13 维向量
18  target = data.target   # 获取数据标签，共 3 类，分别为 0,1,2
19  scaler = StandardScaler()
20  feature = scaler.fit_transform(feature)   # 对数据进行标准化
21  # 划分训练集和测试集
22  feature_train, feature_test, y_train, y_test = train_test_split(feature,
target, test_size=0.2, random_state=42)   # 142 个训练数据，36 个测试数据
23  # 转换为 PyTorch 张量
24  feature_train = torch.from_numpy(feature_train).float()
25  target_train = torch.from_numpy(y_train).long()
26  feature_test = torch.from_numpy(feature_test).float()
27  target_test = torch.from_numpy(y_test).long()
```

在上述代码里，通过第 17 行和第 18 行代码，把该数据集的特征值和目标值分别赋给 feature 和 target 这两个对象，并通过第 22 行代码把数据集划分成训练集和测试集，在此基础上，用第 24 ～ 27 行代码把训练集和测试集的特征值和目标值，转换成模型可以接受的张量。

```
28  # 定义神经网络
29  class Net(nn.Module):
30      def __init__(self):
31          super(Net, self).__init__()
32          self.fc1 = nn.Linear(13, 64)
33          self.fc2 = nn.Linear(64, 32)
34          self.fc3 = nn.Linear(32, 3)
35      def forward(self, x):
36          x = torch.relu(self.fc1(x))
37          x = torch.relu(self.fc2(x))
38          x = self.fc3(x)
39          return x
40  net = Net()
41  # 定义损失函数和优化器
42  criterion = nn.CrossEntropyLoss()
43  optimizer = optim.Adam(net.parameters(), lr=0.001)
```

```
44  # 训练神经网络
45  for epoch in range(200):
46      optimizer.zero_grad()
47      output = net(feature_train)
48      loss = criterion(output, target_train)
49      loss.backward()
50      optimizer.step()
51      if (epoch+1) % 20 == 0:
52          print(f'Epoch [{epoch + 1}/{200}], Train Loss: {loss.item():.4f}')
```

以上代码实现了定义和训练模型的功能，由于这部分代码已经被反复分析，所以这里不再赘述。

不过请注意，在创建模型时，是通过第 32 行代码设置了该模型接受的入参维度为 13，这与葡萄酒数据集的特征值个数相符，同时，是通过第 34 行代码设置了该模型的出参维度为 3，这与葡萄酒数据集目标值的分类数量相符。

换句话说，这里要把包含 13 个特征值的数据划分成 3 类，所以该模型的入参维度为 13，出参维度为 3。

```
53  # 在测试集上进行预测
54  with torch.no_grad():
55      output = net(feature_test)
56      _, predicted = torch.max(output, 1)
57      total = target_test.size(0)
58      correct = (predicted == target_test).sum().item()
59      accuracy = correct / total
60      print('Accuracy on test set: %.2f%%' % (accuracy * 100))
```

完成训练模型后，上述代码实现了用模型预测测试集的动作。具体是先用第 55 行和第 56 行代码，让模型预测测试集的特征值，并把预测结果赋给 predicted 变量。在此基础上，通过第 58 行代码对比预测结果和真实结果，最后用第 60 行代码输出预测的准确率。

本范例运行后，一方面能看到多轮训练后输出的损失值数据，大致效果如下所示。从中大家能看到，经多轮训练后，模型的预测精度会不断提升。

```
1  Epoch [20/200], Train Loss: 0.8167
2  Epoch [40/200], Train Loss: 0.4393
3  ...
4  Epoch [200/200], Train Loss: 0.0067
```

另一方面，输出结果还包含了如下所示的预测准确率，从中大家能看到，该模型在训练后，能准确地预测测试集数据。

```
1  Test Correct Result: 100.00%
```

7.2.2 分类鸢尾花数据

鸢尾花数据也是 Sklean 库自带的数据集，该数据集包含 150 个样本，每个样本数据包含 4 个特征和 1 个类别信息。该数据集的特征值和目标值的含义如图 7.6 所示。

```
:Number of Instances: 150 (50 in each of three classes)
:Number of Attributes: 4 numeric, predictive attributes and the class
:Attribute Information:
    - sepal length in cm
    - sepal width in cm
    - petal length in cm
    - petal width in cm
    - class:
            - Iris-Setosa
            - Iris-Versicolour
            - Iris-Virginica
```

图 7.6　鸢尾花数据集的特征值和目标值含义

从图 7.6 中大家能看到，鸢尾花数据的 4 个特征值分别是花萼和花瓣的长度和宽度，该数据集里的样本数据被划分成 3 类。图 7.7 展示了该数据集的 5 条样本数据。

```
        0     1     2     3    0
0     5.1   3.5   1.4   0.2    0
1     4.9   3.0   1.4   0.2    0
2     4.7   3.2   1.3   0.2    0
3     4.6   3.1   1.5   0.2    0
4     5.0   3.6   1.4   0.2    0
```

图 7.7　鸢尾花数据集的 5 条样本数据

下面的 classifyIrisFlower.py 范例将演示用神经网络模型分类预测鸢尾花数据的做法。具体的，先把该数据集划分成训练集和测试集，再用训练集训练神经网络模型，并用训练好的模型预测测试集的鸢尾花的种类。

```
1   import torch
2   import torch.nn as nn
3   import torch.optim as optim
4   from sklearn.model_selection import train_test_split
5   from sklearn.datasets import load_iris
6   import pandas as pd
7   # 加载鸢尾花数据集
8   iris = load_iris()
9   print('iris.DESCR:', iris.DESCR)
10  sample=pd.concat([pd.DataFrame(iris.data),pd.DataFrame(iris.target)],axis=1)
11  # 展示表格的头 5 行数据
12  print(sample.head())
```

上述代码在第 8 行里加载了鸢尾花数据集，并用第 9 行代码打印了该数据集的特征值和目标值的含义，用第 12 行代码打印了 5 条样本数据。

```
13  feature = iris.data
14  target = iris.target
15  # 加载鸢尾花数据集
16  feature_train, feature_test, target_train, target_test = train_test_
split(feature, target, test_size=0.2)
17  # 转换为 PyTorch 张量
18  feature_train = torch.FloatTensor(feature_train)
```

```
19 target_train = torch.LongTensor(target_train)
20 feature_test = torch.FloatTensor(feature_test)
21 y_test = torch.LongTensor(target_test)
```

上述代码把数据集划分成训练集和测试集，并把相应的数据转换成张量。这部分代码与分析葡萄酒种类的相关代码非常相似，所以不再重复分析。

```
22 # 定义神经网络模型
23 class NET(nn.Module):
24     def __init__(self):
25         super(NET, self).__init__()
26         self.layer1 = nn.Linear(4, 256)
27         self.relu = nn.ReLU()
28         self.layer2 = nn.Linear(256, 3)
29     def forward(self, x):
30         x = self.layer1(x)
31         x = self.relu(x)
32         x = self.layer2(x)
33         return x
```

以上代码定义了一个深度神经网络类，其中，通过第 26 行代码指定了入参的维度为 4，这个数值与鸢尾花数据集特征值的个数相匹配；通过第 28 行代码设置了出参的维度为 3，这与待分类的种类个数相匹配。

```
34 # 创建模型、损失函数和优化器
35 model = NET()
36 criterion = nn.CrossEntropyLoss()
37 optimizer = optim.Adam(model.parameters(), lr=0.01)
38 # 加载鸢尾花数据集
39 num_epochs = 400
40 for epoch in range(num_epochs):
41     # 前向传播
42     outputs = model(feature_train)
43     loss = criterion(outputs, target_train)
44     # 反向传播和优化
45     optimizer.zero_grad()
46     loss.backward()
47     optimizer.step()
48     if (epoch + 1) % 20 == 0:
49         print(f'Epoch [{epoch + 1}/{num_epochs}], Loss: {loss.item():.4f}')
50 # 测试模型
51 with torch.no_grad():
52     model.eval()
53     outputs = model(feature_test)
54     _, predicted = torch.max(outputs, 1)
55     accuracy = (predicted == y_test).sum().item() / y_test.size(0)
56     print('Test correct Result: %.2f%%' % (accuracy * 100))
```

以上是通过第 40 ~ 49 行代码，完成了用训练集训练模型的动作，通过第 51 ~ 56 行代码，用训练好的模型预测了测试集鸢尾花的种类。上述代码与分析葡萄酒种类的相关代码非常相似，所以不再重复分析。

本范例运行后，能在控制台里看到多轮训练后的损失值，这部分的输出如下所示。从中大家能看到，模型在经多轮训练后，损失值会降低到一个较低的水平。

```
1  Epoch [20/400], Loss: 0.2617
2  Epoch [40/400], Loss: 0.1366
3  ...
4  ch [400/400], Loss: 0.0405
```

此外，该模型预测的准确率如下所示，具体数值为 96.67%。

```
1  Test correct Result: 96.67%
```

上述范例的训练轮数是 400，对应的预测准确率为 96.67，如果大家把训练轮数提升到 600 甚至更高，即进一步加强模型的训练程度，就能看到，对应的预测准确率能提升到 100%。

7.2.3 用神经网络预测股票涨跌

在股票分析场景，不仅可以用深度神经网络模型预测股价的走势，还可以用聚类分析方法，预测未来股价的涨跌情况，下面的 PredictStockUpOrDown.py 范例将演示这一做法。

具体的，先根据样本数据里的"收盘价"，判断当天股票的涨跌情况，用"涨跌"结果作为本次分析的目标值，而特征值则是开盘价、收盘价、最高价、最低价、成交量和换手率等数据。

之后，再用训练集的特征值和目标值训练模型，再用训练好的模型预测测试集的涨跌情况。

```
1   # coding=utf-8
2   import pandas as pd
3   import matplotlib.pyplot as plt
4   import torch
5   import torch.nn as nn
6   import torch.optim as optim
7   from sklearn.preprocessing import StandardScaler
8   import numpy as np
9   from sklearn.model_selection import train_test_split
10  import math
11  # 获取数据
12  stockDf = pd.read_csv('e:\\600895.csv',encoding='utf-8-sig')
13  # 重新设索引
14  stockDf = stockDf.reset_index(drop=True)
15  stockDf['diff'] = stockDf["收盘"]-stockDf["收盘"].shift(1)
16  stockDf['diff'].fillna(0, inplace = True)
17  # up 列表示本日是否上涨，1 表示涨，0 表示跌
18  stockDf['up'] = stockDf['diff']
19  stockDf['up'][stockDf['diff']>0] = 1
20  stockDf['up'][stockDf['diff']<=0] = 0
```

这里用第 12 行代码从 .csv 文件里获取数据，随后在第 15 行代码里用第二天的收盘价减去当天收盘价，把结果赋予 stockDf 对象的 diff 列，在此基础上，用第 19 行和第 20 行代码，根据 diff 列生成判断涨跌情况的 up 列，由此生成本次数据分析的目标值。

这里大家能看到，如果 up 列的取值为 1，则说明当日股票是涨；如果是 0，则说明当日股票是跌。

```
21 scaler = StandardScaler()
22 feature = scaler.fit_transform(np.array(stockDf[['开盘','收盘','最高','最低','成
交量','换手率']]))
23 target = np.array(stockDf['up']).reshape(-1, 1)
24 feature_train,feature_test,target_train,target_test=train_test_
split(feature,target,test_size=0.05)
25 # 转换成张量
26 feature_train_tensor = torch.from_numpy(feature_train).to(torch.float32)
27 target_train_tensor = torch.from_numpy(target_train).to(torch.float32)
28 feature_test_tensor = torch.from_numpy(feature_test).to(torch.float32)
29 target_test_tensor = torch.from_numpy(target_test).to(torch.float32)
```

以上代码把样本数据拆分成训练集和测试集。具体是先用第 22 行和第 23 行代码，指定待分析数据的特征值和目标值，并用第 24 行代码的 train_test_split 方法划分了训练集和测试集，在此基础上再用第 26 ～ 29 行的代码，把训练集和测试集的目标值和特征值转换成张量。

```
30 # 定义模型
31 class NET(nn.Module):
32     # 初始化方法
33     def __init__(self):
34         super(NET, self).__init__()
35         self.linear1 = torch.nn.Linear(feature_train_tensor.shape[1], 256)
36         self.reLU1 = torch.nn.ReLU()
37         self.linear2 = torch.nn.Linear(256, 256)
38         self.reLu2 = torch.nn.ReLU()
39         self.linear3 = torch.nn.Linear(256, 2)
40     def forward(self, x):
41         # 定义前向传播函数
42         x = self.linear1(x)
43         x = self.reLU1(x)
44         x = self.linear2(x)
45         x = self.reLu2(x)
46         x = self.linear3(x)
47         return x
```

以上代码定义了用于分析和预测数据的模型，请注意在第 35 行代码里，定义的模型入参维度需要与训练集特征值的维度相匹配，而在第 39 行代码定义模型的出参维度时，由于预测结果分为涨和跌两种，所以需要把出参维度定义成 2。

```
48 model = NET()
49 # 设置批处理大小、损失函数和优化器
50 criterion = nn.MSELoss()
51 optimizer = optim.SGD(model.parameters(), lr=0.001)
52 num_epochs = 600
53 train_losses = []
54 for epoch in range(num_epochs):
55     output = model(feature_train_tensor)
56     loss = criterion(output, target_train_tensor)
57     optimizer.zero_grad()
58     loss.backward()
59     optimizer.step()
```

```
60      if (epoch + 1) % 20 == 0:
61          print(f'Epoch [{epoch + 1}/{num_epochs}], Train Loss: {loss.item():.4f}')
62  # 在测试集上进行预测
63  with torch.no_grad():
64      output = model(feature_test_tensor)
65      _, predicted = torch.max(output, 1)
66  # 准备待预测的数据
67  pridectedDays = int(math.ceil(0.05 * len(stockDf)))   # 预测天数
68  predicted_df = stockDf.tail(pridectedDays)
69  predicted_df.reset_index(inplace=True)# 重设索引
70  figure = plt.figure()
71  (axClose, axPredicted) = figure.suoplots(2, sharex=True)
72  predicted_df[' 收盘 '].plot(ax=axClose)
73  axPredicted.plot(predicted.numpy(), "r", label="Predicted")
74  predicted_df['up'].plot(ax=axPredicted,color="blue",label='Real')
75  axPredicted.set_yticks([0,1])
76  axPredicted.set_yticklabels(['Up','Down'])
77  plt.legend()    # 绘制图例
78  # 设置 x 轴坐标的标签和旋转角度
79  major_index=predicted_df.index[predicted_df.index%3==0]
80  major_xtics=predicted_df[' 日期 '][predicted_df.index%3==0]
81  plt.xticks(major_index,major_xtics)
82  plt.setp(plt.gca().get_xticklabels(), rotation=30)
83  plt.show()
```

以上代码完成了训练模型、用模型预测涨跌和可视化预测涨跌情况等动作，这里着重分析可视化部分的代码。

在可视化时，先通过第 71 行代码创建了两个画布，随后再用第 72 行代码在名为 axClose 的画布里，以折线的形式绘制了测试集的收盘价情况。

完成绘制收盘价以后，用第 73 行和第 74 行代码在名为 axPredicted 的画布上，绘制了真实的涨跌情况和用模型预测出的涨跌情况。

本范例运行后，除了能在控制台里看到每轮训练后对应的损失值，还能看到如图 7.8 所示的预测股票涨跌的效果图。

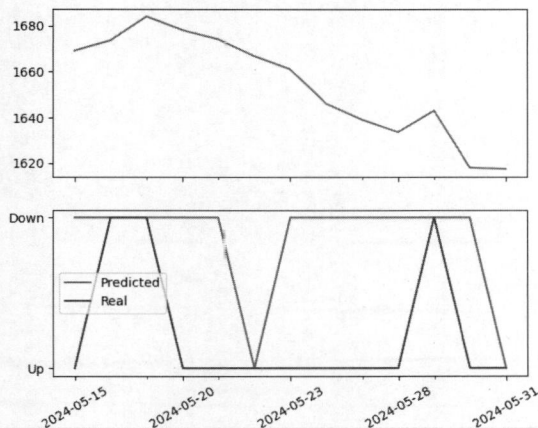

图 7.8　预测股票涨跌情况的效果图

从中大家能看到，模型经训练后，给出的预测出的涨跌情况和真实情况是有一定的匹配度的，而且，如果增大上述范例中的训练轮数，预测的准确率还能进一步提升。

综合本章给出的分类葡萄酒、鸢尾花和股票涨跌等案例，大家能看到，用模型进行聚类分析时，需要注意以下两点：

（1）需要先根据实际分析需求，明确数据集里的特征值和目标值，这里的目标值一般是该样本数据所属的种类。

（2）在创建模型时，入参维度一般是训练集特征数据的维度，而出参维度一般是分类后的种类个数。

在其他聚类分析场景，大家可以用本章范例中给出的流程和方法，根据实际情况，具体地完成分类动作。

7.3 小结和预告

本章结合了股票分析预测等实际场景，讲述了用神经网络模型解决回归和聚类问题的实践要点。通过本章的学习，大家可以全面地提升创建和训练模型，以及用模型预测数据的实践能力。

之前讲述的范例均是从零开始训练，为了提升训练的效率和准确率，可以在现有预处理模型的基础上再进行学习，这称为"迁移学习"。

第 8 章将基于残差网络模型和 VGG 网络模型讲述迁移学习的实践要点，从中大家不仅能进一步理解所使用的深度更深的 ResNet18 等网络模型，还能掌握迁移学习的诸多实践要点。

迁移学习实战

学习目标

- 掌握迁移学习的概念
- 通过案例了解迁移学习的实践技巧
- 掌握微调参数和提取特征值等迁移学习的实践要点

8.1 迁移学习的概念和常用方法

迁移学习是深度学习的一种方法，它允许模型把解决一个任务时学到的知识迁移应用到解决另一个任务的场景里，换句话说，迁移学习能把在其他任务里学到的经验应用到本次训练中。

在实践中，迁移学习可以应用在图片分析、目标分类和自然语言处理等场景，而且，当下大多数的大模型训练场景中，一般都会尽可能地用到"迁移学习"这种方法。

8.1.1 迁移学习的两大实现方法

从实践角度来看，迁移学习能重复利用现有的训练成果，从而降低对模型的训练成本。

迁移学习的一般做法是，根据图片分类等场景，选用一个已经预训练过的模型，比如卷积网络模型，然后用这个模型的训练成果参数作为初始值，用当前数据继续训练该模型。

在迁移学习的过程中，一般有下列两种实现方法。

（1）微调参数，即使用已经被预训练过的网络模型参数来初始化当前模型。相比之下，如果不引入迁移学习，一般是用随机的方式初始化当前模型的参数。在此基础上，再用当前数据集来微调模型。

（2）特征提取，一般用在分类场景中，其做法是，固化原模型除最后一层以外的其他所有层，只有最后这层会参与到新的训练过程中。在此基础上，再添加一个分类器，将原模型当作新分类任务的数据特征的提取器，提取特征后，用新添加的分类器来对新数据进行分类。

8.1.2 可供使用的预训练模型

比如，包含 18 层的残差网络模型 ResNet18，就可以作为迁移学习的参考模型。该模型已经被定义在 Pytorch 框架里，程序员在使用过程中，无须再通过编写复杂的代码来实现该模型。

再如，已经用包含 120 万张图片的 ImageNet 数据集训练过的 VGG16 模型，也可以用在图片分类等场景中，作为迁移学习的参考模型。当然，除此之外，经过训练的 Dense_9 等模型也可以作为预处理模型。

在本章的后面部分，将用 ResNet18 预处理模型，通过具体的案例讲述迁移学习的实践要点，从中大家能看到，在训练前虽然会耗费一定的时间代价引入预处理模型，或者是引入相关参数，但这个动作能有效获取之前训练的经验，从而提升训练的准确性。

8.2 基于微调参数的迁移学习

上文已经提到，残差网络可以避免训练过程中的梯度爆炸和梯度消失等现象。本部分将以残差网络训练预测 CIFAR-10 数据集为例，讲解迁移学习的实践要点。

8.2.1 ResNet18 和 ResNet34

ResNet18 和 ResNet34 是两类已经在 Pytorch 框架内定义好的残差网络。顾名思义，ResNet18 是由 18 个卷积层和池化层构成，而 ResNet34 则是由 34 个卷积层和池化层构成。

这里重点讲述迁移学习，所以不展开说明这两类残差网络的具体结构，但是大家可以看到，这两类残差网络深度较大，所以在经过训练后能更好地拟合数据。

在用这两类残差模型进行基于迁移学习的训练时，一方面可以在 torchvision.models 模块里获取已定义好的残差网络，即在代码里无须再搭建 ResNet18 和 ResNet34 等残差网络；另一方面可以在训练前，下载并加载包含预训练模型的文件，以此作为训练的基础。

比如，可以从 https://download.pytorch.org/models/resnet18-5c106cde.pth 这个网址下载 ResNet18 的预训练模型，可以从 https://download.pytorch.org/models/resnet34-333f7ec4.pth 这个网址下载 ResNet34 的预训练模型。在后面的范例中，会用到这些下载好的预处理模型。

8.2.2 用数据集训练微调参数

下面的 transferLearningRes.py 范例将用 CIFAR-10 数据集，讲述迁移学习的实践要点。这里请大家尤其注意，在用数据集训练前，需要先加载预训练模型，换句话说，本次训练是在现成模型的基础上进行的。

而且，本范例用到的迁移学习方法是"微调参数"，即在预训练模型所得的参数基础上，用数据集再进一步微调参数，由此得到一个可供预测的模型。

本范例的代码如下所示，由于代码比较长，将分段进行说明。

```
1  import torch
2  import matplotlib.pyplot as plt
3  from torchvision.transforms import transforms
```

```
4   from torch.utils.data import DataLoader
5   import torchvision
6   from torchvision import models
7   from torch import nn, optim
8   classes = ('plane', 'car', 'bird', 'cat', 'deer', 'dog', 'frog', 'horse',
'ship', 'truck')
9   trainset = torchvision.datasets.CIFAR10(root='./dataset', train=True,
download=False, transform=transforms.ToTensor())
10  trainloader = torch.utils.data.DataLoader(trainset, batch_size=200)
11  testset = torchvision.datasets.CIFAR10(root='./dataset', train=False,
download=False, transform=transforms.ToTensor())
12  testloader = torch.utils.data.DataLoader(testset, batch_size=200)
13  classes = ('plane', 'car', 'bird', 'cat','deer', 'dog', 'frog', 'horse',
'ship', 'truck')
```

以上通过第 9 行和第 11 行代码下载了 CIFAR10 数据集，第一次下载时，可以把 download 参数设置成 True，之后可以设置成 False。随后，用第 13 行代码获取了该数据集的分类数据。

```
14  pretrained_file = "E:/resnet18.pth"   # 加载 resnet18 预训练模型文件
15  model = models.resnet18()   # 实例化 resnet18 网络结构
16  #pretrained_file = "E:/resnet34.pth"   # 加载 resnet34 预训练模型文件
17  #model = models.resnet34()   # 实例化 resnet34 网络结构
18  # 加载预训练模型的权重参数
19  pretrained_dict = torch.load(pretrained_file)
20  model.load_state_dict(pretrained_dict)
```

这里是在本地的 E 盘根目录保存下载好的 ResNet 预处理模型，下载的方法大家可以参考 8.2.1 节。这里大家也可以更改保存路径，不过更改路径后也需要同时更改第 14 行代码。

以上先用第 15 行代码创建了 ResNet18 模型，随后用第 19 行代码从文件里得到了预训练数据，用第 20 行代码给模型加载了预处理模型。之后的训练动作是基于第 20 行代码得到的预处理模型。

在以上代码里，大家如果注释掉第 14 行和第 15 行代码，开启第 16 行和第 17 行代码，就能创建 ResNet34 模型，并让该模型加载预训练过的数据。

```
21  loss_func = nn.CrossEntropyLoss()
22  optimizer = optim.Adam(model.parameters(), lr=0.001)
23  num_epochs = 10
24  # 在现有模型的基础上开始训练
25  train_losses = []
26  for epoch in range(num_epochs): # 多次训练
27      sum_loss = 0.0
28      for i, images in enumerate(trainloader, 0): # 遍历训练集
29          inputs, labels = images
30          optimizer.zero_grad()   # 梯度清零
31          outputs = model(inputs)   # 神经网络前向传播
32          loss = loss_func(outputs, labels)   # 计算损失
33          # 后向传播并更新参数
34          loss.backward()
35          optimizer.step()
36          sum_loss += loss.item()   # 累加损失
```

```
37        print(f'Epoch [{epoch + 1}],Loss:{sum_loss:.4f}')
```

以上代码是用 CIFAR-10 数据集训练 ResNet18 模型，这里请注意，训练的模型是已经加载过预处理的数据，这里的训练属于"微调参数"。

训练的过程同以前训练其他模型一样，是用第 26 行代码指定多轮训练，用第 30 行代码在训练前清零梯度，用第 31 行代码训练模型，训练后用第 32 行代码计算损失值，用第 34 行和第 35 行代码后向传播损失值并更新参数。

```
38 model.eval()
39 display_loader = torch.utils.data.DataLoader(dataset=testset, batch_size=8,
shuffle=False)
40 # 评估时不需要设置梯度
41 with torch.no_grad():
42      # 获取 8 个测试数据来验证
43      numberImages, labels = next(iter(display_loader))
44      print('Real Result: ', ' '.join('%5s' % classes[labels[index]] for index in
range(8)))
45      output = model(numberImages)     # 用训练好的模型预测
46      # predict 则是预测结果
47      _, predict = torch.max(input=output.data, dim=1)
48      # 输出预测结果
49       print('Predict Result: ', ' '.join('%5s' % classes[predict[index]] for
index in range(8)))
50      numberImg = torchvision.utils.make_grid(numberImages)
51      # 指定使用的数据维度
52      numberImg = numberImg.numpy().transpose(1, 2, 0)
53      plt.imshow(numberImg) # 输出图形
54      plt.show()
```

训练后，使用第 38 ~ 54 行代码，用模型进行图片预测，由此大家能看到迁移学习的范例运行结果。具体来说，先用第 41 行代码关闭梯度，用第 43 行代码获取了待预测数据的图片和分类，用第 45 行代码进行预测，在第 47 行代码里得到了预测结果。

得到预测结果后，用第 49 行代码输出预测结果，并用第 50 ~ 54 行代码输出了待预测的图片，由此可视化预测结果。在这之前，已经用第 44 行代码输出了图片的真实类别。

本范例运行后，能在控制台看到如下所示的输出的损失值数据，从中大家能看到，每轮训练的损失值是逐渐减小的。

```
1  Epoch [1],Loss:279.3370
2  Epoch [2],Loss:142.2225
3  …
4  Epoch [10],Loss:24.2709
```

此外，大家还能看到如下所示的输出的真实和预测的类别信息。

```
1  Real Result:    cat  ship  ship plane  frog  frog   car  frog
2  Predict Result:    cat  ship plane  ship  frog   cat   car  frog
```

待预测的图片如图 8.1 所示，由此大家能看到，预测结果和真实结果有一定的匹配度。

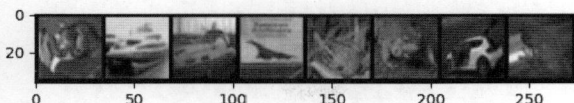

图 8.1　基于 ResNet18 迁移学习的可视化效果

本范例的训练轮数是 10 次，但在训练前引入了预处理模型，并在此基础上再用训练集微调参数。相比之前，如果直接使用未经训练过的 ResNet18 模型，那么就需要用更多的训练轮数，才能达到本范例所达到的训练成果。

8.3　基于特征提取器的迁移学习

迁移学习的另一种实现方法为"提取特征"，其含义是，把现有模型除最后全连接层之外的其他层当成待分析数据的特征提取器，这些层不参加训练，只用来分析数据，提取特征。

同时，在原模型的基础上添加一个新的分类器，一方面，原模型最后的全连接层会参与训练；另一方面，新添加的分类器会根据"特征提取器"得到的数据特征输出分类结果。

8.3.1　获取蚂蚁和蜜蜂数据集

这里将要用到一个新的数据集——蚂蚁和蜜蜂数据集，该数据集可以从下面的网址上下载。

```
1  https://download.pytorch.org/tutorial/hymenoptera_data.zip
```

该数据集包含了蚂蚁和蜜蜂的图片，分为训练集和测试集。该数据集比较小，在训练集里，蚂蚁和蜜蜂图片分别各有 120 个左右。在测试集里，蚂蚁和蜜蜂图片各有 70 个左右。

从上述网址下载好数据集后，能得到一个 .zip 文件，解压缩后能得到一个名为 hymenoptera_data 的文件夹，其中包含了 train 和 val 两个子文件夹。train 文件夹里包含了训练集数据，而 val 文件夹里包含了测试集数据。

8.3.2　对特征提取器的说明

本范例是在 ResNet34 残差模型的基础上，用特征提取的方式对蚂蚁和蜜蜂数据集进行分类。

上文已经给出了特征提取器的说明，大家能看到，这种迁移学习和基于"微调参数"的迁移学习相比，只是让模型的最后一层（全连接层）参与训练，而之前的隐藏层不参与训练。

这样之前的隐藏层就承担了"提取数据特征"的作用，所以称为"特征提取器"，相关效果如图 8.2 所示。

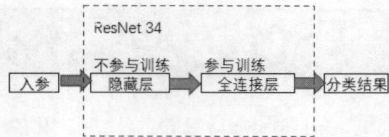

图 8.2 基于特征提取的迁移学习效果图

当然，为了更进一步利用现成的训练结果，在这种迁移学习的过程中，还可以加载经预处理过的 ResNet34 等模型。这样，不参与训练的隐藏层就拥有包含一定训练经验的参数，能进一步提升训练精度。

8.3.3 基于特征提取器的迁移学习

下面的 transferLearningForFeature.py 范例包含了基于特征提取器迁移学习的实现代码，大家在学习过程中，不仅要理解加载蚂蚁和蜜蜂数据集的方法，更要掌握"特征器提取"的实现方法。

本范例不仅给出了训练过程的代码，还给出了用训练好的模型做预测的实现代码。

```
1   import torch
2   import torch.nn as nn
3   import torch.optim as optim
4   import torchvision
5   from torchvision import models
6   from torchvision import datasets, transforms
7   import matplotlib.pyplot as plt
8   import os
9   data_transforms = {
10      'train': transforms.Compose([
11          # 随机裁剪图片的一个区域 area，然后重新调整大小 resize
12          transforms.RandomResizedCrop(300),
13          transforms.ToTensor()
14      ]),
15      'val': transforms.Compose([
16          transforms.CenterCrop(300),
17          transforms.ToTensor()
18      ]),
19  }
20  # 加载数据集
21  data_dir = 'e:\hymenoptera_data' # 根据文件实际情况调整
22  image_datasets = {x: datasets.ImageFolder(os.path.join(data_dir, x),
data_transforms[x])  for x in ['train', 'val']}
23  dataloaders = {x: torch.utils.data.DataLoader(image_datasets[x], batch_
size=4,shuffle=True)  for x in ['train', 'val']}
24  dataset_sizes = {x: len(image_datasets[x]) for x in ['train', 'val']}
25  classes = image_datasets['train'].classes
```

以上代码是用来加载蚂蚁和蜜蜂数据集的。具体的，通过第 21 行代码指定数据集的路径，并通过第 22 行和第 23 行代码加载数据集，请注意，加载时是从 train 子目录加载训练集，从 val

子目录加载测试集。

加载完成后，通过第 24 行代码计算了训练集和测试集的大小，通过第 25 行代码获取了数据集的分类名称。在分类名称上，用"ants"表示"蚂蚁类"，用"bees"表示"蜜蜂类"。

```
26  # 加载模型
27  model = models.resnet34(pretrained=True)
28  # 屏蔽预训练模型中的权重
29  for param in model.parameters():
30      param.requires_grad = False
31  model.fc = nn.Linear(model.fc.in_features, 2) # 分类结果是 2 种
32  criterion = nn.CrossEntropyLoss() # 设置损失函数
33  # 只对最后一层进行参数优化
34  optimizer = optim.SGD(model.fc.parameters(), lr=0.001)
```

以上代码创建了基于 ResNet34 的模型，同时指定该模型用到了"特征提取"的方法。

具体的，用第 27 行代码创建了 ResNet34 模型，创建时是用 pretrained 参数指定要加载的预处理数据。随后，用第 29 行和第 30 行代码的 for 循环语句，屏蔽了 ResNet34 模型除最后一层之外的权重数据，这样就能指定这些隐藏层不参加训练。

在此基础上，用第 31 行代码创建了 ResNet34 模型的最后一层，即全连接层，这里请注意，由于该模型的分类结果是 2 种，即需要分类蚂蚁和蜜蜂数据，所以该全连接层的出参为 2。

由此，完成设置"特征提取器"的操作，即设置最后一层为全连接层，同时冻结（也称屏蔽）之前各层的权重参数。在此基础上，指定了本次训练所用到的损失函数和优化器。

```
35  num_epochs=10
36  for epoch in range(num_epochs):
37      # 用训练集训练，用测试集计算准确率
38      for steps in ['train', 'val']:
39          sum_loss = 0
40          sum_corrects = 0
41          if steps == 'train':
42              # 设置成训练模式
43              model.train()
44          else:
45              # 设置成评估模式
46              model.eval()
47          # 遍历训练集和测试集的数据
48          for inputs, labels in dataloaders[steps]:
49              optimizer.zero_grad( # 梯度清零
50              with torch.set_grad_enabled(steps == 'train'):
51                  outputs = model(inputs) # 神经网络前向传播
52                  _, preds = torch.max(outputs, 1)
53                  loss = criterion(outputs, labels) # 计算损失函数
54                  # 仅在训练时，后向传播并更新参数
55                  if steps == 'train':
56                      loss.backward()
57                      optimizer.step()
58              # 统计损失值和正确率
59              sum_loss += loss.item()
60              sum_corrects += torch.sum(preds == labels.data)
```

```
61    loss_for_epoch = sum_loss / dataset_sizes[steps]
62    acc_for_epoch = sum_corrects.double() / dataset_sizes[steps]
63     print(f'Epoch [{epoch + 1}],Loss:{loss_for_epoch:.4f}, Correct:{acc_for_
epoch:.4f}')
```

以上代码实现了"训练模型"的动作，请注意，在训练过程中，通过第38行代码的for循环，用训练集的数据训练模型，用测试集的数据评估训练结果。

这里的训练部分的代码在前文反复讲述过，所以这里不再重复讲述，但请注意，在每次训练结束后，会通过第63行代码的print语句，输出本次训练的损失值和预测正确率。

由于在前面第29行和第30行的for循环代码里，已经屏蔽了除最后一层全连接层之外的权重参数，所以这里在第56行和第57行前向传播梯度值并更新参数时，只会影响到全连接层。

```
64 # 可视化训练结果
65 model.eval()
66 display_loader = torch.utils.data.DataLoader(dataset=image_datasets['val'],
batch_size=4, shuffle=False)
67 # 用 val 数据进行预测并可视化
68 with torch.no_grad():
69     numberImages, labels = next(iter(display_loader))
70     print('Real Result: ', ' '.join('%5s' % classes[labels[index]] for index in
range(4)))
71     output = model(numberImages)    # 用训练好的模型预测
72     # predict 则是预测结果
73     _, predict = torch.max(input=output.data, dim=1)
74     # 输出预测结果
75      print('Predict Result: ', ' '.join('%5s' % classes[predict[index]] for index
in range(4)))
76     numberImg = torchvision.utils.make_grid(numberImages)
77     # 指定使用的数据维度
78     numberImg = numberImg.numpy().transpose(1, 2, 0)
79     plt.imshow(numberImg) # 输出图形
80     plt.show()
```

以上代码用来可视化训练的结果。具体的，先用第65行的代码把模型设置为评估模式，并用第66行代码加载了4个测试集里的数据，用这4个样本来预测分类结果。

在做具体预测时，先用第68行代码关闭梯度，再使用第71行代码，用训练好的模型针对4个样本数据做预测，预测后，用第73行代码获取预测结果，在此基础上，用第70行和第75行的两个print语句分别输出真实的和预测的分类信息。最后，再用第76行到第80行代码绘制这4张图片。

本范例运行后，能在控制台看到如下所示的每轮训练的损失值和正确率，从中大家能看到，经10轮训练后，损失值会大幅降低，而正确率也会大幅提升。

```
1  Epoch [1],Loss:0.1553, Correct:0.6471
2  Epoch [2],Loss:0.1257, Correct:0.8235
3
4  Epoch [10],Loss:0.0596, Correct:0.9542
```

同时，在控制台里还能看到如下所示的真实的和预测的分类结果，从中大家能看到，训练好的模型正确地预测了这 4 个样本图片。

```
1  Real Result:   ants  ants  ants  ants
2  Predict Result:   ants  ants  ants  ants
```

此外，大家还能看到如图 8.3 所示的 4 个样本图片，从中大家能进一步确认，训练好的模型确实是正确地分类了这 4 个样本图片数据。

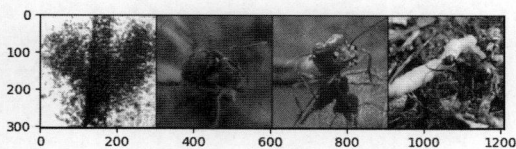

图 8.3　分类蚂蚁和蜜蜂数据集的效果图

8.4　小结和预告

本章讲述了深度学习领域的"迁移学习"知识点，从中大家能看到，迁移学习可以在现有模型的基础上进行训练和预测。而且，通过本章给出的范例，大家还能掌握迁移学习过程中的"微调参数"和"特征提取"两种方法。

深度学习在自然语言处理（NLP）领域也有着广泛的应用，第 9 章将从比较基本的分词和词向量等技术讲起，结合一个基于卷积神经网络模型的情感分析案例，带领大家学习自然语言处理领域的深度学习开发技能。

第 9 章

基于词向量和模型的文本分析

📖 **学习目标**

- 掌握分词、文本向量化和词嵌入等常用文本分析技巧
- 掌握用卷积神经网络模型和循环神经网络模型分析本文的做法
- 掌握文本情感分析的实战技巧

9.1　文本分析的基础：向量化

在用模型处理文本信息之前，需要把字符串等格式的文本转换成模型能识别的数值等类型的数据，这个过程称为文本向量化。

实现向量化的方法有很多，在很多基于深度学习模型的文本分析场景里，都是使用 TF-IDF（词频 - 逆频率）的方式来实现文本向量化。

9.1.1　文本向量化概述

在基于深度学习模型的文本分析过程中，入参是一段段的文字，但这些文字信息无沄被计算机直接处理。对应的做法是，在分析文本前，先进行分词处理，再把分词后的结果转换成向量类型的数据。

比如，可以把"我在学习深度学习"这段文字，转换成类似 [1,2,1,1,2] 之类的向量格式数据，再把这些向量数据转换成模型可以接受的张量，在此基础上，可以再进行文本分类和情感分析等操作。

在进行文本向量化的过程中，可以采用不同的算法。比较常见的算法是，统计不同词组的词频和逆频率，以此生成文本向量。当然，如果用其他不同的算法进行向量化处理，生成的结果还可以具备其他含义。

把文本转换成向量，是基于深度学习的模型处理文本的前提条件，这个过程就称为"文本向量化"。

9.1.2　词频 – 逆频率

词频 - 逆频率的英文简称是 TF-IDF，这是文本向量化的一种常见的实现算法。

词频的含义是该词在文本中出现的频率，通过词频的数值能反映出该词在文本里的重要程度。

不过在有些场景里，虽然某个词的出现频率很高，但实质上却没有多大含义，对此还要用该词的"逆频率"数值来综合衡量重要程度。

"逆频率"也称"逆文档频率"或"逆词频"。计算"逆频率"的算法比较复杂，直观地讲，如果该词在当前文本出现的频率越高，但在其他文本里出现的频率越低，该词的"逆频率"的数值也就越高。也就是说，"逆频率"能定量地分析该词在当前文章里的重要程度。

词频 - 逆频率的数值，是在得到该词的词频和逆词频两个数值后，再相乘得到结果。在很多文本分析的场景里，会先用 TF-IDF 的相关算法，算出各词的词频乘以逆词频的值，并把这些值以向量化的形式存储，以此来实现文本向量化。

9.1.3　基于词频 – 逆频率的向量化示例

Python 中有多个库支持词频 - 逆频率的计算，在下面的 tfidfDemo.py 范例中，将演示用 Sklearn 库实现词频 - 逆频率向量化的做法。如果大家在计算机上还没安装 Sklearn 库，在运行前，需要用 pip install sklearn 命令安装这个库。

```
1   from sklearn.feature_extraction.text import TfidfTransformer
2   from sklearn.feature_extraction.text import CountVectorizer
3   # 初始化对象
4   vectorizer = CountVectorizer()
5   transformer = TfidfTransformer()
6   docs = ["我 在 学习 Python", "深度学习 很 受欢迎"]
7   results = transformer.fit_transform(vectorizer.fit_transform(docs)).toarray().tolist()
8   words = vectorizer.get_feature_names_out()
9   print('分词结果: ')
10  print(words)
11  print('tf-idf值: ')
12  for val in results:
13      print(val)
```

本范例通过第 1 行和第 2 行代码，用 import 语句引入了 Sklearn 库里的 tf-idf 等相关模块，通过第 4 行和第 5 行代码实例化了用来向量化处理的两个对象。

随后，在第 6 行代码中，定义了待分析的两句话，由于这里的重点是词频 - 逆频率，所以直接用空格来实现分词效果，而没有用到分词方法。在此基础上，用第 7 行代码计算了各分词的词频 - 逆频率值。

通过第 8 ～ 10 行代码，大家能看到分词结果；通过第 11 ～ 13 行代码，大家能看到各分词的词频 - 逆频率值。本范例的运行结果如下。

```
1   分词结果: 
2   ['python' '受欢迎' '学习' '深度学习']
```

```
3    tf-idf 值:
4    [0.7071067811865476, 0.0, 0.7071067811865476, 0.0]
5    [0.0, 0.7071067811865476, 0.0, 0.7071067811865476]
```

第 2 行输出的是分词结果,第 4 行和第 5 行输出的是这些分词在两句话里的 TF-IDF 值。

比如,第 4 行第一个值 0.7071067811865476,表示"Python"这个分词在第一句话里的 TF-IDF 值,第 5 行第一个值 0.0 则表示"Python"在第二句话里的 TF-IDF 值,由于第二句话里没有包含"Python",所以这个值为 0。对应的,大家能从第 4 行和第 5 行的输出结果里,看到其他分词在两句话里的 TF-IDF 数值。由此,大家能直观地感受到"文本向量化"的计算方式和表现形式。

9.2 分词、向量化和词嵌入

分词的作用是把整句话拆分成若干可供分析的词组,上文给出的范例是用空格来实现分词效果,事实上在文本分析场景,更多的是用 jieba 等库来实现分词。

分词是向量化的基础,而词嵌入则是基于深度学习的一种向量化的实现方式。顾名思义,"词嵌入"要做的是,把一句或多句语句里的各词组嵌入到"向量化空间",由此完成向量化动作。

9.2.1 基于分词的向量化

向量化的前提是分词,而分词的基础是语料库。在文本分析场景,一般会根据语料库里存储的常用词组,把整句语句分成若干词组,在此基础上实现向量化。

下面的 CutAndVector.py 范例将演示分词整合向量化的实现步骤,其中用到的语料库是gensim,用到的分词库是 jieba,用到的向量化方法是前文提到的词频 - 逆频率(TF-IDF)。

如果大家的计算机上还没有安装 gensim 和 jieba 库,可以通过 pip3 install gensim 和 pip3 install jieba 这两个命令安装对应的库。本范例的代码如下。

```
1    import jieba
2    from gensim import corpora, models
3    sentences = [' 我在学习 Python',
4                 '我的目标是写出优质代码 ',
5                 '通过实践提升编程水平 ',
6                 '我在学习深度学习知识 '
7                 ]
8    wordsInSentence = []
9    for eachWord in sentences:
10       words = jieba.cut(eachWord.strip()) # 分词
11       seg = [word for word in list(words) ]
12       wordsInSentence.append(seg)
13   # 生成字典
14   dict = corpora.Dictionary(wordsInSentence)
15   print('词典: ', dict.token2id)
```

```
16  # 生成 tf 为向量
17  tf = []
18  for word in wordsInSentence:
19      tf.append(dict.doc2bow(word))
20  print('词频: ',tf)
21  tfidf_model = models.TfidfModel(tf)
22  tfidf = tfidf_model[tf]
```

在本范例第 3 ～ 7 行的 sentences 变量里，定义待分析的若干句语句，本范例要做的是，针对这些语句，先分词，再进行向量化处理。

具体的，首先在第 9 ～ 12 行的 for 循环里，用 jieba 库的 cut 方法进行了分词，并把结果放入 wordsInSentence 变量中。

在此基础上，用第 14 行的 corpora.Dictionary 方法生成了字典，通过第 18 行和第 19 行的 for 循环计算词典中每个词语出现的频率（即词频），再通过第 21 行和第 22 行代码，根据词频，计算各词的逆词频，由此完成了基于词频 - 逆频率（TF-IDF）的向量化操作。

本范例的运行效果如下所示，第 1 行输出的是根据分词结果产生的词典，字典里每个词都对应了一个唯一 ID。第 2 行输出了字典中每个词出现的频率，即词频。第 3 行输出的结果表示向量化结果的 TF-IDF 值。

```
1  词典: {'Python': 0, '在': 1, '学习': 2, '我': 3, '代码': 4, '优质': 5, '写出': 6, '是': 7, '的': 8, '目标': 9, '实践': 10, '提升': 11, '水平': 12, '编程': 13, '通过': 14, '深度': 15, '知识': 16}
2  词频: [[(0, 1), (1, 1), (2, 1), (3, 1)], [(3, 1), (4, 1), (5, 1), (6, 1), (7, 1), (8, 1), (9, 1)], [(10, 1), (11, 1), (12, 1), (13, 1), (14, 1)], [(1, 1), (2, 2), (3, 1), (15, 1), (16, 1)]]
3  tf-idf 值: [[(0, 0.8050225131792899), (1, 0.40251125658964493), (2, 0.40251125658964493), (3, 0.16705726536655122)], [(3, 0.08441677254117616), (4, 0.4067910619539494), (5, 0.4067910619539494), (6, 0.4067910619539494), (7, 0.4067910619539494), (8, 0.4067910619539494), (9, 0.4067910619539494)], [(10, 0.4472135954999579), (11, 0.4472135954999579), (12, 0.4472135954999579), (13, 0.4472135954999579), (14, 0.4472135954999579)], [(1, 0.2755306499415275), (2, 0.551061299883055), (3, 0.11435555192640605), (15, 0.551061299883055), (16, 0.551061299883055)]]
```

9.2.2　基于向量化的相似度分析

为了让大家进一步了解向量化的含义，下面介绍一个基于向量化的相似度分析案例。

下面的 SimliarByToken.py 范例会首先根据分词结果，得出各语句所包含分词的 TF-IDF 值，并在此基础上判断各语句之间的相似度，从中大家能直观地感受到向量化在文本分析场景的一种用法。

```
1  from gensim import corpora, models, similarities
2  import jieba
3  s1 = '我学习深度学习'
4  s2 = '通过实践学习深度学习'
5  s3 = '我喜欢旅游'
6  sentences = [s1, s2,s3]
```

```
7   compared = '程序员学习编程'
8   texts = [jieba.lcut(text) for text in sentences]
9   dict = corpora.Dictionary(texts)
10  num_features = len(dict.token2id)
11  corpus = [dict.doc2bow(text) for text in texts]
12  tfidf = models.TfidfModel(corpus)
13  newVec = dict.doc2bow(jieba.lcut(compared))
14  # 计算相似度
15  index = similarities.SparseMatrixSimilarity(tfidf[corpus], num_features)
16  values = index[tfidf[newVec]]
17  for i in range(len(values)):
18      print('与第 ',i+1,' 句话的相似度为: ', values[i])
```

本范例在第 3 ~ 5 行定义了 3 个语句，随后在第 7 行代码里定义了待比较的语句。

为了对比相似度，先通过第 8 行代码，对 3 个词句进行了分词操作，并通过第 12 行代码计算了各分词的 TF-IDF 值，即对 3 个语句进行了向量化操作。

随后，通过第 13 行代码，先对 compared 对象进行了分词操作，并用 dict.doc2bow 方法，也把分词结果转换成向量。

完成对所有语句的向量化操作后，再用第 15 行代码，通过 similarities.SparseMatrixSimilarity 方法，计算 compared 和 3 句话之间的相似度。随后，再用第 16 ~ 18 行代码，输出了 3 句话和 conpared 对象之间的相似度结果，本范例的输出结果如下。

```
1   与第 1 句话的相似度为: 0.8164966
2   与第 2 句话的相似度为: 0.45080158
3   与第 3 句话的相似度为: 0.0
```

从中大家能看到，相似度是一个 0 ~ 1 之间的数值，该数值越接近于 1，则表示两句话之间越相似。由于前两句话和待比较的 compared 都涉及"编程"，所以它们之间有一定的相似度，而第三句话的主题是"旅游"，所以和 compared 语句的相似度是 0。

此外请大家特别注意，本文相似度比较，以及后文提到的针对文本的其他操作，其基础是"向量化"，毕竟计算机是无法直接识别文本类型的输入数据的。

9.2.3　深入了解词嵌入和词向量

为了能让深度学习的计算机模型更好地理解一个字或词组，需要把它们定义成包含多个维度的词向量。图 9.1 给出了针对多个词组的词向量的表现形式。

	动物维度	交通工具维度	情感维度	自然科学维度	计算机科学维度	其他维度
猫	0.7	0	0.8	0.2	-0.5	…
机器学习	-0.5	0	0	0.4	0.8	…
狗	0.7	0.1	0.8	0.2	-0.5	…
编程语言	-0.5	0	0	0.4	0.9	…
其他词组	…	…	…	…	…	…

图 9.1　词向量样式效果图

举个例子，"猫"这个字，可以在"动物"等维度上定义具体的向量值，有相关性的，向量值高些，反之就低。从图 9.1 中可以能看到，"猫"这个字在"动物"维度的向量值绞高，在

"计算机科学"等不相干维度的取值就低。

这里是用 5 个维度来模式给出的字或词组,事实上词向量的维度越高,越能在不同语境里描述该字或词组的相关性,越能让深度学习等模型更加全面和精确地了解其含义。

比如,某资料库包含了 5000 个常用词组,每个词组用 100 维向量表示,那么就可以用 5000×100 维度的向量来描述这些词组,这个向量也叫作"词汇表"。

词嵌入要做的事情,就是把分析所要用到的词汇,转换成一个向量空间,这个向量空间的维度越大,那么越能在更多的场景定义该词的相关性。

把词转换成向量空间的算法有上文提到的"词频 - 逆频率"方法,还有下文提到的"FastText 模型"等算法。图 9.2 给出了把词组经词嵌入算法转换成词向量的效果图。

词汇表里的词组	词嵌入	动物维度	交通工具维度	情感维度	自然科学维度	计算机科学维度	其他维度
猫		0.7	0	0.8	0.2	-0.5	…
机器学习		-0.5	0	0	0.4	0.8	…
狗	"词频-逆频率"	0.7	0.1	0.8	0.2	-0.5	…
编程语言	或	-0.5	0	0	0.4	0.9	…
其他词组	基于FastText	…					…

图 9.2　把词汇转换成词向量的效果图

9.2.4　基于 FastText 模型的词嵌入

这里将用到基于 Gensim 库的 FastText 模型来实现词嵌入,这个过程包含了若干数学原理,不过在初学阶段,大家可以直接通过调用模块的 API 方法来实现词嵌入动作。

Gensim 是一个支持自然语言处理的第三方工具包,它不仅支持 TF-IDF 等分词方法,还支持基于"词嵌入"的这种"文本向量化"功能,比如其中的 FastText 模型能实现词嵌入功能。

词嵌入和前文提供的基于词频 - 逆频率实现向量化的方式相比,基于 FastText 模型在实现词嵌入时,会使用当下现成的 Skip-Gram 等深度学习算法训练本文,训练时还会用到一些现成的语料库,训练后可以得到向量化结果。

下面的 WordEmbeddingByFT.py 范例将演示用 Gensim 库 FastText 模型进行词嵌入的做法,该范例会输出两类数据,第一,输出指定词组向量化之后的结果;第二,输出包含整句语句所有词组向量化数值的矩阵,该范例的代码如下。

```
1  import numpy as np
2  from gensim.models import FastText # 引入 FastText 模型
3  import jieba
4  # 待分析的雨具
5  texts = [" 词嵌入是向量化的一种实现方式 ",
6            " 深度学习当前得到了广泛的应月 ",
7            "Python 的 Pytorch 库是深度学习的一种实现框架 ",
8            " 我在学习 Pytohn 和 Java 等编程语言 "]
9  # 包含分词结果的对象
10 cut_results = []
11 # 分词
12 for sentence in texts:
13     one_cut_result = jieba.lcut(sentence)
```

```
14        print(one_cut_result)
15        cut_results.append(one_cut_result)
```

这里，在第 5 行定义了用于分析的 texts 对象，其中包含了 4 句话，随后，用第 12 行的 for 循环对这 4 句话做了分词操作，并把分词结果放入到 cut_results 对象中，这里的分词操作是后续进行词嵌入的前提。

```
16  # 用 FastText 训练模型
17  model = FastText(min_count=1,vector_size=1, workers=5,epochs=10,sg=1,hs=1)
18  model.build_vocab(cut_results)
19  model.train(cut_results,epochs=model.epochs, total_examples=model.corpus_total_words)
```

以上代码是用 FastText 模型实现词嵌入动作的关键，具体是，先用第 17 行代码创建了一个 FastText 词嵌入分析模型，再用第 18 行的 model.build_vocab 方法，构建模型分析时所需要用到的词汇表。在此基础上，再通过第 19 行的 model.train 方法，用分词结果，结合第 18 行生成的词汇表，经过训练后生成针对第 5 行创建的 texts 对象的向量化数据。

表 9-1 整理了第 17 行创建 FastText 模型的参数及其含义。本范例通过设置参数，指定了实现词嵌入模型的具体工作方式。

表 9-1　FastText 方法常用参数说明列表

参　数　名	含　　义
min_count	忽略出现频率小于该值的词组，即出现频率小于该数值的词组不会被向量化
vector_size	该词组被向量化的维度，如取值是 10，就会计算 10 个维度的向量值
workers	模型训练时所用的线程数
epochs	在进行词嵌入时训练的轮数
sg	模型在进行词嵌入时所用的算法，取值为 1 时使用的是 Skip-Gram 算法，为 0 时使用的是 CBOW 算法。大多数场景可以不用设置该值，而使用默认值
hs	指定具体用到的模型种类，1 表示采用 Hierarchical Softmax 模型，0 表示采用负采样模型。也可以不设置该值，使用默认值

结合第 17 行代码及表 9-1 中给出的各参数含义，这里所用的词嵌入模型将忽略出现词频小于 1 的词组，即针对所有词组进行词嵌入操作，只在一个维度进行向量化操作。如果在其他场景下，语句将会在多个向量空间上被分析，可以通过该参数指定其他词嵌入的维度。

这里创建的模型用到的是 Skip-Gram 算法和 Hierarchical Softmax 模型，训练时将迭代 10 次，用 5 个线程来训练。

```
20  # 用训练好的模型，获取指定词的词向量，该向量有 vector_size 指定的维度
21  embeddingWord = model.wv[" 学习 "]
22  print(embeddingWord)
```

用第 19 行的 model.train 方法训练好模型后，可以用第 21 行代码输出指定词组的词嵌入向量化数值结果，并通过第 22 行代码输出该结果，这里的输出结果如下，由于创建模型时 vector_size 参数的取值为 1，所以这里只在一个维度上进行词嵌入操作。

```
[0.34833705]
```

以上是通过 model.wv 方法，输出了单个词组的向量化数值，而下面的代码则是计算并输出了包含整句语句的词嵌入结果的矩阵。

```
23  # 存储所有词组的对象
24  words_list = [word for word in model.wv.key_to_index]
25  print(words_list)
26  word_index = {" ":0}
27  word_vector = {}
28  embeddingMatrix = np.zeros((len(words_list)+1,model.vector_size))
29  for index in range(len(words_list)):
30      word = words_list[index]
31      word_index[word] = index + 1
32      word_vector[word] = model.wv[word]
33      embeddingMatrix[index+1] = model.wv[word]
34  # 输出比较大，可以解开该语句，观察包含词嵌入结果的矩阵
35  #print(embeddingMatrix)
```

具体的做法是，先通过第 24 行代码得到了模型里所有的词组，再通过第 28 行代码，先创建了一个用于包含所有词组的矩阵对象，创建时先用 np.zeros 方法全填充为 0，在此基础上，再通过第 29 行的 for 循环，在矩阵里填充每个词组的词嵌入对象。

最后，大家可以通过打开第 35 行的注释，观察整句语句的词嵌入结果，该结果输出篇幅比较长，这里就不再给出具体结果。

大家在通过上述范例学习基于 FastText 的词嵌入动作后，应当了解下列几个要点。

（1）FastText 是 Gensim 库提供的可用于词嵌入计算的模型。

（2）创建该模型时，能通过输入各个参数，定义词嵌入的各种细节操作，尤其是能通过 min_count 参数过滤掉出现频次过低的词组，能通过 vector_size 参数定义词嵌入的输出维度。

（3）基于 FastText 实现词嵌入的模型，由于已经包含了诸多算法和语料库，所以能有效地根据分词结果得到各词嵌入的结果，该模型就可以用于计算单个词组的向量化结果，也可以用矩阵的形式输出整句话的向量化结果。

9.2.5　基于词嵌入的相似度分析

词嵌入是文本向量化的一种实现方式，具体来说，词嵌入要做的事情是把分词好的结果，嵌入到多维向量空间里。

9.2.4 节中的 WordEmbeddingByFT.py 范例演示了用 FastText 模型进行词嵌入的做法，在此基础上，大家还能用训练好的 FastText 模型来对比文本的相似度。

用词嵌入的结果来判断文本相似度的原理是，相关词汇已经转换成多维空间的向量值，这些向量值之间是可以用数学方法计算距离的，距离越近的向量值，对应的词汇之间的相似度就越高。

在代码层面，可在 WordEmbeddingByFT.py 范例的最后添加如下两条代码。其中 model 是已经训练过的用于词嵌入的模型，在第 1 行代码里，通过该模型的 wv.most_similar 方法，获取并输出和"深度"这个词组相似的其他词组，第 2 行代码是比较并输出"深度"和"广泛"这两个词组的相似度。

```
1  print(model.wv.most_similar("深度"))
2  print(model.wv.similarity("深度","广泛"))
```

这两条代码的输出结果如下,其中第 1 行输出了和"深度"相似的其他词组,如果相似度是 1,表示正向相似,如果是 -1,则表示反向相似。而第 2 行则输出了两个词组的相似度,从中能看到它们是完全正向相似。

```
1  [('向', 1.0), ('了', 1.0), ('Java', 1.0), ('在', 1.0), ('库是', 1.0), ('广泛',
1.0), ('词', 1.0), ('实现', -1.0), ('框架', -1.0), ('我', -1.0)]
2  1.0
```

9.3　基于卷积模型的情感分析

情感分析的输入是一句话或若干词组,输出是正向或反向的情感,正向表示同意或赞同某个事物或观点,反向则表示否定或不满。

本节将使用 Imdb 电影影评数据集,在对该数据集的文字进行分词处理后,用现有的词汇表,把分词转换成词嵌入形式的向量,再用卷积神经网络模型训练已被转换成向量形式的 Imdb 数据,在此基础上再用训练好的模型预测新文字的情感含义。

9.3.1　Imdb 数据集介绍

Imdb 数据集包含的是影评文字,其中训练集有 25000 条数据,积极和消极类型的评论各 12500 条;测试集也有 25000 条评论,也包含了 12500 条积极和消极的评论文字数据。

由于该数据集里包含了积极(也称正面)和消极(也称负面)等文字,所以也可以把该数据集称为"情感数据集"。可到 http://ai.stanford.edu/~amaas/data/sentiment/ 等网站下载该数据集,本节讲解的代码里也包含了该数据集。

下载并解压缩 Imdb 数据集后,能看到如图 9.3 所示的目录结构,其中数据集包含在 aclimdb_v1 目录里,该目录包含了 test 和 train 两个子目录,其中分别包含了测试集和训练集的数据。

在测试集 test 目录和训练集 train 目录里,又分别包含了 neg 和 pos 两个子目录,其中分别包含了消极和积极的评论文字数据。

再展开 test 测试集目录下的 neg 子目录,能看到如图 9.4 所示的消极(负面)的影评数据。

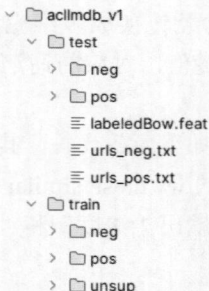

图 9.3　Imdb 数据集目录结构示意图　　　　图 9.4　测试集下的消极影评数据示意图

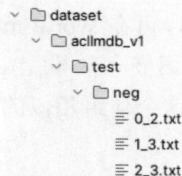

124

打开第一条名为 0_2.txt 的文件，能看到以下包含消极含义的影评文字。

```
1   Once again Mr. Costner has dragged out a movie for far longer than necessary. 省
略其他文字…
```

再打开其他文件，能看到其中也包含了其他影评。上文已经提到，如果该文件是在 pos 子
目录里，就说明该影评是"积极"或"正面"的；如果文件是在 neg 子目录里，那么该条影评是
"消极"或"负面"的。

9.3 节将要讲述的基于卷积模型的情感分析案例中，训练模型所用的特征值是 0_2.txt 等文件
里包含的影评文字，目标值是该文件所对应的"积极（pos）"或"消极（neg）"特性。

经过训练后的模型在接收到其他输入文字后，就能"预测"出该段文字的情感特性，具体来
说，能预测出该段输入的新文本是"积极"还是"消极"的。

9.3.2　用 GloVe 库实现向量化

在本章之前给出的范例中，是用"词频 - 逆频率"的方式对分词结果进行向量化处理的，但
在本情感分析案例中，是用现有的 GloVe（Global Vectors for Word Representation）词向量库来进
行向量化处理的。

比如，某影评里包含了"movie"和"necessary" 等分词，而在 GloVe 库里已经包含了这两
个单词的向量值，那么就无须再用"词频 - 逆频率"等方式把分词结果转换成词向量，而可以直
接用单词在 GloVe 库里的现成向量值。

Imdb 数据集里的影评文字，在用于训练模型前，也进行了分词和向量化的流程，具体动作
如图 9.5 所示。

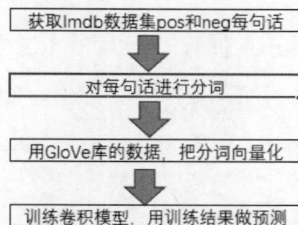

图 9.5　分词和向量化处理的流程图

上文提到的 GloVe 词向量库，可以从官网 http://nlp.stanford.edu/projects/glove/ 下载，本章所
包含的代码也包含了这个词向量库。

9.3.3　nn.Embedding 与卷积模型

前面的章节给出了用卷积神经网络训练并预测图片的案例，事实上卷积模型也可以用在文本
分析场景。

具体来说，模型里的卷积层可以用不同长度的卷积核对向量化的文本进行滑动，由此来提
取文本的特征，而池化层能有效降低特征的维度，从而让模型能提取出一些重要特征。在此基础

上，全连接层能根据语义把文本分类成"积极"或"消极"等种类，以此完成情感分析动作。

在搭建文本相关的卷积模型时，可以使用 Pytorch 框架给出的 nn.Embedding 模块，该模块的作用是把整数序列转换为向量。Embedding 的中文含义是"嵌入"，而词嵌入则是计算词向量的一种方式，所以这里大家可以理解成，用 nn.Embedding 模块来接收并处理词向量。

nn.Embedding 模块有两个重要参数，其中 num_embeddings 参数可以表示待处理的词向量个数，而 embedding_dim 参数则表示每个词向量的维度。

每个词在不同的场景里含义不同，从词嵌入角度来看，卷积模型在训练后，nn.Embedding 模块里不同的词向量在不同维度里的值也不同，由此能更好地根据新文本所在的场景做出预测。

本范例所用到的卷积模型如下代码所示，在第 6 行的 EmbeddingCNN 类里定义了卷积模型，其中包含了由 nn.Embedding 模块定义的输入层和隐藏层、卷积层和池化层，以及月于对外输出的全连接层。

```
1   class WordMaxPool1d(nn.Module):
2       def __init__(self):
3           super(WordMaxPool1d, self).__init__()
4       def forward(self, x):
5           return F.max_pool1d(x, kernel_size=x.shape[2])
6   class EmbeddingCNN(nn.Module):
7       def __init__(self, vocab,embeddingSize,  channelNums, kernelSizes):
8           super(EmbeddingCNN, self).__init__()
9           # 输入层
10          self.embedding = nn.Embedding(len(vocab), embeddingSize)
11          # 隐藏层
12          self.hidden = nn.Embedding(len(vocab), embeddingSize)
13          # 线性层
14          self.linear = nn.Linear(sum(channelNums), 2)
15          # 池化层
16          self.pool = WordMaxPool1d()
17          # 多个卷积层
18          self.embeddingConvs = nn.ModuleList()
19          for outChannel, kernelSize in zip(channelNums, kernelSizes):
20              self.embeddingConvs.append(nn.Conv1d(in_channels =2 * embeddingSize,
out_channels = outChannel, kernel_size = kernelSize))
21      def forward(self, input):
22          embedding_values = torch.cat(( self.embedding(input), self.hidden(input)), dim=2)
23          # 转换成 1 维通道
24          embedding_values = embedding_values.permute(0, 2, 1)
25          # 经卷积层处理
26          encoding = torch.cat([self.pool(F.relu(conv(embedding_values))).squeeze(-1) for conv in self.embeddingConvs], dim=1)
27          # 经全连接层处理后，输出分类结果
28          output = self.linear(encoding)
29          return output
```

如果用 print 语句输出该模型的结构，大家能看到如下结果。

```
1   EmbeddingCNN(
```

```
2       (embedding): Embedding(2, 50)
3       (hidden): Embedding(2, 50)
4       (linear): Linear(in_features=150, out_features=2, bias=True)
5       (pool): WordMaxPool1d()
6       (embeddingConvs): ModuleList(
7         (0): Conv1d(100, 50, kernel_size=(3,), stride=(1,))
8         (1): Conv1d(100, 50, kernel_size=(4,), stride=(1,))
9         (2): Conv1d(100, 50, kernel_size=(5,), stride=(1,))
10      )
11  )
```

在定义该卷积模型时，请大家注意以下几个要点：

（1）该卷积模型同样是在第 7 行的 __init__ 方法里定义了构成组件，在第 21 行的 forward 方法里定义了数据传输走向。

（2）上述代码在第 10 ~ 12 行，用 nn.Embedding 模块定义了输入层和隐藏层，其中的参数是由外部传入的，需要与输入的 Imdb 数据集的数据保持一致。

（3）该模型中用到的池化层是在第 1 行定义的，这里用到的是 1 维池化层。

（4）用第 19 行的 for 循环定义了 3 个卷积层，用于滑动文本，归纳特征，这里卷积层所包含的参数也是由外部传入的，也需要与 Imdb 数据集的词嵌入维度等参数保持一致。

9.3.4　训练模型，预测新文本的情感

下面的 EmotionAnalysis.py 范例给出了情感分析的全部实现代码，如上文所述，本范例用到了 Imdb 影评数据集，以及包含在 GloVe 库里的经预处理过的词向量库，在具体分析时，用到的是包含 nn.Embedding 模块的卷积神经网络。本范例代码比较长，这里将分段进行讲解。

```
1   import os
2   import torch
3   from torch import nn
4   import torchtext.vocab as Vocab
5   import torchtext
6   import torch.utils.data as Data
7   import torch.nn.functional as F
8   import collections
9   def getTokens(text):
10      return [token.lower() for token in text.split('\n')]
11  # 通过截断或填充，统一长度，便于训练
12  def extend(word):
13      length = 300
14      if len(word) > length:
15          return word[:length]
16      else:
17          return word + [0] * (length - len(word))
18  def handle_imdb_data(data, vocab):
19      tokens = [getTokens(token) for token, _ in data]
20      features = torch.tensor([extend([vocab.stoi[word] for word in words]) for
words in tokens])
```

```
21        targets = torch.tensor([score for _, score in data])
22        return features, targets
23 batch_size = 80
24 # 获取训练集
25 train_data = []
26 for label in ['pos', 'neg']:
27        dir_name = os.path.join("./dataset/aclImdb_v1", "train", label)
28        for file in os.listdir(dir_name):
29            with open(os.path.join(dir_name, file), 'rb') as f:
30                decoded_data = f.read().decode('utf-8')
31                train_data.append([decoded_data.lower(), 1 if label == 'pos' else 0])
32 # 获取分词
33 tokenized_data = [getTokens(token) for token, _ in train_data]
34 countNum = collections.Counter([token for sentence in tokenized_data for token
in sentence])
35 # 去掉出现次数少于 5 次的分词
36 vocab_for_imdb=torchtext.vocab.Vocab(countNum, min_freq=5)
37 # 预处理数据
38 train_set = Data.TensorDataset(*handle_imdb_data(train_data, vocab_for_imdb))
39 train_dataloader = Data.DataLoader(train_set, batch_size, shuffle=True)
```

在以上代码里，先通过第 26 ～ 31 行加载了 Imdb 数据集里的训练集，具体来说，是遍历
了 ./dataset/aclImdb_v1/train 目录下的 pos 和 neg 这两个子目录，并把其中的数据经由 utf-8 编码
转换成小写后，放入 train_data 对象。

随后，通过第 33 行代码得到了 Imdb 数据集里的分词，并把分词结果放入 tokenized_data 对
象里。为了提升训练的正确率，在得到分词结果后，用第 34 ～ 36 行代码，通过调用 getTokens
等方法，过滤掉了出现次数小于 5 次的分词。

随后，用第 38 行代码，通过调用 handle_imdb_data 方法，对训练集数据做了预处理，具体
是把分词结果划分成特征值，把 pos 或 neg 结果划分成目标值。同时，为了便于模型训练，还统
一了特征值的长度。

在此基础上，为了便于之后的分批训练，还用第 39 行代码把数据以一批 80 个的长度加载到
train_dataloader 对象，每批加载的样本数据个数，是定义在第 23 行代码里。至此，完成训练前
的数据准备工作。

```
40 # 这里是定义池化层和卷积神经网络
41 # 代码前文已经给出，这里就不再重复讲解
42
43 # 从已训练好的 vocab 里提取对应的词向量
44 def get_GloVe_wordembed(words, glove_vocab):
45        wordEmbed = torch.zeros(len(words), glove_vocab.vectors[0].shape[0]) # 初始化为 0
46        for i, word in enumerate(words):
47            # 如果找到则使用现成的，如果找不到就不用
48            try:
49                index = glove_vocab.stoi[word]
50                wordEmbed[i, :] = glove_vocab.vectors[index]
51            except KeyError:
52                pass
53        return wordEmbed
```

```
54 embeddingSize = 50
55 kernelSizes = [3, 4, 5]
56 channelNums = [embeddingSize, embeddingSize, embeddingSize]
57 # 定义模型
58 model = EmbeddingCNN(vocab_for_indb,embeddingSize, channelNums, kernelSizes)
59 print(model)
60 # 导入现有的词向量
61 glove_vocab = Vocab.GloVe(name='6B', dim=embeddingSize,cache=os.path.
join("dataset", "glove"))
62 # 把现成的词向量导入模型，以便训练
63 model.embedding.weight.data.copy_(
64     get_GloVe_wordembed(vocab_for_imdb.itos, glove_vocab))
65 model.hidden.weight.data.copy_(
66     get_GloVe_wordembed(vocab_for_imdb.itos, glove_vocab))
```

以上通过第 58 行代码定义了卷积模型。在定义模型时，需要传入的参数包括 Imdb 数据集里的分词、词嵌入的维度、卷积模型里的通道数量和卷积核的长度。

具体来说，模型所用的词嵌入的维度值是 50，表示一个分词将在 50 个维度里计算向量值。在模型里需要定义 3 个卷积层，卷积层的通道数量和词嵌入的维度数量需要保持一致，而这 3 个卷积层的卷积核数量分别是 3、4 和 5。

定义模型后，在第 61 行代码里，通过调用 Vocab.GloVe 方法装载 GloVe 库的词向量。装载后，通过第 63 ～ 65 行代码，把这些词向量载入模型的 embedding 和 hidden 这两层。这里其实也包含了 "迁移学习" 的思想，载入后，模型就能在预处理数据的基础上继续训练。

完成上述准备工作后，开始用 Imdb 训练模型。

```
67 num_epochs = 5
68 optimizer = torch.optim.Adam(model.parameters(), lr=0.001)
69 criterion = nn.CrossEntropyLoss()
70 for epoch in range(num_epochs):
71     total_loss = 0.0
72     for feature, target in train_dataloader:
73         output = model(feature)
74         loss = criterion(output, target)
75         optimizer.zero_grad()
76         loss.backward()
77         optimizer.step()
78         total_loss += loss.item()
79     print('Epoch %d, loss %.4f' % (epoch + 1, total_loss/ batch_size))
```

以上通过第 70 行和第 72 行的双层 for 循环来训练模型。外层 for 循环将遍历 5 次，即训练 5 轮，每轮训练完成后，会用第 79 行代码输出本轮训练所对应的损失值。

这里训练模型的过程和之前范例中的很相似，具体体现在第 72 行的内层 for 循环里。

在训练过程中，先用第 73 行代码得到当次训练的值，再用第 74 行代码，用于 nn.CrossEntropyLoss 方法计算得到的损失值，在此基础上，再通过第 76 行和第 77 行代码，向前传递损失值，以此来优化模型的参数。

```
80 predict_sentence = ['I', 'feel', 'it', 'is', 'good']
81 words = torch.tensor([vocab_for_imdb.stoi[word] for word in predict_sentence])
```

```
82 predict_result = torch.argmax(model(words.view((1, -1))), dim=1)
83 print('positive' if predict_result.item() == 1 else 'negative') #Result is positive
```

训练结束后，用第 82 行代码预测新文本的情感状态，预测完成后，通过第 83 行代码输出预测的结果。该条语句的输出是"positive"，结合第 80 行给出的文本内容，能发现该次预测的结果符合语义。

9.4　基于循环神经网络的情感分析

在情感分析和机器翻译等自然语言处理场景，在分析某个词组的含义时，有必要结合上下文场景。比如有句话，"我在学习深度学习，这些知识点很有帮助"，只有结合上下文，才能知道这里提到的"知识点"是属于"深度学习"。

不过，传统人工神经网络中的每个节点，只能与上一层、下一层的节点打交道，未必能全面结合上下文场景分析。因此，可以在一些自然语言处理场景中引入"循环神经网络"模型。

9.4.1　单向神经网络

传统神经网络的数据流向如图 9.6 所示，其中数据传输是单向的，计算当前节点的数值时，一般只需要考虑上层节点的数值。

相比之下，循环神经网络（RNN）每个节点除了可以接受上游节点数据，还可以压循环的方式接受并处理序列数据，由此形成一个环路的循环结构，其数据处理效果如图 9.7 所示。

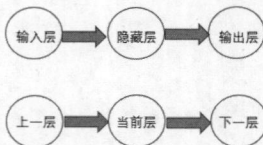

图 9.6　传统神经网络的数据传输流程图

图 9.7　循环神经网络的数据传输流程图

比如，循环神经网络中的某个节点要处理"我 正在 学习 循环神经网络"这个文本序列，该节点在处理好第一个分词结果"我"之后，会把处理结果乘以某个权重值，作为后一次处理"正在"这个分词的输入的一部分，以此类推，具体效果如图 9.8 所示。

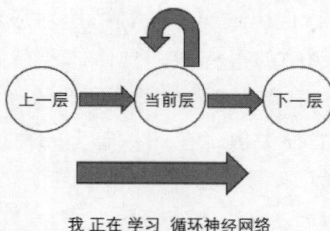

我 正在 学习 循环神经网络

图 9.8　某节点循环处理序列数据的效果图

从中大家可以看到，循环神经网络可以用节点循环地处理序列或其他类型的数据，也就是说，可以把当次处理的输出结果作为下次的一部分的输入数据。这样一来，在自然语言处理场景中，就可以有效地结合上下文，对某个词组进行分类等操作。

9.4.2　双向神经网络

单向循环神经网络能让其中的节点以循环的方式处理某个序列，在此基础上，如果为每个节点再叠加一个以循环方式反向处理序列的节点，就构成了双向循环神经网络（BiRNN）。

双向循环神经网络中成对处理序列的节点样式如图 9.9 所示。比如还是这个文本序列"我 正在 学习 循环神经网络"，其中一个节点是从正向的"我"开始处理，而另一个节点是从反向的"循环神经网络"开始处理。

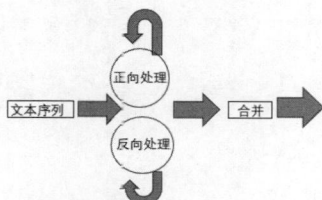

图 9.9　双循环处理序列的效果图

在自然语言处理场景中，相比于单向循环神经网络，在原来单向循环神经网络的节点位置，双向循环神经网络均是用成对的节点，从两个方向以循环的方式处理序列，这样就能在分析某个分词的含义时，更加有效地利用前后上下文的分析结果。

当然，相比之下，双向循环神经网络的数据训练和数据分析的代价也会高于单向循环神经网络。所以在自然语言处理场景中，如果算力资源不充足，一般会先考虑使用单向循环神经网络；如果算力足够，那么可以考虑使用分析效果更好的双向循环神经网络。

9.4.3　基于双向神经网络的情感分析

本节将用 RNNEmotionAnalysis.py 范例，演示用双向神经网络进行情感分析的做法，该范例的要点归纳如下。

（1）沿用上文用到的 Imdb 情感数据集，该数据集里包含了正向积极和反向消极的影评文字数据。

（2）在文本向量化方面，沿用上文提到的 GloVe（Global Vectors for Word Representation）词向量库来进行向量化处理。

（3）其文本处理和情感分析的流程与 9.3 节给出的 EmotionAnalysis.py 范例很相似，区别是本节用双向神经网络模型训练并做出预测，而 9.3 节给出的案例是用卷积神经网络模型。

该范例的代码如下。

```
1  import os
2  import torch
3  from torch import nn
```

```
4    import torchtext.vocab as Vocab
5    import torchtext
6    import torch.utils.data as Data
7    import collections
8    def getTokens(text):
9        return [token.lower() for token in text.split('\n')]
10   # 通过截断或填充，统一长度，便于训练
11   def extend(word):
12       length = 300
13       if len(word) > length:
14           return word[:length]
15       else:
16           return word + [0] * (length - len(word))
17   def handle_imdb_data(data, vocab):
18       tokens = [getTokens(token) for token, _ in data]
19        features = torch.tensor([extend([vocab.stoi[word] for word in words]) for
words in tokens])
20       targets = torch.tensor([score for _, score in data])
21       return features, targets
22   batch_size = 80
23   # 获取训练集
24   train_data = []
25   for label in ['pos', 'neg']:
26       dir_name = os.path.join("./dataset/aclImdb_v1", "train", label)
27       for file in os.listdir(dir_name):
28           with open(os.path.join(dir_name, file), 'rb') as f:
29               decoded_data = f.read().decode('utf-8')
30               train_data.append([decoded_data.lower(), 1 if label == 'pos' else 0])
31   # 获取词汇
32   tokenized_data = [getTokens(token) for token, _ in train_data]
33   countNum = collections.Counter([token for sentence in tokenized_data for token
in sentence])
34   # 去掉出现次数少于 5 次的分词
35   vocab_for_imdb=torchtext.vocab.Vocab(countNum, min_freq=5)
36   # 预处理数据
37   train_set = Data.TensorDataset(*handle_imdb_data(train_data, vocab_for_imdb))
38   train_dataloader = Data.DataLoader(train_set, batch_size, shuffle=True)
```

在上述代码里，通过第 24 ～ 38 行获取 Imdb 数据集的训练集数据，并把数据转换成了词向量。

具体来说，用第 25 行和第 27 行的双层 for 循环，得到了该数据集了 pos（积极）和 neg（消极）两部分数据，并通过第 32 行代码把文本转换成了向量，用第 35 行代码去掉了向量里出现次数少于 5 次的数据，同时用第 37 行和第 38 行代码对向量数据进行了填充等预处理操作。

```
39   # 定义双向循环神经网络的类
40   class BiRNN(nn.Module):
41       def __init__(self, vocab, embed_size, num_hiddens, num_layers):
42           super(BiRNN, self).__init__()
43           self.embedding = nn.Embedding(len(vocab), embed_size)
44           # 用 LSTM 定义神经网络
```

```
45            # 通过设置 bidirectional 参数，定义双向
46            self.encoder = nn.LSTM(input_size=embed_size,
47                hidden_size=num_hiddens,
48                num_layers=num_layers, bidirectional=True)
49            # 定义线性层
50            self.decoder = nn.Linear(4 * num_hiddens, 2)
51        def forward(self, inputs):
52            embeddings = self.embedding(inputs.permute(1, 0))
53            outputs, _ = self.encoder(embeddings)
54            encoding = torch.cat((outputs[0], outputs[-1]), -1)
55            outs = self.decoder(encoding)
56            return outs
```

以上代码定义了双向循环神经网络的实现类，关键要点说明如下。

（1）在第 46 行，用 LSTM 对象定义了循环神经网络，并用第 48 行的 bidirectional 参数设置了该循环神经网络是双向的。

（2）第 51 行的 forward 方法定义了数据传递动作，由于该网络模型接收到的是（批量大小，词数）样式的二维张量，所以在第 52 行需要先把 inputs 输入值用 permute 方法转置处理后，交给 embedding 方法处理，在此基础上再开始训练，比如提取分词的特征。

（3）第 53 ～ 55 行代码是用循环节点，正向和反向地分析文本，根据其中的词向量及"积极或消极"的目标值，用文本的特征对模型进行训练。训练后通过第 56 行代码返回结果。

（4）在训练时，会用到 Glove 预先训练好的词向量，这个加载动作是在下面的第 75 行代码里完成。

```
57  # 从已训练好的 vocab 里提取对应的词向量
58  def get_GloVe_wordembed(words, glove_vocab):
59      wordEmbed = torch.zeros(len(words), glove_vocab.vectors[0].shape[0])  # 初始化为 0
60      for i, word in enumerate(words):
61          # 如果找到则使用现成的，找不到就不用
62          try:
63              index = glove_vocab.stoi[word]
64              wordEmbed[i, :] = glove_vocab.vectors[index]
65          except KeyError:
66              pass
67      return wordEmbed
68  embed_size, num_hiddens, num_layers = 100, 100, 2
69  model = BiRNN(vocab_for_imdb, embed_size, num_hiddens, num_layers)
70  print(model)
71  # 导入现有的词向量
72  glove_vocab = Vocab.GloVe(name='6B', dim=embed_size,
73                      cache=os.path.join("dataset", "glove"))
74  # 把现成的词向量导入模型，以便训练
75  model.embedding.weight.data.copy_(
76      get_GloVe_wordembed(vocab_for_imdb.itos, glove_vocab))
```

以上代码的主要动作是，用第 72 行代码获取基于 GloVe 的词向量，并用第 75 行代码，在之前定义的双向循环模型里加载这些词向量。

```
77  num_epochs = 5
```

```
78 optimizer = torch.optim.Adam(model.parameters(), lr=0.001)
79 criterion = nn.CrossEntropyLoss()
80 for epoch in range(num_epochs):
81     total_loss = 0.0
82     for feature, target in train_dataloader:
83         output = model(feature)
84         loss = criterion(output, target)
85         optimizer.zero_grad()
86         loss.backward()
87         optimizer.step()
88         total_loss += loss.item()
89     print('Epoch %d, loss %.4f' % (epoch + 1, total_loss/ batch_size))
```

以上代码实现了训练模型的动作，具体是，在第 77 ～ 79 行定义了训练轮数、训练时所用的优化器的损失函数，随后，在第 80 行开始用 for 循环进行训练。

训练时，先用第 83 行代码得到本次训练的输出值，再用第 84 行代码对比输出值和真实值，以此得到损失值，再用第 86 行和第 87 行代码前向传递损失值，更新模型里各节点的参数。每轮训练后，会用第 89 行代码输出本次训练的损失值。

```
90 predict_sentence = ['I', 'feel', 'it', 'is', 'good']
91 words = torch.tensor([vocab_for_imdb.stoi[word] for word in predict_sentence])
92 predict_result = torch.argmax(model(words.view((1, -1))), dim=1)
93 print('positive' if predict_result.item() == 1 else 'negative')
```

完成训练后，本范例用以上代码实现了预测的效果，具体是，用第 90 行代码定义了待预测的文本，用第 91 行代码把文本转换成张量，随后利用第 92 行代码，用模型预测了这句话的情感信息，并用第 93 行代码输出了预测结果。

本范例运行后，大家能看到控制台输出的每轮训练的损失值会逐渐减少，这说明模型经训练后会越来越精确，此外还能看到待预测文本的情感值是"positive"。

9.5 小结和预告

本章讲述了基于词向量和卷积的文本分析开发技能，具体来说，首先讲述了把文本转换成向量的分词和词嵌入技术，再讲述了基于模型的词嵌入知识点，最后再结合卷积模型和循环模型，讲述了针对影评数据集的情感分析案例。

在深度学习场景中，生成对抗网络被广泛地应用在生成图片和视频等场景中。第 10 章将以 MNIST 等数据集为例，在讲述相关概念的基础上，分析生成对抗网络在训练后拟合数据的实践要点。

第 10 章

基于生成对抗网络的图片识别实战

学习目标

- 掌握生成对抗网络的概念
- 掌握基于生成对抗网络的训练技巧
- 掌握用生成对抗网络识别图片的实战技巧

10.1　生成对抗网络概述

生成对抗网络简称是 GAN，全称是 Generative Adversarial Network，该模型在 2014 年由 Ian Goodfellow 首次提出。

该模型是由生成器和判别器两部分模型组成，这两部分在训练过程中相互对抗、相互优化，训练后用生成器来拟合样本数据。

10.1.1　用两个模型来对抗

之前提到的卷积神经网络等模型，是根据模型预测值和真实值的"损失值"来调整训练的方向。具体来说，在每轮训练结束后，会从后向前传递损失值，调整每个神经元节点的参数。而生成对抗网络模型则是通过生成器和判别器这两类模型的对抗，来提升模型训练的精度。

生成对抗网络里的生成器和判别器可以是卷积神经网络或其他结构的神经网络，其中生成器的输入是一个随机向量，在训练过程中，生成器会根据判别器的反馈，尝试生成能更好地拟合样本数据的结果，以此来更好地"欺骗"判别器。

而判别器则用来判别生成器生成的样本数据的真实性，具体来说，判别器会在经过（MNIST 等）数据集的训练后，给生成器生成的样本打分，该分值的含义是生成器生成样本时真实数据的概率。

也就是说，在每轮训练后，判别器返回的是一个取值为 0 ～ 1 的概率值，如果样本能很好地拟合真实数据，判别器返回的数值就越接近于 1，反之则越接近于 0。

在实际的使用场景中，这种生成器和判别器的"对抗"会持续多轮，可想而知，生成器一开始生成的结果质量不会很好，但经过多轮迭代训练后，生成器能根据判别器的反馈，生成越来越匹配真实样本的拟合结果。

10.1.2 生成器和判别器损失值的计算方式

生成对抗网络涉及生成器和判别器两大模型，所以在训练过程中，会涉及两类损失值。

在计算生成器在训练过程中的损失值时，会先让生成器根据随机输入的向量拟合一个样本，再由判别器用 MSE 等损失函数，计算该样本和"数值 1"的差别，以此得到生成器的损失值。

计算生成器损失值的流程如图 10.1 所示，请注意，这里是由判别器来计算生成器的损失值。判别器返回结果的含义是"是真实数据的概率"，这里计算损失值时和"数值 1"对比的用意是，让生成器生成的样本尽可能地拟合真实数据。

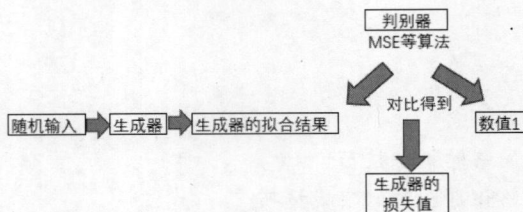

图 10.1 计算生成器损失值的示意图

生成对抗模型的判别器有两大作用，从正向角度讲，判别器要对接近于真实数据的样本返回一个接近于 1 的数值，以此来强化生成器的这种拟合数据的方式；从反向角度讲，判别器要对和真实数据无关的虚假样本返回一个接近于 0 的数值，从而让生成器抛弃这种拟合数据的方式。

出于这两种目的，判别器在训练过程中的损失值是由"针对真实数据的损失值"和"针对虚假数据的损失值"两部分组成的。

在计算"针对真实数据的损失值"时，判别器会根据真实数据拟合一个结果，再用 MSE 等损失函数计算该结果和"数值 1"的差别，由此让判别器能更好地识别出接近于真实数据的样本。

在计算"针对虚假数据的损失值"时，判别器会接收生成器的输出，并用 MSE 等损失函数计算该输出结果和"数值 0"的差别，由此让判别器能更好地识别出虚假的样本数据。

在得到以上两类损失值之后，再求它们的平均值，这样就能得到判别器的损失值，计算判别器损失值的流程如图 10.2 所示，再次注意，该值是由两部分的损失值求平均所得。

从计算损失值的角度来看，判别器会把生成器生成的结果和 0 比较，由此来严格地判定生成器生成样本的真实性，从而推动生成器优化内部模型的参数。

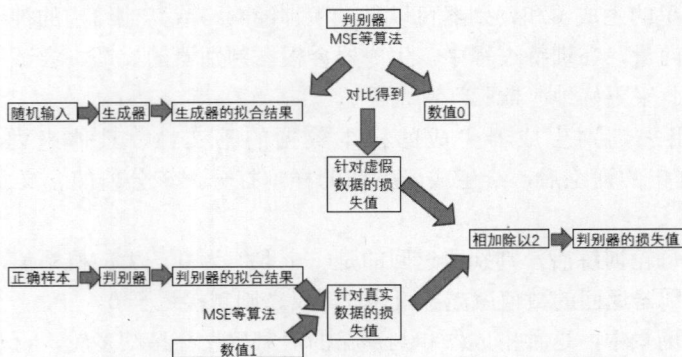

图 10.2 计算判别器损失值的示意图

10.1.3 生成对抗网络的训练过程

在训练生成对抗网络模型时，一般也是采用"多轮迭代训练"的方式，在每轮训练中，生成器和判别器会用上文提到的方法计算损失值，并把损失值由后往前"前向传递"，在这个过程中优化生成器和判别器模型的参数，每轮训练的具体动作如图 10.3 所示。

图 10.3 生成对抗网络每轮训练的具体动作

在每轮训练的过程中，判别器会从正向和反向两个角度优化自身甄别数据真实性的能力，并由此影响生成器的损失值，进而促使生成器不断提升生成真实样本的能力。这样的正向循环最终会让生成器生成的数据越来越接近真实值。

10.2 基于 MNIST 数据集的实战

MNIST 数据集是由 28×28 像素组成的手写数字图片，对应 0 ~ 9 这 10 个数字。下面将以生成对抗网络拟合 MNIST 手写数字图片的数据集为例，首先演示生成器和判别器在训练过程中的具体动作，随后再展示生成器拟合数据的效果。

10.2.1 训练过程和损失值

本节将结合 MNIST 数据集的具体情况，讲解用该数据集训练生成对抗网络的步骤和在训练过程中求取损失值的具体做法。

（1）整个训练过程可以分若干轮，每轮的动作如（2）和（3）所述。

（2）训练判别器，训练过程中的损失值是由正反两部分组成的。其中，正向损失值是由用真实数据训练的结果和真实结果对比所得，而反向损失值是由随机生成的图片和真实结果对比所得。完成训练判别器后，会有向前传递损失值和更新模型参数的动作。

（3）训练生成器，训练过程中会用随机的方式生成一个若干维度（比如 28×28 的 784 维）的向量，用该向量来拟合 MNIST 数据集的图片，并把该拟合交给判别器，由判别器判断是否真实，并据此结果返回一个损失值。完成训练后，同样有向前传递损失值和更新模型参数的动作。

（4）多轮训练中，判别器和生成器都在升级，判别器能更好地"验真"和"判假"，而生成器则能更好地拟合 MNIST 数据集中的真实结果。

10.2.2　训练与预测的代码分析

下面的 MNISTByGAN.py 范例演示了生成对抗网络经训练后拟合 MNIST 数据集的全部流程。整段代码比较长，将分段进行说明。

```
1   import torch
2   import torch.nn as nn
3   import torch.optim as optim
4   import torchvision.transforms as transforms
5   from torchvision.datasets import MNIST
6   from torch.utils.data import DataLoader
7   import matplotlib.pyplot as plt
8   z_dim = 784 # 生成随机图片的维度
9   size = 64 # 每批训练的数量
10  # 加载数据集，放入 dataloader
11  dataset = MNIST(root="dataset", transform=transforms.ToTensor(), download=False)
12  dataloader = DataLoader(dataset, batch_size=size, shuffle=True)
```

以上代码用来加载 MNIST 数据集，并把数据装载到 dataloader 对象里。

第一次运行时，可以把第 11 行 MNIST 方法的 download 参数设置成 True，这样会从远端下载该数据集并存放到本地 dataset 目录。之后运行时可以把该参数设置成 False，这样就不用再次下载，能直接从本地得到该数据集。

```
13  # 生成器和判别器
14  class Generator(nn.Module):
15      def __init__(self, z_dim, hidden_dim=128, output_dim=784):
16          super(Generator, self).__init__()
17          # 初始化模型各部分
18          self.linear1 = nn.Linear(z_dim, hidden_dim)
19          self.reLU1 = nn.ReLU()
20          self.linear2 = nn.Linear(hidden_dim, hidden_dim*2)
21          self.reLU2 = nn.ReLU()
22          self.linear3 = nn.Linear(hidden_dim * 2, output_dim)
23          self.Tanh = nn.Tanh()
24      def forward(self, x):
25          # 定义传播函数
26          x = self.linear1(x)
27          x = self.reLU1(x)
28          x = self.linear2(x)
29          x = self.reLU2(x)
30          x = self.linear3(x)
31          x = self.Tanh(x)
32          return x
```

以上代码用来定义生成器类。其中是在第 15 行的 __init__ 方法里定义了生成器的各组成部分，在第 24 行的 forward 方法里定义了数据往后传播的动作。

从以上代码中能看到，该生成器的输入是一个 z_dim 数值长度的向量，本代码里，z_dim 的取值是 784，输出也是一个 784 的向量。该生成器会用输入的长度为 784 的随机向量，拟合 MNIST 数据集里的由 784 像素组成的手写数字图片。

```
33 class Discriminator(nn.Module):
34     def __init__(self, input_dim=784, hidden_dim=128):
35         super(Discriminator, self).__init__()
36         # 初始化模型各部分
37         self.linear1 = nn.Linear(input_dim, hidden_dim * 2)
38         self.reLU1 = nn.ReLU()
39         self.linear2 = nn.Linear(hidden_dim * 2, hidden_dim)
40         self.reLU2 = nn.ReLU()
41         self.linear3 = nn.Linear(hidden_dim, 1)
42         self.sig = nn.Sigmoid()
43     def forward(self, x):
44         # 定义传播函数
45         x = self.linear1(x)
46         x = self.reLU1(x)
47         x = self.linear2(x)
48         x = self.reLU2(x)
49         x = self.linear3(x)
50         x = self.sig(x)
51         return x
```

以上代码用来定义判别器类。其中是在第 34 行的 __init__ 方法里定义了判别器各组成部分，在第 43 行的 forward 方法里定义了数据往后传播的动作。

从以上代码中能看到，该判别器的输入是一个 input_dim（784）数值长度的向量，输出是一个 1 维向量。该判别器会接受 784 长度的 MNIST 图片结果，返回一个 0 ～ 1 的表示概率的数值。

```
52 # 生成生成器和判别器的实例对象
53 generator = Generator(z_dim=z_dim)
54 discriminator = Discriminator()
55 # 设置训练相关的参数
56 optimForGen = optim.Adam(generator.parameters(), lr=0.001)
57 optimForDesc = optim.Adam(discriminator.parameters(), lr=0.001)
58 criterion = nn.BCELoss()
59 epochs_cnt = 50
60 sum_lossForDesc = 0
61 sum_lossForGen = 0
62 #开始训练
63 for epoch in range(epochs_cnt):
64     sum_lossForDesc = 0
65     sum_lossForGen = 0
66     for batch_idx, (realImages, _) in enumerate(dataloader):
67         batchSize = realImages.size(0)
68         realImages = realImages.view(batchSize, -1)
69         onesLabels = torch.ones(batchSize, 1)
70         zerosLabels = torch.zercs(batchSize, 1)
71         # 训练判别器
72         optimForDesc.zero_grad()
```

```
73      predsForPos = discriminator(realImages)
74      lossForPos = criterion(predsForPos, onesLabels)
75      noise = torch.randn(batchSize, z_dim)
76      fakeImages = generator(noise)
77      predsForNeg = discriminator(fakeImages.detach())
78      lossForNeg = criterion(predsForNeg, zerosLabels)
79      lossForDesc = (lossForPos + lossForNeg)/2
80      sum_lossForDesc = sum_lossForDesc + lossForDesc
81      lossForDesc.backward()
82      optimForDesc.step()
83      # 训练生成器
84      optimForGen.zero_grad()
85      noise = torch.randn(batchSize, z_dim)
86      fakeImages = generator(noise)
87      preds = discriminator(fakeImages)
88      lossForGen = criterion(preds, onesLabels)
89      sum_lossForGen = sum_lossForGen + lossForGen
90      lossForGen.backward()
91      optimForGen.step()
92   # 输出当轮训练的损失函数
93   print(f"Epoch [{epoch + 1}/{epochs_cnt}], Generator Loss: { sum_lossForGen.
item():.4f}, Discriminator Loss: {sum_lossForDesc.item():.4f}")
```

以上代码是用第 63 行和第 66 行的双层 for 循环，实现了训练生成对抗网络的动作。其中，第 72 ～ 82 行代码用来训练判别器，第 84 ～ 91 行代码用来训练生成器。

在训练判别器时，先用第 73 行代码，用判别器去拟合真实 MNIST 图片，随后在第 74 行代码里，用拟合结果和数值 1 对比，以此生成"正向损失值"。这里数值 1 表示的是（图片真实性的）概率，和 1 对比的用意是，让判别器能更好地判别真实的图片。随后，再用第 76 ～ 78 行代码生成"反向损失值"，生成反向损失值的做法是，让随机生成的图片和数值 0 对比，以此让判别器能更好地判别虚假的图片。

在得到判别器的正向和反向损失值之后，会用第 79 行代码求取它们的平均值，以此获得判别器的损失值，并用第 81 行和第 82 行代码向前传递损失值，更新判别器内部的参数。

在训练生成器时，先用第 86 行代码随机生成一个 784 维的图片，并用第 87 行代码让判别器判断该图片的质量，在此基础上用第 88 行代码得到生成器的损失值，随后，用第 90 行和第 91 行代码向前传递损失值，并更新判别器内部的参数。

每轮训练结束后，会用第 93 行代码输出判别器和生成器在当轮训练中的损失值。

```
94 # 显示训练结果
95 sampleNum = 16
96 noise = torch.randn(sampleNum, z_dim)
97 generatedImages = generator(noise).detach()
98 plt.figure(figsize=(8, 8))
99 for cnt in range(sampleNum):
100    plt.subplot(4, 4, cnt + 1)
101    plt.imshow(generatedImages[cnt].view(28, 28), cmap='gray')
102    plt.axis('off')
103    plt.show()
```

经多轮训练后，生成器生成的 MNIST 手写数字图片应该能很好地拟合真实结果，以上代码是用来展示训练结果。

具体的，先用第 96 行代码生成 16 个随机向量，再用第 97 行代码让生成器拟合这些向量，并用第 99 ～ 103 行代码可视化这些拟合结果。

本范例运行后，能在控制台看到输出的每轮训练后的损失值，如下展示的是部分输出片段。在用卷积等模型训练时，每轮训练后的损失值一般是逐渐减少的，但生成对抗网络训练后的损失值，虽然会升高，但总体趋势也是在降低。

每轮训练损失值会升高的原因是，不论是生成器还是判别器，在训练时都会用到随机值；而总体趋势降低的原因是，经多轮训练后，生成器和判别器的能力会逐渐提升。

```
1  Epoch [1/50], Generator Loss: 4540.9575, Discriminator Loss: 301.8622
2  Epoch [2/50], Generator Loss: 3760.4692, Discriminator Loss: 230.3189
3  Epoch [3/50], Generator Loss: 4392.0405, Discriminator Loss: 140.3168
4  Epoch [4/50], Generator Loss: 4856.6392, Discriminator Loss: 121.6828
5  Epoch [5/50], Generator Loss: 4813.7651, Discriminator Loss: 115.1134
6  Epoch [6/50], Generator Loss: 4779.8271, Discriminator Loss: 106.0748
7  Epoch [7/50], Generator Loss: 4802.3853, Discriminator Loss: 113.4518
```

本范例中的训练轮数是由第 59 行的 epochs_cnt 变量控制的，代码里用到的是 50，大家也可以在机器资源许可的前提下提升训练轮数。图 10.4 ～图 10.6 分别给出了训练 10 轮、30 轮和 50 轮后的预测结果。

从中大家能看到，训练的轮数越多，生成器拟合的手写数字图片的质量也就越高。

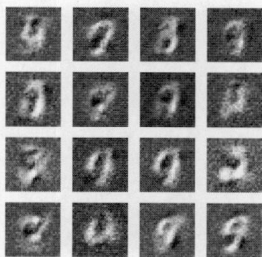

图 10.4　10 轮训练后的拟合结果　　图 10.5　30 轮训练后的拟合结果　　图 10.6　50 轮训练后的拟合结果

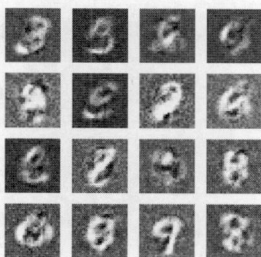

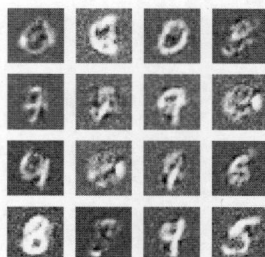

10.3　生成对抗卷积网络实战

以上案例中，生成对抗网络的生成器和判别器的类别是多层神经网络模型（多层感知机），本节搭建的生成对抗网络，其生成器和判别器的类别是卷积神经网络模型。

本部分案例会用到 STL-10 图片数据集，训练过程中，生成器会用反卷积的方式，用多维的随机向量拟合一张图片样本，而判别器则用来判别图片样本的质量。经过多轮迭代训练后，生成对抗网络模型里的生成器能拟合出与 STL-10 样本数据集相匹配的图片。

10.3.1 STL-10 数据集分析

STL-10 数据集是一张图片数据集，其中包含了 5000 个训练样本图片和 8000 个测试样本图片，每个样本图片的长和宽都是 96 个像素，该数据集的图片可以分成 10 个类别，分别是汽车、卡车、鸟、飞机、猫、狗、青蛙、鹿、马和船。

可以从网站 https://cs.stanford.edu/~acoates/stl10/ 下载该数据集，此外，torchvision 库的 datasets 模块也提供了下载该数据集的 API，该 API 的名称是 datasets.STL10。也就是说，在运行本节给出的范例前，可以不用下载 STL-10 数据集，范例内部已经包含了下载该数据集的代码，运行后即能得到该数据集。

由于 STL-10 数据集里的图片中，包含实物的有效像素都集中在中心部位，为了提高拟合图片的质量，本节给出的范例在加载该数据集后，会对图片进行中心裁剪处理，以便过滤掉一些图片边缘的无效像素。

10.3.2 基于卷积的生成对抗网络

本节中的基于卷积模型的生成对抗网络结构如图 10.7 所示。

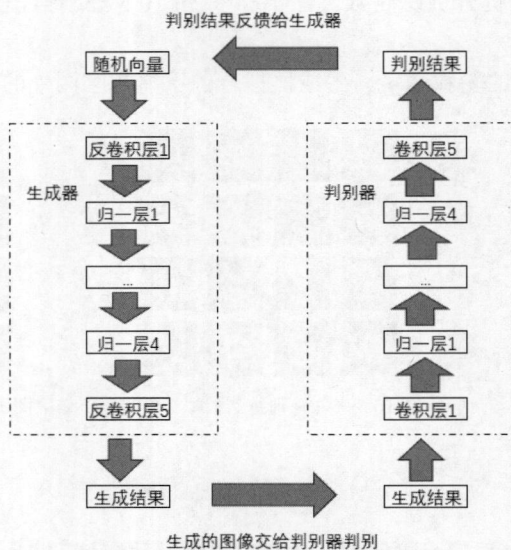

图 10.7 基于卷积模型的生成对抗网络结构

其中，生成器是由反卷积层和归一层构成的，反卷积层也是卷积神经网络，被称为反卷积层的原因是，它会反向地把随机向量转换成图片。反卷积层处理后的数据会由归一层处理，引入归一层的目的是尽量减少样本内差异过大的数据，从而提升精确度。

判别器则是由卷积层和归一层构成的，其卷积层和生成器里的反卷积层一一对应，而归一层也是。判别器会判别生成器拟合的图片，其输出是一个从 0～1 的概率数据，表示由生成器生成图片正确的概率，这个结果会促使生成器提升内部参数的质量，从而生成更高质量的图片。

此外，在搭建生成器和判别器时，没有让其中的卷积神经网络模型和归一模型使用默认的参

数，而是预先给它们设置了基于正态分布的初始化参数，这样做的目的是让它们有一个好的训练
基础。

10.3.3　训练并拟合 STL 图片

下面的 STLByGAN.py 范例将演示用 STL 数据集训练生成对抗网络，以及在训练后拟合样
本图片的做法。该范例比较长，将分段讲述其中的关键要点。

```
1   from torchvision import datasets
2   import torch
3   import torchvision.transforms as transforms
4   from torch import nn
5   import torch.nn.functional as F
6   import matplotlib.pylab as plt
7   from torchvision.transforms.functional import to_pil_image
8   from torch import optim
9   batchSize=64 # 每批处理的个数
10  # 定义转换器
11  transform = transforms.Compose([
12      transforms.Resize((64, 64)),   # 调整图片尺寸
13      transforms.CenterCrop((64, 64)),   # 中心裁剪
14      transforms.ToTensor(),   # 转换为张量
15      transforms.Normalize((0.5, 0.5, 0.5), (0.5, 0.5, 0.5))])   # 归一化
16  # 加载数据集
17  dataset = datasets.STL10("./dataset", split='train',
18                          download=False, transform=transform)
19  dataloader = torch.utils.data.DataLoader(dataset,batch_size=batchSize, shuffle=True)
```

以上代码在第 10 行定义了每批训练的个数，在第 11 行定义了用于转换 STL10 数据的转换
器，随后，用第 17 行代码下载 STL10 数据集，下载时用到了第 11 行定义的转换器转换图片，
加载完成后，用第 19 行代码把数据放入 dataloader 对象中。

这里请注意，在定义转换器时，是通过第 12 行和第 13 行代码完成了中心裁剪，只用中心
的图片数据进行训练即可。在加载数据集时，如果是第一次下载，需要把 download 参数设置成
True，而在用第 19 行代码加载数据集时，则是通过 batchSize 参数设置了每轮训练的个数是 64。

```
20  z_dim = 100 # 生成随机图片的维度
21  class Generator(nn.Module):
22      def __init__(self):
23          super(Generator, self).__init__()
24          # 定义反卷积层和归一层
25          self.vconv1 = nn.ConvTranspose2d(z_dim, batchSize * 8, kernel_size=4,
stride=1, padding=0)
26          self.batchNorm1 = nn.BatchNorm2d(batchSize * 8)
27          self.vconv2 = nn.ConvTranspose2d(batchSize * 8, batchSize * 4, kernel_
size=4, stride=2, padding=1)
28          self.batchNorm2 = nn.BatchNorm2d(batchSize * 4)
29          self.vconv3 = nn.ConvTranspose2d(batchSize * 4, batchSize * 2, kernel_
size=4, stride=2, padding=1)
```

```
30          self.batchNorm3 = nn.BatchNorm2d(batchSize * 2)
31           self.vconv4 = nn.ConvTranspose2d(batchSize * 2, batchSize, kernel_
size=4, stride=2, padding=1)
32          self.batchNorm4 = nn.BatchNorm2d(batchSize)
33           self.vconv5 = nn.ConvTranspose2d(batchSize, 3, kernel_size=4,stride=2,
padding=1)
34      # 定义数据传播动作
35      def forward(self, x):
36          x = F.relu(self.batchNorm1(self.vconv1(x)))
37          x = F.relu(self.batchNorm2(self.vconv2(x)))
38          x = F.relu(self.batchNorm3(self.vconv3(x)))
39          x = F.relu(self.batchNorm4(self.vconv4(x)))
40          x = torch.tanh(self.vconv5(x))
41          return x
```

以上代码定义了生成对抗网络里的生成器模型类。具体是在第 22 行的 __init__ 方法里定义了模型的组成结构，其中是用 5 个 ConvTranspose2d 类型构成了"反卷积层"，用 5 个 BatchNorm2d 类型构成了归一层。

而第 35 行的 forward 方法则定义了该模型的数据传播动作，可以看到，生成器的作用是，把随机向量拟合成图片。

```
42 class Discriminator(nn.Module):
43    def __init__(self):
44          super(Discriminator, self).__init__()
45          # 定义卷积层和归一层
46          self.conv1 = nn.Conv2d(3, batchSize, kernel_size=4, stride=2, padding=1)
47          self.conv2 = nn.Conv2d(batchSize, batchSize * 2, kernel_size=4, stride=2,
padding=1)
48          self.batchNorm2 = nn.BatchNorm2d(batchSize * 2)
49          self.conv3 = nn.Conv2d(batchSize * 2, batchSize * 4, kernel_size=4, stride=2,
padding=1)
50          self.batchNorm3 = nn.BatchNorm2d(batchSize * 4)
51          self.conv4 = nn.Conv2d(batchSize * 4, batchSize * 8, kernel_size=4, stride=2,
padding=1)
52          self.batchNorm4 = nn.BatchNorm2d(batchSize * 8)
53          self.conv5 = nn.Conv2d(batchSize * 8, 1, kernel_size=4, stride=1, padding=0)
54      # 定义数据传播动作
55      def forward(self, x):
56          x = F.relu(self.conv1(x))
57          x = F.relu(self.batchNorm2(self.conv2(x)))
58          x = F.relu(self.batchNorm3(self.conv3(x)))
59          x = F.relu(self.batchNorm4(self.conv4(x)))
60          out = torch.sigmoid(self.conv5(x))
61          return out.view(-1)
```

以上代码定义了判别器模型类。具体是在第 43 行的 __init__ 方法里定义了模型的组成结构，其中是用 5 个 ConvTranspose2d 类型构成了"卷积层"，用 5 个 BatchNorm2d 类型构成了归一层。

第 55 行的 forward 方法则定义了该模型的数据传播动作。可以看到，判别器的输入是图片，输出则是 0 ～ 1 的一个一维数据，该数据表示图片真实性的概率。

```
62 # 创建判别器和生成器模型
63 discriminator = Discriminator()
64 generator = Generator()
65 # 输出判别器和生成器结构
66 #print(discriminator)
67 #print(generator)
```

以上代码创建了判别器和生成器的实例，同时也通过了两个 print 语句输出了判别器和生成器这两个卷积神经网络的结构。运行本范例时，大家可以打开第 66 行和第 67 行这两个注释观察模型的结构。

```
68 # 初始化卷积和归一化模型参数
69 def initParams(model):
70     # 初始化卷积模型
71     if 'Conv2d' in model.__class__.__name__:
72         nn.init.normal_(model.weight.data, 0.0, 0.025)
73     # 初始化归一化模型
74     if 'BatchNorm2d' in model.__class__.__name__:
75         nn.init.normal_(model.weight.data, 1.0, 0.025)
76         nn.init.constant_(model.bias.data, 0)
77 # 用归一化以后的数据预填充两个模型
78 generator.apply(initParams)
79 discriminator.apply(initParams)
```

以上代码是给生成器和判别器这两个模型初始化参数。

在第 69 行的 initParams 方法里，通过第 71 行和第 74 行两个 if 判断语句，分别给 ConvTranspose2d 和 BatchNorm2d 模型定义初始化参数。前者初始化的参数是以 0 为均值、0.025 为方差的正态分布，后者初始化的参数是以 1 为均值、0.025 为方差的正态分布。

完成定义后，用第 78 行和第 79 行代码把初始化参数注入到模型内。这样做的目的是让模型有一个良好的训练基础。

```
80 criterion = nn.BCELoss()
81 # 定义优化器
82 optimForDesc = optim.Adam(discriminator.parameters(),lr=0.0005,betas=(0.5,0.999))
83 # 定义生成器模型的优化器
84 optimForGen = optim.Adam(generator.parameters(),lr=0.0005,betas=(0.5,0.999))
85 # 设置训练轮数
86 num_epochs = 50
```

以上代码定义了训练相关的参数。具体是在第 80 行定义了计算损失值的函数，在第 82 行和第 84 行定义了判别器和生成器的优化器，在第 86 行定义了训练轮数。

```
87 #用于存放两个模型的累计损失值
88 sum_lossForDis = 0
89 sum_lossForGen = 0
90 # 开始训练
91 for epoch in range(num_epochs):
92     #每轮训练前清空
93     sum_lossForDis = 0
94     sum_lossForGen = 0
```

```
95        # 遍历训练数据
96    for features, target in dataloader:
97          # 清空判别器的梯度
98          discriminator.zero_grad()
99          target = torch.full((features.size(0),), 1).float()
100         outputForDisc = discriminator(features).float()
101         # 计算正向方面的损失
102         lossForReal = criterion(outputForDisc, target)
103         lossForReal.backward()
104         noise = torch.randn(features.size(0), z_dim, 1, 1)
105         outputForGen = generator(noise)
106         outputForDisc = discriminator(outputForGen.detach())
107         target.fill_(0)
108         # 计算反向方面的损失
109         lossForFake = criterion(outputForDisc, target)
110         lossForFake.backward()
111         # 统计判别器的总损失值, 并存入 sum_loss_dis
112         lossForDis = (lossForReal + lossForFake)/2
113         sum_lossForDis = sum_lossForDis + lossForDis
114         optimForDesc.step()
115         generator.zero_grad()
116         target.fill_(1)
117         outputForDisc = discriminator(outputForGen)
118         # 计算生成器的损失, 并累计到 sum_loss_gen
119         lossForGen = criterion(outputForDisc, target)
120         sum_lossForGen = sum_lossForGen + lossForGen
121         lossForGen.backward()
122         optimForGen.step()
123     # 输出当轮训练的损失函数
124      print(f"Epoch [{epoch + 1}/{num_epochs}], Generator Loss: {sum_lossForGen.
item():.4f}, Discriminator Loss: {sum_lossForDis.item():.4f}")
```

以上代码是用第 91 行和第 96 行的双层 for 循环，实现了用 STL10 数据训练生成对扩网络的动作。

在训练判别器时，先用第 100 行代码让判别器去拟合真实的 STL10 图片，拟合后的结果是该图片真实性的概率值。得到拟合结果后，再用 102 行代码把拟合结果和 1 对比，由此傳到"正向损失值"。

随后，再用第 104 行代码得到一个随机向量，用 105 行代码让生成器用该随机向量拟合成图片，并用 106 行代码让判别器判别生成器拟合图片的真实结果，再用第 109 行代码得到"反向损失值"。

这里依然是用拟合后的图片和 STL 真实图片对比，获取判别器的"正向损失值"；依然是让判别器去判别用随机向量生成的图片，由此获得"反向损失值"。在得到判别器的正向和反向损失值后，用第 112 行代码求取它们的平均值，以此获得判别器的损失值。而本范例在向前传递损失值和更新判别器内部参数时，同时向前传递了正向和反向的损失值。

在训练生成器时，用第 119 行代码让判别器判断该图片的质量，由此得到生成器的损失值，随后，用第 121 行和第 122 行代码向前传递损失值并更新判别器内部的参数。

每轮训练后，用第 124 行代码输出判别器和生成器在当轮训练中的损失值。

```
125  # 用训练好的模型拟合图片
126  noise = torch.randn(16, z_dim, 1, 1)
127  generatedImages = generator(noise).detach()
128  plt.figure(figsize=(8, 8))
129      for index in range(16):
130      # 在画布上绘制图片
131      plt.subplot(4, 4, index + 1)
132      # 将图片转换为 PIL 图片
133      plt.imshow(to_pil_image(0.5 * generatedImages[index] + 0.5))
134      # 关闭坐标轴
135      plt.axis("off")
136  plt.show()
```

完成训练后，用第 125 ～ 136 行代码，用生成器拟合图片，用来观察生成对抗网络模型的训练效果。

具体的，先用第 126 行代码生成 16 个随机向量，并用第 127 行代码让生成器根据这 16 个随机向量生成 16 张图片，在此基础上用第 129 行的 for 循环，用 matplotlib 的 show 方法，在画布上输出这 16 张图片的效果。

本范例运行后，能在控制台里看到如下输出的判别器和生成器模型的结构，从中大家能看到，这两个模型都是由卷积层和归一层构成的。

```
1  Discriminator(
2    (conv1): Conv2d(3, 64, kernel_size=(4, 4), stride=(2, 2), padding=(1, 1))
3    (conv2): Conv2d(64, 128, kernel_size=(4, 4), stride=(2, 2), padding=(1, 1))
4    (batchNorm2): BatchNorm2d(128, eps=1e-05, momentum=0.1, affine=True, track_
running_stats=True)
5    (conv3): Conv2d(128, 256, kernel_size=(4, 4), stride=(2, 2), padding=(1, 1))
6    (batchNorm3): BatchNorm2d(256, eps=1e-05, momentum=0.1, affine=True, track_
running_stats=True)
7    (conv4): Conv2d(256, 512, kernel_size=(4, 4), stride=(2, 2), padding=(1, 1))
8    (batchNorm4): BatchNorm2d(512, eps=1e-05, momentum=0.1, affine=True, track_
running_stats=True)
9    (conv5): Conv2d(512, 1, kernel_size=(4, 4), stride=(1, 1))
10 )
11 Generator(
12   (vconv1): ConvTranspose2d(100, 512, kernel_size=(4, 4), stride=(1, 1))
13   (batchNorm1): BatchNorm2d(512, eps=1e-05, momentum=0.1, affine=True, track_
running_stats=True)
14   (vconv2): ConvTranspose2d(512, 256, kernel_size=(4, 4), stride=(2, 2),
padding=(1, 1))
15   (batchNorm2): BatchNorm2d(256, eps=1e-05, momentum=0.1, affine=True, track_
running_stats=True)
16   (vconv3): ConvTranspose2d(256, 128, kernel_size=(4, 4), stride=(2, 2),
padding=(1, 1))
17   (batchNorm3): BatchNorm2d(128, eps=1e-05, momentum=0.1, affine=True, track_
running_stats=True)
18   (vconv4): ConvTranspose2d(128, 64, kernel_size=(4, 4), stride=(2, 2),
padding=(1, 1))
19   (batchNorm4): BatchNorm2d(64, eps=1e-05, momentum=0.1, affine=True, track_
running_stats=True)
```

```
20    (vconv5): ConvTranspose2d(64, 3, kernel_size=(4, 4), stride=(2, 2),
padding=(1, 1))
21 )
```

除此之外，在控制台里还输出了各轮训练后生成器和判别器模型的损失值，以下给出了部分结果，从中大家能看到，生成器和判别器在相互对抗过程中，虽然有反复，但损失值总体是降低的，这说明训练效果是在不断提升的。

```
1  Epoch [1/50], Generator Loss: 1173.4750, Discriminator Loss: 54.8872
2  Epoch [2/50], Generator Loss: 285.5990, Discriminator Loss: 42.8890
3  Epoch [3/50], Generator Loss: 298.6070, Discriminator Loss: 42.7451
4  Epoch [4/50], Generator Loss: 292.8158, Discriminator Loss: 33.7141
5  Epoch [5/50], Generator Loss: 237.1638, Discriminator Loss: 42.1792
6  省略其他轮的损失值
```

图 10.8 和图 10.9 展示了经 50 轮和 100 轮训练后，由生成器拟合的图片，从中大家能看到，训练的次数越多，图片的质量也就越高。如果增大训练的轮数，比如训练 200 轮，运行所耗费的时间会更长，但生成的图片也会更加清晰。

图 10.8　训练 50 轮后的拟合效果　　　图 10.9　训练 100 轮后的拟合效果

10.4　小结和预告

本章首先讲述了生成对抗网络的结构及训练思路，在此基础上，结合案例讲述了生成对抗网络的训练过程及拟合样本图片的实践要点。通过本章的学习，大家不仅能掌握"基于对抗"的实现方式，还能进一步巩固"多层神经网络"和"卷积神经网络"模型的相关知识点。

人脸检测和人脸识别是深度学习的一个重要应用场景，第 11 章将结合 LFW 等人脸数据集，用 Dlib 库等工具，通过范例讲述人脸检测和识别的相关实践要点。

人脸检测和人脸识别技术实战

学习目标

- 掌握人脸检测和人脸识别的相关技术
- 掌握相关数据集的使用方法
- 掌握通过模型进行人脸检测和人脸识别的相关实战技巧

11.1　人脸检测和人脸识别技术概述

人脸检测是用来绘制人的面部特征，并把这些特征转换成一组数字向量，而人脸识别是通过分析面部特征进行身份识别和验证，这两种技术是相辅相成的。

随着深度学习技术的提升，人脸检测和人脸识别技术得到了迅速提升。当下，这两种技术被广泛地应用在手机解锁、安检和金融支付等场合，有效提升了人们生活的便利性。

11.1.1　人脸检测相关算法介绍

当前比较常见的人脸检测算法有两种，一种是 HOG 算法，另一种是 MTCNN 算法。

其中，HOG 算法是指通过统计图片局部区域的梯度直方图来构建图片的特征，其具体的实现方式是，先把待检测的图片划分成若干小的区域，然后采集这些区域单元中各像素点梯度或边缘方向的直方图，最后再组合这些直方图，从而得到用来描述特征的向量。

而 MTCNN 算法采用了基于级联卷积神经网络模型的结构来进行人脸检测，该算法所用的级联模型是由 P-Net、R-Net 和 O-Net 这 3 个网络结构组成的。

其中，P-Net 称为提议网络，该结构主要用于获取人脸区域的候选框和边界框的回归向量，并用该边界框做回归，从而减少图片搜索的空间，提高检测效率。

R-Net 称为细化网络，该结构通过边界框回归等方式去掉那些误检区域。而 O-Net 称为输出网络，该结构层比 R-Net 层多了一层卷积层，会输出 5 个人脸检测的关键特征点，即左、右眼睛，鼻，左、右嘴角。

基于 MTCNN 算法进行人脸检测的流程一般可以分成以下 3 个步骤：

（1）对给定的图片进行缩放，这样能适应不同图片尺寸中的人脸。

（2）用 P-Net 网络生成候选框和边框回归向量，在此基础上使用 R-Net 网络改善候选框。

（3）用 O-Net 网络输出人脸框和 5 个特征点的位置及相关数据。

11.1.2　人脸识别技术介绍

人脸识别领域常用的算法有特征脸法、基于局部二值模式的算法和 Fisherface 算法。

特征脸算法的实现方式是，把人脸图片转换成一个特征脸的向量集，在识别过程中，把新的人脸图片投影到特征脸子空间，通过投影点的位置和投影线的长度来进行判定和识别。该算法选择的空间变换算法是 PCA（主成分分析），即对训练集中所有人脸图片的协方差矩阵进行分解，得到对应的向量，这些向量就是特征脸，而特征脸是识别的关键因素。

局部二值模式（Local Binary Patterns，LBP）是计算机视觉领域用于分类描述图片纹理特征的视觉算子，该种算法进行人脸识别的核心思想是，用中心像素的灰度值作为阈值，以此来获取局部纹理特征。在此基础上，该算法会提取局部特征作为判别依据。

Fisherface 算法的核心是将高维的人脸图片数据投影到低维的向量空间。具体来说，该算法会先提取人脸图片的特征，然后再用这些特征构建类内和类之间的散度矩阵。其中，类内散度矩阵可以量化同一类人脸特征的相似性，而类间散度矩阵则可以量化不同类人脸特征的差异性。在此基础上，Fisherface 算法会根据这两类矩阵来识别人脸，并对比人脸的相似度或差异。

11.1.3　支持人脸检测和识别的类库

本章将用 Dlib 库来实现人脸检测，用 FaceNet-Pytorch 和 Face_recognition 库来实现人脸识别。其中 Dlib 是一个支持人脸检测的开源类库，该类库虽然是用 C++ 编写的，但也为 Python 语言提供了接口，本章将会用基于 Python 的接口来实现人脸检测的功能。

Dlib 类库是用上文提到的 HOG 算法来实现人脸检测的。具体地，Dlib 库会对目标图片进行扫描，获取各像素点梯度或边缘方向的直方图，在此基础上提取特征，如果发现人脸，则用方框等形式进行标记。

如果是在 Ubuntu 环境下，则可以直接通过 pip3 install dlib 命令安装这个类库。在 Windows 环境下安装该类库的步骤稍微复杂一些，具体如下所示。

（1）用 pip3 install cmake 和 pip3 install boost 这两个命令安装 cmake 和 boost 库。

（2）到 http://dlib.net/ 官网下载安装文件，比如 dlib-19.22.99-cp310-cp310-win_amd64.whl，下载后可放入 e 盘根目录或其他位置。

（3）用 pip3 install e:\ dlib-19.22.99-cp310-cp310-win_amd64.whl 命令，用 whl 文件进行安装，这里可以根据实际情况，更改路径名和 whl 的文件名。

FaceNet-Pytorch 是一个基于 Pytorch 框架的类库，其中封装了支持人脸检测和识别的 API。此外，该类库还包含了已经经过预训练的面部检测模型和面部识别模型。安装该类库的方法比较简单，可以直接通过 pip3 install facenet_pytorch 命令来安装。

Face_recognition 是一个包含人脸识别等功能的开源项目，其中不仅包含了基于 Python 的能提供人脸识别功能的 API，也包含了一些事先已经预处理好的能用于人脸识别的模型。可用 pip3 install face_recognition 命令安装这个库。

在用 pip3 install 命令完成上述库的安装后，可以用 pip3 list 命令来确认安装效果。

11.1.4　获取 LFW 人脸数据集

LFW（Labeled Faces in the Wild）是一个被普遍使用的人脸识别数据集，该数据集里包含了来自 5749 个不同个体的 13234 张人脸图片。

这些人脸图片都是在自然场景下拍摄的，其中包含了不同光照条件、姿态变化和表情的人脸图片。该数据集被广泛地用在人脸检测和人脸识别场景。

可以从 http://vis-www.cs.umass.edu/lfw/ 等网址下载该数据集，下载并解压缩该数据集后，能看到如图 11.1 所示的目录结构，其中每个文件夹代表每个具体的人，而在文件夹内部则包含了这个人的人脸图片。图 11.2 所示为随机给出的一张人脸图片。

Aaron_Eckhart	2024/11/17 11:38	文件夹
Aaron_Guiel	2020/10/15 19:50	文件夹
Aaron_Patterson	2020/10/15 19:50	文件夹
Aaron_Peirsol	2020/10/15 19:50	文件夹
Aaron_Pena	2020/10/15 19:50	文件夹
Aaron_Sorkin	2020/10/15 19:50	文件夹
Aaron_Tippin	2020/10/15 19:50	文件夹
Abba_Eban	2020/10/15 19:50	文件夹
Abbas_Kiarostami	2020/10/15 19:50	文件夹
Abdel_Aziz_Al-Hakim	2020/10/15 19:50	文件夹
Abdel_Madi_Shabneh	2020/10/15 19:50	文件夹

图 11.1　LFW 数据集目录结构效果图

图 11.2　LFW 人脸数据集图片的效果图

本章将讲述人脸检测和人脸识别时，会用到该数据集。

11.1.5　安装 OpenCV 库

OpenCV 库和人脸检测与识别的关系不大，这个库包含了多个功能模块，如图片处理、视频分析和物体检测等，本章会调用这个库所提供的方法，绘制人脸检测和识别的结果。

可以用 pip3 install opencv-python 命令安装基于 Pytho 的 OpenCV 库，安装完成后，可通过 pip3 list 命令确认安装结果。在 Python 代码里使用时，可以通过 import cv2 语句来引入该依赖库。

11.2　基于 Dlib 的人脸检测

本节将用上文提到的 Dlib 和 OpenCV 库，结合 LFW 人脸数据集，绘制出图片中人脸的范围，以及获取人脸上的特征点。

11.2.1 绘制人脸范围

进行人脸检测和人脸特征获取的前提是获取图片中的人脸范围，下面的 findFaceByDlib.py 范例将在识别人脸的基础上，用方框绘制人脸的范围。

```
1   import cv2
2   import dlib
3   #img=cv2.imread("./lfw/lfw/Aaron_Eckhart/Aaron_Eckhart_0001.jpg")
4   img= cv2.imread("./lfw/lfw/Aaron_Guiel/Aaron_Guiel_0001.jpg")
5   detector = dlib.get_frontal_face_detector()
6   faceRange = detector(img,0)
7   # 存在人脸
8   if(len(faceRange)):
9       print(list(faceRange))
10      for index in faceRange:
11          y1 = index.bottom()
12          y2 = index.top()
13          x1 = index.left()
14          x2 = index.right()
15          # add detect box in image
16          cv2.rectangle(img, (int(x1), int(y1)), (int(x2), int(y2)), (0, 255, 0), 3)
17  cv2.imshow('rectangle.jpg', img)
18  cv2.waitKey(0)
```

上述代码通过前两行的 import 语句，引入了必要的 OpenCV 和 Dlib 依赖包，其中 OpenCV 依赖包用于绘制图片，而 Dlib 依赖包则用于进行人脸检测。

在上文第 3 行和第 4 行的代码里，通过 OpenCV 库提供的 cv2.imread 方法加载 LFW 数据集里的人脸图片，随后，通过第 5 行代码定义了一个名为 detector 的基于 dlib 库的人脸检测对象。

在此基础上，使用第 6 行代码，通过 detector 检测对象，绘制 img 图片里的人脸范围，该方法返回的 faceRange 对象里，以矩形的形式定义了人脸的范围。

得到人脸范围后，先通过第 9 行的 print 语句输出了表示人脸范围矩形各点的坐标，随后，用第 11 ~ 14 行代码获取了矩形各点的坐标值。

最后，用第 16 行和第 17 行代码，绘制并展示了图片里的人脸范围。

如果大家打开第 3 行代码，注释掉第 4 行代码，大家能看到如图 11.3 所示的效果。如果注释掉第 3 行代码，但打开第 4 行的注释，大家能看到如图 11.4 所示的效果。

图 11.3　绘制人脸范围的效果图 1

图 11.4　绘制人脸范围的效果图 2

此外，　大家还能在控制台里看到表示包含人脸矩形的坐标值，具体效果如下所示。

```
1   [rectangle(6,26,93,112)]
```

11.2.2　获取人脸特征点

在获取特征点时，为了提升效率，可以不用自己训练模型，而使用一个已预训练过的 shape_predictor_68_face_landmarks 数据模型。该模型可以用来定位人脸上的 68 个特征点，包括左、右眼睛，鼻，左、右嘴角等数据，该模型是用 dlib 库训练的。

可从 http://dlib.net/files/ 网址下载 shape_predictor_68_face_landmarks.dat 文件，该文件包含了上文提到的预训练模型。下面的 getKeysByDlib.py 范例将会使用这个预训练过的模型，绘制出人脸的关键特征点，具体代码如下。

```
1  import dlib
2  import cv2
3  # 加载 Dlib 的人脸关键点检测器
4  detector = dlib.get_frontal_face_detector()
5  predictor = dlib.shape_predictor('./shape_predictor_68_face_landmarks.dat')
6  img=cv2.imread("./lfw/lfw/Aaron_Eckhart/Aaron_Eckhart_0001.jpg")
7  grayImg = cv2.cvtColor(img, cv2.COLOR_BGR2GRAY)
8  # 检测人脸并获取边框
9  faceRange = detector(grayImg)
10 # 对每个人脸进行关键点检测
11 for point in faceRange:
12     shape = predictor(grayImg, point)
13     for i in range(68):
14         x = shape.part(i).x
15         y = shape.part(i).y
16         cv2.circle(img, (x, y), 2, (0, 255, 0), -1)
17 cv2.imshow("faceWithKeys.jpg", img)
18 cv2.waitKey(0)
```

这里先用第 4 行代码，定义了一个用于检测人脸的 detector duixiang，并通过第 5 行代码加载包含人脸预训练模型的 shape_predictor_68_face_landmarks.dat 文件，大家可以根据实际情况，适当修改读取该文件的位置。

随后，用第 6 行代码加载包含人脸的图片，并用第 7 行代码把图片转换成灰度图，在此基础上，用第 9 行代码检测人脸的边框。

接着，用第 12 行的代码，用预处理模型 predictor 来获取人脸的关键特征点，并用第 16 行代码标记这些特征点，随后，用第 17 行代码绘制包含特征点的人脸图。

本范例运行的效果如图 11.5 所示，从中大家能看到标记特征点的人脸效果图。此外，大家还可以修改上文的第 6 行代码，更换 LFW 数据集里的其他人脸图片再运行，以此来观察标记其他人脸特征点的效果。

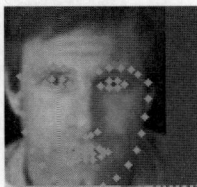

图 11.5　标记人脸特征点的效果图

11.3 用对抗网络拟合人脸

通过上一章的学习，大家能够掌握生成对抗网络的原理，以及其构建和工作方式，从中大家能直观地感受到，生成对抗网络可以在学习样本的基础上生成图片。

人脸拟合也是人脸检测和识别方面的一个研究方向，这里将让生成对抗网络在学习 Celeb-A Faces 数据集的基础上，完成人脸拟合的动作。

11.3.1 数据集介绍

本节将用到的 Celeb-A Faces 数据集里，包含了 20 多万张的人脸图片。该数据集比较大，约有 1.3G，大家可以从官网或其他途径自行下载。

该数据集里的部分人脸图片如图 11.6 所示。需要说明的是，该数据集里包含的图片数量很大，如果使用全集样本来训练，所耗费的时间可能会很长，所以大家可以用其中的部分图片来训练生成对抗网络。

图 11.6 Celeb-A Faces 数据集里的部分人脸图片

此外，如果大家无法获取 Celeb-A Faces 数据集，可以用上文提到的 LFW 人脸数据集来训练，因为 LFW 数据集也包含了人脸图片。

11.3.2 用基于卷积的生成对抗网络拟合人脸

下面的 generateFacesByGAN.py 范例将演示用生成对抗网络拟合人脸的做法，该生成对抗网络的生成器和判别器都是基于卷积神经网络。由于代码比较长，将分段进行讲解。

```
1  import torch
2  import torch.nn as nn
3  import torch.nn.parallel
4  import torch.optim as optim
5  import torch.utils.data
6  import torchvision.datasets as dset
7  import torchvision.transforms as transforms
8  import torch.nn.functional as F
9  import matplotlib.pylab as plt
10 from torchvision.transforms.functional import to_pil_image
11 # 指定 Celeb-A Faces 数据集的位置
12 dataroot = "E:\\img_align_celeba\\"
13 # 或者用 LFW 数据集
14 #dataroot = "./lfw/lfw/"
```

这里使用第 12 行的代码，指定了 Celeb-A Faces 数据集的位置。请注意，笔者是把该数据集的图片放在 E:\img_align_celeba\img_align_celeba 目录里，而 torchvision.datasets 的 ImageFolder 方法在读取数据集时，会在当前目录里查找子目录，并到子目录里读取图片文件，所以在第 12 行设置图片目录时，是设置成 E:\img_align_celeba\，而不是 E:\img_align_celeba\img_align_celeba，如果设置成后者，运行时会报错。

如果大家无法获取 Celeb-A Faces 数据集，则可用 11.1.4 节中的 LFW 人脸数据集，加载该数据集的目录如第 14 行所示，同样，torchvision.datasets 的 ImageFolder 方法会在该目录里遍历所有的子目录，并加载在各子目录里的图片文件。

```
15 batchSize=64 # 每批处理的个数
16 dataset = dset.ImageFolder(root=dataroot, transform=transforms.
Compose([transforms.Resize(64),transforms.CenterCrop(64),transforms.ToTensor(),transforms.
Normalize((0.5, 0.5, 0.5), (0.5, 0.5, 0.5)), ]))
17 # 创建加载器
18 dataloader = torch.utils.data.DataLoader(dataset, batch_
size=batchSize,shuffle=True)
```

以上通过第 16 行代码，用 torchvision.datasets 的 ImageFolder 方法加载图片数据，在加载时，用到了 transforms.Compose 方法对图片进行了处理。处理的方式是，用 64 像素这一尺寸，进行了中心裁剪处理。数据加载完成后，用第 18 行代码把数据放置到 dataloader 对象里。

```
19 z_dim = 100 # 生成随机图片的维度
20 class Generator(nn.Module):
21     def __init__(self):
22         super(Generator, self).__init__()
23         # 定义反卷积层和归一层
24         self.vconv1 = nn.ConvTranspose2d(z_dim, batchSize * 8, kernel_size=4,
stride=1, padding=0)
25         self.batchNorm1 = nn.BatchNorm2d(batchSize * 8)
26         self.vconv2 = nn.ConvTranspose2d(batchSize * 8, batchSize * 4, kernel_
size=4, stride=2, padding=1)
27         self.batchNorm2 = nn.BatchNorm2d(batchSize * 4)
28         self.vconv3 = nn.ConvTranspose2d(batchSize * 4, batchSize * 2, kernel_
size=4, stride=2, padding=1)
29         self.batchNorm3 = nn.BatchNorm2d(batchSize * 2)
30         self.vconv4 = nn.ConvTranspose2d(batchSize * 2, batchSize, kernel_
size=4, stride=2, padding=1)
31         self.batchNorm4 = nn.BatchNorm2d(batchSize)
32         self.vconv5 = nn.ConvTranspose2d(batchSize, 3, kernel_size=4, stride=2,
padding=1)
33         # 定义数据传播动作
34     def forward(self, x):
35         x = F.relu(self.batchNorm1(self.vconv1(x)))
36         x = F.relu(self.batchNorm2(self.vconv2(x)))
37         x = F.relu(self.batchNorm3(self.vconv3(x)))
38         x = F.relu(self.batchNorm4(self.vconv4(x)))
39         x = torch.tanh(self.vconv5(x))
40         return x
41 class Discriminator(nn.Module):
```

```
42      def __init__(self):
43          super(Discriminator, self).__init__()
44          # 定义卷积层和归一层
45          self.conv1 = nn.Conv2d(3, batchSize, kernel_size=4, stride=2, padding=1)
46          self.conv2 = nn.Conv2d(batchSize, batchSize * 2, kernel_size=4, stride=2, padding=1)
47          self.batchNorm2 = nn.BatchNorm2d(batchSize * 2)
48          self.conv3 = nn.Conv2d(batchSize * 2, batchSize * 4, kernel_size=4, stride=2, padding=1)
49          self.batchNorm3 = nn.BatchNorm2d(batchSize * 4)
50          self.conv4 = nn.Conv2d(batchSize * 4, batchSize * 8, kernel_size=4, stride=2, padding=1)
51          self.batchNorm4 = nn.BatchNorm2d(batchSize * 8)
52          self.conv5 = nn.Conv2d(batchSize * 8, 1, kernel_size=4, stride=1, padding=0)
53      # 定义数据传播动作
54      def forward(self, x):
55          x = F.relu(self.conv1(x))
56          x = F.relu(self.batchNorm2(self.conv2(x)))
57          x = F.relu(self.batchNorm3(self.conv3(x)))
58          x = F.relu(self.batchNorm4(self.conv4(x)))
59          out = torch.sigmoid(self.conv5(x))
60          return out.view(-1)
61  # 创建判别器和生成器模型
62  discriminator = Discriminator()
63  generator = Generator()
64  # 输出判别器和生成器结构
65  print(discriminator)
66  print(generator)
```

以上代码创建了生成器和判别器模型的对象，其中，生成器会把由 z_dim 数值指定维度的随机向量（100 维随机向量）转换成样本图片，而判别器的输入是生成器生成的图片，输出是一个 0 ~ 1 的表示真假概率数据。

大家可以通过第 65 行和第 66 行的 print 语句看到生成器和判别器的结构，图 11.7 展示了这两者的大致结构及交互关系。

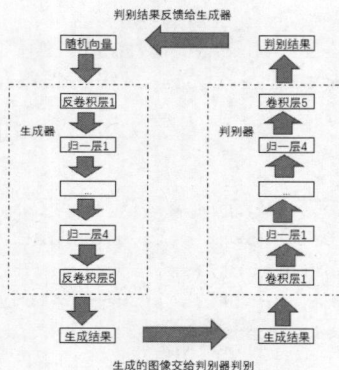

图 11.7　生成器和判别器的效果图

```
67  # 初始化卷积和归一化模型参数
68  def initParams(model):
69      # 初始化卷积模型
70      if 'Conv2d' in model.__class__.__name__:
71          nn.init.normal_(model.weight.data, 0.0, 0.025)
72      # 初始化归一化模型
73      if 'BatchNorm2d' in model.__class__.__name__:
74          nn.init.normal_(model.weight.data, 1.0, 0.025)
75          nn.init.constant_(model.bias.data, 0)
76  # 用归一化以后的数据预填充两个模型
77  generator.apply(initParams)
78  discriminator.apply(initParams)
```

如果让生成器和判别器从零开始训练，那么要达到满意效果的话，需要训练的轮数可能会比较多。因此，在实践中一般会给模型设置初始化参数。

上文第 68 行的 initParams 方法里，分别给 ConvTranspose2d 和 BatchNorm2d 模型定义了初始化参数。前者初始化的参数是以 0 为均值、0.025 为方差的正态分布，后者初始化的参数是以 1 为均值、0.025 为方差的正态分布。

用正态分布的数值初始化的参数，能让模型有一个较好的训练起点。完成定义后，使用第 77 行和第 78 行代码，把初始化参数注入模型内。

```
79  criterion = nn.BCELoss()
80  # 定义优化器
81  optimForDesc = optim.Adam(discriminator.parameters(),lr=0.0005,betas=(0.5,0.999))
82  # 定义生成器模型的优化器
83  optimForGen = optim.Adam(generator.parameters(),lr=0.0005,betas=(0.5,0.999))
84  # 设置训练轮数
85  num_epochs = 50
86  # 用于存放两个模型的累计损失值
87  sum_lossForDis = 0
88  sum_lossForGen = 0
89  # 开始训练
90  for epoch in range(num_epochs):
91      # 每轮训练前清空
92      sum_lossForDis = 0
93      sum_lossForGen = 0
94      # 遍历训练数据
95      for features, target in dataloader:
96          # 清空判别器的梯度
97          discriminator.zero_grad()
98          target = torch.full((features.size(0),), 1).float()
99          outputForDisc = discriminator(features).float()
100         # 计算正向方面的损失
101         lossForReal = criterion(outputForDisc, target)
102         lossForReal.backward()
103         noise = torch.randn(features.size(0), z_dim, 1, 1)
104         outputForGen = generator(noise)
105         outputForDisc = discriminator(outputForGen.detach())
```

```
106         target.fill_(0)
107         # 计算反向方面的损失
108         lossForFake = criterion(outputForDisc, target)
109         lossForFake.backward()
110         # 统计判别器的总损失值，并存入 sum_loss_dis
111         lossForDis = (lossForReal + lossForFake)/2
112         sum_lossForDis = sum_lossForDis + lossForDis
113         optimForDesc.step()
114         generator.zero_grad()
115         target.fill_(1)
116         outputForDisc = discriminator(outputForGen)
117         # 计算生成器的损失，并累计到 sum_loss_gen
118         lossForGen = criterion(outputForDisc, target)
119         sum_lossForGen = sum_lossForGen + lossForGen
120         lossForGen.backward()
121         optimForGen.step()
122     # 输出当轮训练的损失函数
123      print(f"Epoch [{epoch + 1}/{num_epochs}], Generator Loss: {sum_lossForGen.
item():.4f}, Discriminator Loss: {sum_lossForDis.item():.4f}")
```

在定义好训练所需的优化器和损失函数等必要参数后，以上代码使用第 90～95 行的两层 for 循环训练生成对抗网络模型。

具体的，在训练过程中，先用第 99 行代码让判别器根据人脸样本数据去做拟合动作。这里输入是人脸样本数据，输出是表示该图片真实性的概率值，得到概率值后，会用 101 行代码把结果和 1 对比，由此得到"正向损失值"。

用第 103 行代码得到一个 100 维度的随机向量，再用 104 行代码以此随机向量为输入，让生成器拟合人脸图片，拟合后用 105 行代码让判别器判别该拟合结果的真实性，由此，第 108 行代码得到"反向损失值"。

在得到判别器的正向和反向的损失值以后，用第 111 行代码求取平均值，用该平均值来作为判别器的损失值。得到相关损失值以后，用第 102～109 行代码，同时向前传递正向和反向的损失值。

接下来训练生成器，用第 118 行代码让判别器判断生成器生成人脸图片，由此作为生成器的损失值，随后，用第 120 行和第 121 行代码向前传递损失值。

每轮训练后，会用第 123 行的代码输出判别器和生成器在当轮训练中的损失值。

```
124 # 用训练好的模型拟合图片
125 noise = torch.randn(16, z_dim, 1, 1)
126 generatedImages = generator(noise).detach()
127 plt.figure(figsize=(8, 8))
128 for index in range(16):
129     # 在画布上绘制图片
130     plt.subplot(4, 4, index + 1)
131     # 将图片转换为 PIL 图片
132     plt.imshow(to_pil_image(0.5 * generatedImages[index] + 0.5))
133     # 关闭坐标轴
134     plt.axis("off")
135 plt.show()
```

完成训练后，会用第 125 ～ 135 行代码拟合人脸图片。具体做法是，先用第 125 行代码生成 16 个维度是 100 的随机向量，并在第 126 行让生成器以此生成 16 张图片。完成生成后，用第 128 行的 for 循环，用 matplotlib 的 show 方法输出这 16 张图片。

本范例运行后，能看到生成对抗网络模型里的生成器和判别器的结构，这里就不再输出了，请大家自行运行并查看。此外，还能看到如下所示的生成器和判别器的损失值。

这部分输出的篇幅较大，所以只给出部分结果。从中大家能看到，在训练过程中，生成器和判别器模型是在相互对抗的过程中不断改进内部参数，以此提升训练的结果。

```
1  Epoch [1/50], Generator Loss: 8384.0830, Discriminator Loss: 11.1584
2  Epoch [2/50], Generator Loss: 7795.2563, Discriminator Loss: 47.9501
3  Epoch [3/50], Generator Loss: 697.6096, Discriminator Loss: 149.3752
4  Epoch [4/50], Generator Loss: 637.5646, Discriminator Loss: 119.7530
5  Epoch [5/50], Generator Loss: 608.3917, Discriminator Loss: 116.8948
6  Epoch [6/50], Generator Loss: 734.3244, Discriminator Loss: 111.6959
7  Epoch [7/50], Generator Loss: 699.3536, Discriminator Loss: 105.8604
8  Epoch [8/50], Generator Loss: 670.6898, Discriminator Loss: 98.8014
```

而且，大家还能看到如图 11.8 所示的拟合人脸的效果图。本范例是训练 50 轮，得到的结果与真实人脸相比会有差距，但随着训练轮数的增多，拟合人脸的效果会更好。

图 11.8　人脸拟合的效果图

11.4　实战人脸识别技术

这两种人脸识别方式，都会先根据预处理模型计算人脸的特征向量值，再比较不同人脸的特征值。如果比较结果在一定的阈值内，则能判定两者是同一个人，反之则能判定两者不属于同一人。

11.4.1　基于 Face_recognition 的人脸识别技术

基于 Face_recognition 库的人脸识别做法是，先获取人脸图片，再用该库自带的已预训练过的模型，计算人脸图片的特征值，在此基础上通过对比特征值之间的距离来进行人脸识别。

具体来说，如果两个特征值差距过大，则可以判别为不是同一人，反之则能识别成是同一个人。下面的 comparedByFace_Recognition.py 范例演示了这一做法。

```
1  import cv2
2  import face_recognition
3  import numpy as np
4  # 读取人脸图片
5  one_face_img = cv2.imread('./lfw/lfw/Aaron_Guiel/Aaron_Guiel_0001.jpg')
6  another_face_img = cv2.imread('./lfw/lfw/Aaron_Patterson/Aaron_Patterson_0001.jpg')
7  #another_face_img = cv2.imread('./lfw/lfw/Aaron_Guiel/Aaron_Guiel_0001.jpg')
8  # 提取人脸特征向量
9  face1_embedded_val = face_recognition.face_encodings(one_face_img)[0]
10 face2_embedded_val = face_recognition.face_encodings(another_face_img)[0]
11 # 计算欧几里得距离
12 v = np.linalg.norm(face1_embedded_val - face2_embedded_val)
13 if v < 0.7:
14     print("是同一个人")
15 else:
16     print("不是一个人")
```

以上范例用第 2 行的 import 语句引入了 face_recognition 库，随后，用第 5 行和第 6 行代码加载了两个 LFW 数据集里的人脸图片，之后，再用第 9 行和第 10 行代码，通过 face_recognition 库的 face_encodings 方法计算两个人脸的特征向量。

在得到两个人脸的特征向量后，用第 12 行代码计算两个特征向量之间的距离，随后再用第 13 行的 if 语句，根据两者的距离来进行人脸识别。第 13 行所用的 0.7，是一个根据经验得到的数值，即两个人脸的特征向量距离超过 0.7，则会被识别为不是同一人。

本范例运行后，由于所用的两张图片不是同一人的，所以能在控制台里看到如下的输出结果。

```
1  不是一个人
```

但如果注释掉上文中的第 6 行代码，同时打开第 7 行的注释，此时由于是用两张相同的人脸图片进行识别，所以运行后能看到如下的输出结果。

```
1  是同一个人
```

11.4.2 基于 MTCNN 的人脸识别技术

下面的 compareByMTCNN.py 范例演示了基于 MTCNN 库的人脸识别做法，这里请大家注意两点，一是 MTCNN 的创建方式，二是在计算人脸特征向量值时，用到了 vggface2 预处理模型。

```
1  import cv2
2  import torch
3  from facenet_pytorch import MTCNN, InceptionResnetV1
4  # 计算人脸特征向量
5  def cal_face_embedded_value(imgPath):
6      faces = []
7      faceImg = cv2.imread(imgPath)  # 读取图片
8      faces.append(mtcnn(faceImg)[0])
```

```
 9       faces = torch.stack(faces)
10       #用 ResNet 模型获取人脸特征向量
11       embeddedVal = resnet(faces).detach().cpu()
12       print(" 当前人脸特征向量值 :")
13       print(embeddedVal)
14       return embeddedVal
```

以上范例用第 1 ~ 3 行的 import 语句引入了所用的依赖库，尤其请注意，是通过第 3 行代码引入了 facenet_pytorch 里的 MTCNN 和 InceptionResnetV1 模块，其中前者用于进行人脸识别，后者用于导入预处理模型。

随后，用第 5 行的 cal_face_embedded_value 方法来计算指定人脸的特征值，该方法的入参是人脸图片的路径，返回是该人脸图片的特征值。

在这个方法里，先用第 7 行代码得到人脸图片，再用第 8 行代码把用 MTCNN 模型处理过的人脸图片放到 faces 对象里，然后用第 11 行代码计算人脸特征值，在计算时，用到了包含人脸特征预处理模型的 resnet 对象。计算完成后，先用 print 语句输出计算结果，再用第 14 行的 reurn 语句返回该结果。

```
15   # 初始化 MTCNN 对象
16   mtcnn = MTCNN(image_size=160,min_face_size=20, thresholds=[0.6, 0.6,0.7], keep_
all=True)
17   # 装载已预处理过的对象
18   resnet = InceptionResnetV1(pretrained='vggface2').eval()
```

以上代码是基于 MTCNN 方式进行人脸识别的关键，其中，第 16 行代码用来创建 MTCNN 对象，创建时通过 image_size 参数指定了该用哪个尺寸到图片里识别人脸，通过 min_face_size 参数指定了识别人脸的最小尺寸，通过 thresholds 参数指定计算特征值时的阈值参数，这里用到了默认值，通过 keep_all 参数指定计算后是否返回所有数据。

第 18 行代码定义了 resnet 对象，其中包含人脸预处理数据的模型，这里使用到了 vggface2 模型。

结合这两个对象在第 5 行定义的 cal_face_embedded_value 方法里的动作，大家能看到计算指定人脸特征值的流程是，先用 MTCNN 模型处理图片，处理时用到了所定义的尺寸和阈值等参数，然后再用包含在 resnet 对象里的基于 vggface2 的预处理过的人脸特征值模型，计算人脸由参数指定的人脸特征值。

```
19   # 能匹配上的阈值
20   comparedTargetValue = 0.7
21   one_face_emb = cal_face_embedded_value('./lfw/lfw/Aaron_Guiel/Aaron_Guiel_0001.
jpg')
22   another_face_emb = cal_face_embedded_value('./lfw/lfw/Aaron_Patterson/Aaron_
Patterson_0001.jpg')
23   #another_face_emb = cal_face_embedded_value('./lfw/lfw/Aaron_Guiel/Aaron_
Guiel_0001.jpg')
24   matchFlag = False
25   realComparedResult = (one_face_emb[0] - another_face_emb[0]).norm().item()
26   print(" 两张人脸的特征值差距是 : %.2f" % realComparedResult)
27   if (realComparedResult < comparedTargetValue):
28       matchFlag = True
```

```
29 print(" 判定是否匹配的阈值标准: ", comparedTargetValue)
30 if matchFlag:
31     print(' 两者匹配 ')
32 else:
33     print(' 两者不匹配 ')
```

以上代码实现了具体的人脸识别动作，具体的，用第 20 行代码定义了匹配阈值，用第 21 行和第 22 行代码，通过调用 cal_face_embedded_value 方法，计算了两个人脸图片的特征值，再用第 25 行代码计算了两个特征值的差距。

随后，用第 27 行代码比较特征值的差距和预先设定的阈值，如果差距小于阈值 0.7，则能判别两者能匹配上，反之则不能匹配上。最后，再用第 30 ~ 32 行的 if 语句输出了匹配结果。

本范例运行后，能在控制台里看到计算出来的人脸特征值，由于篇幅过大，这里不再给出输出数据，请大家自行在运行后查看。此外，还能看到如下所示的匹配结果。由于用到了两个人的人脸图片进行判定，所以输出结果是"两者不匹配"。

```
1    两张人脸的特征值差距是: 1.56
2    判定是否匹配的阈值标准:  0.7
3    两者不匹配
```

但是，如果大家注释掉第 22 行代码，同时打开第 23 行代码，使用同一个人的人脸图片进行识别，再运行本范例，就能看到"两者匹配"的输出结果，具体样式如下所示。

```
1    两张人脸的特征值差距是: 0.00
2    判定是否匹配的阈值标准:  0.7
3    两者匹配
```

11.5 小结和预告

本章在讲述人脸检测和人脸识别技术的基础上，结合案例讲述了人脸检测、人脸拟合与人脸识别的相关实战要点。其中，人脸检测案例是基于 Dlib 库，人脸拟合是基于生成对抗网络模型，而人脸识别则是基于 Face_recognition 和 MTCNN 库。

音频分类也是深度学习的一个重要应用场景，第 12 章首先会讲解梅尔频谱等音频分析的必要概念，随后再结合音频数据集，讲述用卷积神经网络分类音频的实践要点。

第 12 章
音频处理技术实战

- 掌握音频处理的相关理论
- 掌握音频相关数据集的使用方法
- 掌握音频识别等技术的实战技巧

12.1   必要的准备工作

在具体讲解音频的概念前，可以先安装好音频分析和处理所需的 torchaudio 库，同时准备好音频数据集。这样在之后学习梅尔倒谱系数（MFCC）等关键知识时，就能直观地看到可视化效果。

12.1.1   安装 torchaudio 库

torchaudio 是一个基于 Python 语言的工具库，其中包含的 API 方法可以支持音频特征提取、音频可视化和音频处理的相关功能。

在音频特征提取方面，torchaudio 库可以用来提取梅尔频谱等音谱特征；在音频可视化方面，可以用来绘制频谱图等可视化效果图；在音频处理方面，可以用这个库的方法进行降噪和变速等操作。

可以通过 pip3 install torchaudio 方法安装这个库，安装完成后可以用 pip3 list 命令确认安装效果。本章将会用到这个库来实现音频可视化和音频识别等范例。

12.1.2   下载音频数据集

本章将用到 ESC-50 音频数据集，该数据集共有 2000 个音频样本，每个音频长度为 5 秒。这些音频被分成"狗叫""猫叫"等 50 个类别，每个类别有 40 个样本数据。

可从 https://github.com/karolpiczak/ESC-50 等处下载该数据集，下载并解压缩后，大家能在 audio 目录里看到 2000 个 WAV 格式的音频文件，具体效果如图 12.1 所示，打开每个音频文件，可以听到其中的音频效果。

5-9032-A-0	2024/12/2 7:40	WAV 文件	431 KB
5-51149-A-25	2024/12/2 7:40	WAV 文件	431 KB
5-61635-A-8	2024/12/2 7:40	WAV 文件	431 KB
5-250753-A-34	2024/12/2 7:40	WAV 文件	431 KB
5-251426-A-30	2024/12/2 7:40	WAV 文件	431 KB
5-251426-B-30	2024/12/2 7:40	WAV 文件	431 KB

图 12.1　ESC-50 音频数据集效果图

此外，还能在 meta 目录下看到表示音频分类的 esc50.csv 文件，该文件的部分内容如图 12.2 所示。其中 filename 列表示文件名，category 列表示该音频文件的类别，而 target 列则表示该类别所对应的编号。

A	B	C	D	E	F	G
filename	fold	target	category	esc10	src_file	take
1-100032-A-0.wav	1	0	dog	TRUE	100032	A
1-100038-A-14.wav	1	14	chirping_bi	FALSE	100038	A
1-100210-A-36.wav	1	36	vacuum_cl	FALSE	100210	A
1-100210-B-36.wav	1	36	vacuum_cl	FALSE	100210	B
1-101296-A-19.wav	1	19	thunderstc	FALSE	101296	A
1-101296-B-19.wav	1	19	thunderstc	FALSE	101296	B
1-101336-A-30.wav	1	30	door_woo	FALSE	101336	A
1-101404-A-34.wav	1	34	can_openi	FALSE	101404	A
1-103298-A-9.wav	1	9	crow	FALSE	103298	A
1-103995-A-30.wav	1	30	door_woo	FALSE	103995	A
1-103999-A-30.wav	1	30	door_woo	FALSE	103999	A

图 12.2　esc50.csv 文件部分内容的效果图

12.2　音频知识点概述

在深度学习的音频处理场景，神经网络等模型无法直接处理一维的音频信号，在处理和分析之前，需要把一维的音频信号转换成线性的梅尔频谱。

本节会用到之前安装的 torchaudio 库，以及 ESC-50 音频数据集里的音频，以可视化的方式讲述梅尔倒谱系数（MFCC）等关键概念，在此基础上，大家能进一步学习基于各种音频处理技术。

12.2.1　时域图和频域图

时域图和频域图是量化音频的两个重要指标。时域图也称波形图，横轴表示时间，纵轴表示声音的振幅强度。而频域图其横轴是频率，纵轴是当前频率的振幅强度。这两者综合起来，能反映音频的特征。

通过下面的 drawAudioWave.py 范例，大家能看到用 torchaudio 库绘制的某音频的时域图。在运行本范例前，需要把 ESC-50 数据集里的 audio 目录及其音频文件复制到本代码所在的目录里。

```
import torchaudio
import matplotlib.pyplot as plt
```

```
3   y, sr = torchaudio.load('./audio/1-137-A-32.wav')
4   #y, sr = torchaudio.load('./audio/1-1791-A-26.wav')
5   plt.figure()
6   plt.xlabel('Time')
7   plt.ylabel('Amplitude')
8   plt.plot(y.t().numpy())
9   plt.show()
```

本范例使用第 3 行代码加载音频文件，加载时用到了 torchaudio 库的 load 方法。加载完成后，使用第 5 ~ 9 行代码绘制了该音频的时域图，具体效果如图 12.3 所示。

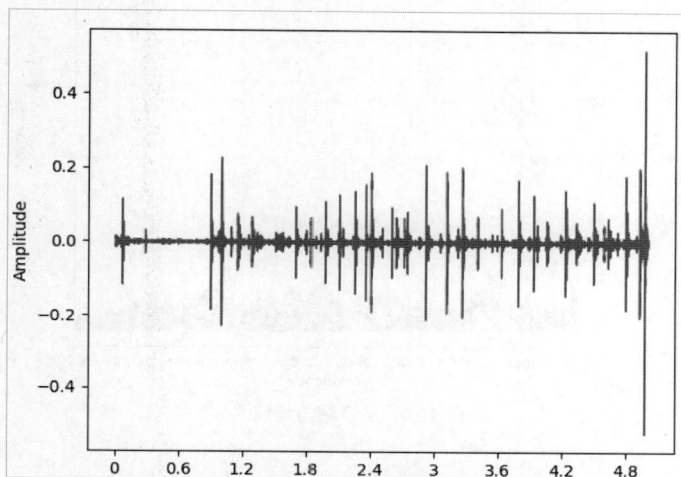

图 12.3　某音频的时域图

从中大家能看到，时域图是以波形的效果绘制了音频的特征，其横轴表示的是时间，单位是秒，纵轴表示的是振幅。

大家也可以注释掉第 3 行代码，打开第 4 行代码的注释，这样就能看到其他音频的时域图效果。

在绘制音频的频域图时，需要对音频进行傅里叶变换。下面的 drawAudioFrequency.py 范例展示了绘制频域图的做法。

```
1   import torchaudio
2   import matplotlib.pyplot as plt
3   import numpy as np
4   signal, sr = torchaudio.load('./audio/1-137-A-32.wav')
5   # 做傅里叶变换得到频域信息
6   fft = np.fft.fft(signal.flatten())
7   freqs = np.fft.fftfreq(len(signal.flatten()), 1/sr)
8   # 绘制特定频率范围内频域，单位是赫兹
9   start_freq = 500
10  end_freq = 5000
11  plt.figure()
12  plt.plot(freqs[:len(freqs) // 2], np.abs(fft)[:len(freqs) // 2])
13  plt.xlim(start_freq, end_freq)
14  plt.xlabel('Frequency')
```

```
15  plt.ylabel('Magnitude')
16  plt.grid()
17  plt.show()
```

本范例用第 4 行代码加载音频文件后，再利用第 6 行代码对音频信号做了傅里叶变换，在此基础上再用第 7 行代码得到了音频的频率范围。

随后，用第 12 行代码绘制出了音频的频域图，这里横轴是频率，纵轴是频率的振幅，在绘制时，用到了傅里叶变换的结果。本范例的运行效果如图 12.4 所示。

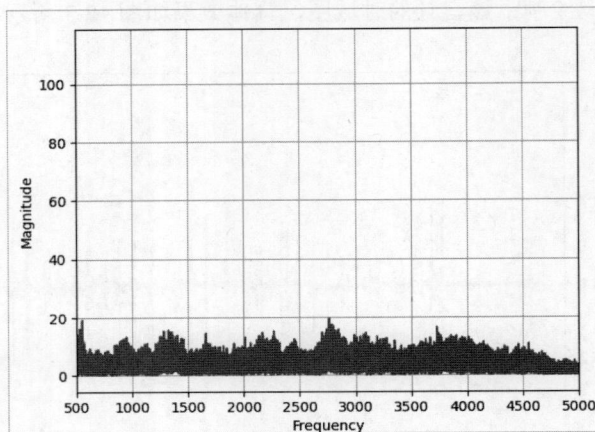

图 12.4　某音频的频域图

12.2.2　声谱图

时域图和频域图是从两个维度来描述音频的特征，为了能汇总音频的时域和频域信号，可以对上述的两种信号做短时傅里叶变换（STFT），具体做法是，把一段信号划分成若干个帧，然后对每一帧做傅里叶变换，再把结果在另一个维度上堆积，由此得到声谱图。

下面的 drawSpectrogram.py 范例给出了绘制声谱图的做法。其中涉及的数学计算细节不是本章的讲述重点，所以不对本范例做详细分析。

```
1   import matplotlib.pyplot as plt
2   import torchaudio
3   from scipy.io import wavfile
4   # 读取文件的采样率
5   fs, y_ = wavfile.read('./audio/1-137-A-32.wav')
6   waveform, sr = torchaudio.load('./audio/1-137-A-32.wav')
7   waveform = waveform.numpy()
8   num_channels, num_frames = waveform.shape
9   figure, axes = plt.subplots(num_channels, 1)
10  axes = [axes]
11  axes[0].specgram(waveform[0], Fs=sr)
12  plt.show()
```

本范例运行后，能看到如图 12.5 所示的声谱图效果。声谱图能在同一张图片上汇总音频的时域和频域信息。

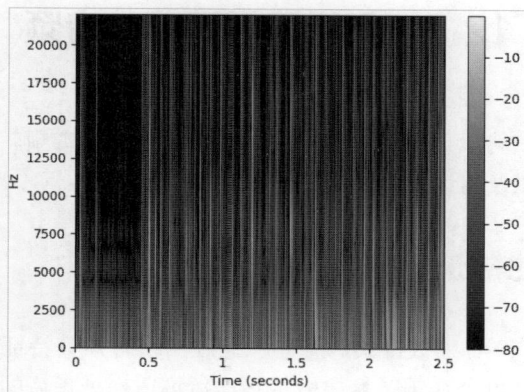

图 12.5　某音频的声谱图

12.2.3　梅尔频谱

音频中可能会有各种频率的信号，而人类只能听到 20 ～ 20000Hz 频率范围内的声音。同时，人类对音频信号里的低赫兹信号敏感，而对高赫兹信号不怎么敏感。

为了进一步切合这一情景，在音频处理场景中，一般会把音频信号按照以下公式转换成梅尔频谱。

```
1   m = 2595*lg(1+700*f)
```

上述公式里，m 是梅尔频谱的数值，f 是音频的频率。在此基础上，人类对音频信号的感知程度就能以线性的方式来量化，这样就能更好地训练模型。

也就是说，梅尔频谱也能用来描述音频的特征，而且所描述的特征更加适合于人类耳朵识别音频的场景。下面的 drawMelSpectrogram.py 范例给出了用 torchaudio 库绘制梅尔频谱的做法。

```
1   import torchaudio
2   import matplotlib.pyplot as plt
3   y, sr = torchaudio.load('./audio/1-137-A-32.wav')
4   to_mel_spectrogram = torchaudio.transforms.MelSpectrogram(
5           sample_rate=44100,n_fft=2048,hop_length=512,
6           n_mels=64)
7   # 绘制梅尔频谱
8   specgram = to_mel_spectrogram(y)
9   plt.figure()
10  p = plt.imshow(specgram.log2()[0, :, :].detach().numpy())
11  plt.show()
```

这里用第 4 行的代码定义了绘制梅尔频谱的数值，具体包括了采样率和傅里叶变换等参数。在此基础上，使用第 8 行代码得到了某音频的梅尔频谱数值，再用第 10 行代码实现了可视化的效果。本范例的运行效果如图 12.6 所示。

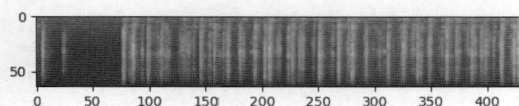

图 12.6　某音频的梅尔频谱可视化效果图

12.3　用卷积模型分类音频

卷积神经网络模型不仅可以用来分类图片，也可以用来分类音频。本节将讲解用音频数据集训练卷积神经网络模型，以及用训练好的模型分类音频的做法。

12.3.1　加载数据集的特征值和目标值

在用上文提到的 ESC-50 音频数据集训练卷积神经网络时，其特征值是每个音频文件所对应的数据，讲得更确切些，是每个音频转换成梅尔频谱后再适当处理后的数据，而目标值是每个音频所对应的分类。

通过 12.1.2 节的描述，大家可以知道，该数据集的目标值信息是存在 meta 目录下的 esc50.csv 文件中，具体来说，该 .csv 文件是通过 filename 和 target 两列，来说明每个音频文件所对应的分类。

在使用 ESC-50 数据集训练模型前，需要通过编写代码，用该数据集的音频和分类数据构建包含音频及其分类信息的 Dataset 对象，相关代码如下。

```
1   # 定义 dataset
2   class AudioDataset(Dataset):
3       def __init__(self):
4           # 获取音频数据
5           self.data = pd.read_csv('./meta/esc50.csv')
6           # 转为梅尔频谱
7           self.to_mel_spectrogram = MelSpectrogram(
8               sample_rate=44100, n_fft=2048,
9               hop_length=512, n_mels=64)
10      def __getitem__(self, index):
11          # 选择指定索引的条目
12          row = self.data.iloc[index]
13          # 读取音频文件
14          file_path = os.path.join('./audio', row['filename'])
15          waveform, sample_rate = torchaudio.load(file_path)
16          mel_spectrogram = self.to_mel_spectrogram(waveform)
17          # 转换到对数量度
18          mel_spec_db = AmplitudeToDB()(mel_spectrogram)
19          # 对数据进行归一化处理，提升精确度
20          mel_spec_norm = (mel_spec_db - mel_spec_db.mean()) / mel_spec_db std()
21          # 获取该音频正确的分类结果
22          label = row['target']
23          return mel_spec_norm, label
24      # 返回数据集的长度
25      def __len__(self):
26          return len(self.data)
27  # 创建音频数据集实例，调用内部方法加载数据集
28  dataset = AudioDataset()
```

以上通过第 1 ~ 26 行代码定义了用于加载音频数据集的 AudioDataset 类，并通过第 28 行

代码定义了该类的实例。之后的代码会用第 28 行定义的 dataset 实例训练模型。

这里请大家注意以下几个要点：

（1）在第 28 行实例化该数据集对象时，会调用第 3 行定义的 __init__ 方法和第 10 行定义的 __getitem__ 方法；而在遍历该数据集训练模型时，会调用第 25 行定义的返回长度的 __len__ 方法。

（2）该 AudioDataset 对象加载音频数据集的关键流程是，用第 15 行代码加载音频文件，用第 16 行代码把音频文件转换成梅尔频谱的格式。为了提升训练的精度，在此基础上会用第 18 行代码，把梅尔频谱数据转换成对数量度，并对数据进行归一化处理，把结果作为训练所用的特征值。同时，用第 22 行代码获取 esc50.csv 文件里的 target 列，以此作为训练所用的目标值。

（3）上文第 7 ～ 9 行代码定义了把音频转换成梅尔频谱时所用到的参数，这些参数能匹配上 ESC-50 数据集里音频的特征。比如采样率是 44100，而傅里叶变换所用到的参数则是 2048。

12.3.2　用交叉验证扩充数据集

在用 ESC-50 等数据集训练模型时，一般会把数据集拆分成训练集和测试集。为了充分利用数据集，这里还用到了"K 折交叉验证法"。

具体来说，是把数据集分成了 5 份，依次编成 1 ～ 5 号。先用 5 号数据集作为测试集，其他的作为训练集。完成该次训练后，再用 4 号数据集作为测试集，其他的作为训练集，以此类推，训练 5 轮。

这里用 K 折交叉验证法拆分数据集的关键代码如下所示，其中 n_splits 表示拆分数据集的数量，而 shuffle 则表示在构建训练集和测试集时，会对数据进行随机重排的操作。

```
1  splitNum = 5
2  kFlodCV = KFold(n_splits=splitNum, shuffle=True)
```

12.3.3　搭建卷积神经网络模型

搭建卷积神经网络模型的代码如下。

```
1  class AudioModel(nn.Module):
2      def __init__(self):
3          super(AudioModel, self).__init__()
4          # 第一层卷积 + 激活函数 + 池化层
5          self.conv1 = nn.Conv2d(in_channels=1, out_channels=3, kernel_size=3, padding=2)
6          self.relu1 = ReLU(inplace=True)
7          self.pool1 = nn.MaxPool2d(kernel_size=2, stride=2)
8          # 第二层卷积 + 激活函数 + 池化层
9          self.conv2 = nn.Conv2d(in_channels=3, out_channels=8, kernel_size=3, padding=2)
10         self.relu2 = nn.ReLU(inplace=True)
11         self.pool2 = nn.MaxPool2d(kernel_size=2, stride=2)
12         # 第三层卷积 + 激活函数 + 池化层
13         self.conv3 = nn.Conv2d(in_channels=8, out_channels=16, kernel_size=3, padding=2)
14         self.relu3 = nn.ReLU(inplace=True)
15         self.pool3 = nn.MaxPool2d(kernel_size=2, stride=2)
```

```
16              # 第四层卷积 + 激活函数 + 池化层
17              self.conv4 = nn.Conv2d(in_channels=16, out_channels=32, kernel_size=3, pacding=2)
18              self.relu4 = nn.ReLU(inplace=True)
19              self.pool4 = nn.MaxPool2d(kernel_size=2, stride=2)
20              # 第五层卷积 + 激活函数 + 池化层
21              self.conv5 = nn.Conv2d(in_channels=32, out_channels=48, kernel_size=3, pacding=2)
22              self.relu5 = nn.ReLU(inplace=True)
23              self.pool5 = nn.MaxPool2d(kernel_size=2, stride=2)
24              # 第六层卷积 + 激活函数 + 池化层
25              self.conv6 = nn.Conv2d(in_channels=48, out_channels=64, kernel_size=3, pacding=2)
26              self.relu6 = nn.ReLU(inplace=True)
27              self.pool6 = nn.MaxPool2d(kernel_size=2, stride=2)
28              # 3 个线性层，之间有防过拟合的 Dropout 层
29              self.linear1 = Linear(1024, 512)
30              self.linear2 = Linear(512, 64)
31              self.linear3 = Linear(64, 50)
32      def forward(self, x):
33              # 定义模型内的数据流向
34              x = self.pool1(self.relu1(self.conv1(x)))
35              x = self.pool2(self.relu2(self.conv2(x)))
36              x = self.pool3(self.relu3(self.conv3(x)))
37              x = self.pool4(self.relu4(self.conv4(x)))
38              x = self.pool5(self.relu5(self.conv5(x)))
39              x = self.pool6(self.relu6(self.conv6(x)))
40              x = x.view(-1, 1024)
41              x = self.linear1(x)
42              x = self.linear2(x)
43              x = self.linear3(x)
44              return x
```

在搭建该模型时，请大家注意以下几个要点：

第一，在第 2 行的 __init__ 方法里定义了模型的构成元素，在第 32 行的 forward 方法里定义了模型内的数据流向。

第二，从第 5 行代码来看，该卷积模型的输入是一维的音频数据，结合第 5 ～ 27 行代码来看，该音频数据经过了 6 层卷积、激活和池化处理。

第三，从第 6 行等代码来看，本模型使用 nn.ReLU(inplace=True) 形式的激活函数，这里 inplace=True 参数的含义是，直接修改从上游传来的数据，然后用 ReLU 激活函数处理，再传给下游。如果 inplace 参数的取值为 False，会把上游数据保留一份，再产生新的输出结具传给下游。这里取值为 True 的用意是节省训练时所用到的内存空间。

第四，在用 6 层卷积、激活和池化处理后，会用第 40 行代码把多维的数据依然转换成一维结果，之后再用 3 层线性层处理。

第五，从第 31 行代码中能看到，该模型的返回是 50 维的张量数据，原因是 ESC-50 数据集的分类结果是 50。

之后的 print 代码会输出该模型的结构，输出效果如下所示，从中大家能看到该模型处理音频数据的流程，即输入是一维的音频，经模型处理后，会输出拟合后的 50 类的音频分类结果。

```
1   AudioModel(
```

```
 2     (conv1): Conv2d(1, 3, kernel_size=(3, 3), stride=(1, 1), padding=(2, 2))
 3     (relu1): ReLU(inplace=True)
 4      (pool1): MaxPool2d(kernel_size=2, stride=2, padding=0, dilation=1, ceil_
mode=False)
 5     (conv2): Conv2d(3, 8, kernel_size=(3, 3), stride=(1, 1), padding=(2, 2))
 6     (relu2): ReLU(inplace=True)
 7      (pool2): MaxPool2d(kernel_size=2, stride=2, padding=0, dilation=1, ceil_
mode=False)
 8     (conv3): Conv2d(8, 16, kernel_size=(3, 3), stride=(1, 1), padding=(2, 2))
 9     (relu3): ReLU(inplace=True)
10      (pool3): MaxPool2d(kernel_size=2, stride=2, padding=0, dilation=1, ceil_
mode=False)
11     (conv4): Conv2d(16, 32, kernel_size=(3, 3), stride=(1, 1), padding=(2, 2))
12     (relu4): ReLU(inplace=True)
13      (pool4): MaxPool2d(kernel_size=2, stride=2, padding=0, dilation=1, ceil_
mode=False)
14     (conv5): Conv2d(32, 48, kernel_size=(3, 3), stride=(1, 1), padding=(2, 2))
15     (relu5): ReLU(inplace=True)
16      (pool5): MaxPool2d(kernel_size=2, stride=2, padding=0, dilation=1, ceil_
mode=False)
17     (conv6): Conv2d(48, 64, kernel_size=(3, 3), stride=(1, 1), padding=(2, 2))
18     (relu6): ReLU(inplace=True)
19      (pool6): MaxPool2d(kernel_size=2, stride=2, padding=0, dilation=1, ceil_
mode=False)
20     (linear1): Linear(in_features=1024, out_features=512, bias=True)
21     (linear2): Linear(in_features=512, out_features=64, bias=True)
22     (linear3): Linear(in_features=64, out_features=50, bias=True)
23  )
```

12.3.4　训练、验证及预测

下面的 predictAudioCategory.py 范例将演示用音频数据集训练卷积神经网络模型，以及用训练好的模型预测音频数据的实习代码，由于该范例比较长，会分段进行说明。同时，上文中已经给出构建 ESC-50 音频数据集及搭建卷积神经网络模型的代码，这里不再赘述。

```
 1  import os
 2  import pandas as pd
 3  import torchaudio
 4  from torch.utils.data import Dataset
 5  from torchaudio.transforms import MelSpectrogram, AmplitudeToDB
 6  import torch
 7  from torch import nn
 8  from torch.nn import ReLU, Linear
 9  from torch.utils.data import DataLoader, SubsetRandomSampler
10  from sklearn.model_selection import KFold
11  # 定义 dataset
12  class AudioDataset(Dataset):
13      省略搭建音频数据集的代码
14  # 创建音频数据集实例，调用内部方法加载数据集
```

```
15 dataset = AudioDataset()
```

以上代码先通过 import 语句引入了必要的依赖包，随后在第 12 行代码里定义了用于加载音频数据集的 AudioDataset 类，这部分的代码前文已经分析过，随后用第 15 行代码实例化了 AudioDataset 类。

根据定义，在实例化过程中，会加载 ESC-50 音频数据集，并把其中的音频文件转换成基于梅尔频谱的对数量度数据，以此作为音频的特征值，同时会加载该音频的分类结果，以此作为目标值。

为了能成功地加载到音频数据，需要把之前下载下来的 ESC-50 数据集文件放到本代码的同级目录中。

```
16 # 搭建卷积网络模型
17 class AudioModel(nn.Module):
18     省略搭建卷积神经网络模型的代码
19 # 参数设置
20 batch_size = 128
21 splitNum = 5
22 num_epochs = 50    # 训练总轮数
23 # 初始化模型
24 model = AudioModel()
25 # 输出模型结构
26 print(model)
```

以上代码定义了卷积神经网络模型，并通过第 24 行代码实例化了该模型，之后再用第 26 行的 print 语句输出了模型的结构，这部分代码之前分析过，就不再重复讲述。

除此之外，上文还用第 20 ～ 22 行代码定义了模型训练时的相关参数，具体的，通过第 20 行的 batch_size 变量定义了每批训练的音频个数，用第 21 行的 splitNum 变量定义了 K 折交叉验证时拆分的数据集个数，用第 22 行的 num_epochs 变量定义了训练的总轮数。

```
27 # 设置优化器和损失函数
28 optimizer = torch.optim.Adam(model.parameters(), lr=0.001)
29 criterion = torch.nn.CrossEntropyLoss()
30 # 用 K 折交叉验证法，充分利用数据集
31 kFlodCV = KFold(n_splits=splitNum, shuffle=True)
```

以上代码定义了训练时用到的优化器、损失函数和实现 K 折交叉验证的对象。至此，完成了所有的准备工作，接下来开始训练模型。

```
32 # 先通过 K 折交叉模型得到本批训练的训练集和测试集
33 for currentSplitNum, (currentTrainAudios, currentTestAudios) in enumerate(kFlodCV.split(dataset)):
34     print(f'start training, current split num is {currentSplitNum + 1}')
35     # 加载本次 K 折交叉的训练集和测试集
36     trainDataLoader = DataLoader(dataset, batch_size=batch_size, sampler=SubsetRandomSampler(currentTrainAudios))
37     testDataLoader = DataLoader(dataset, batch_size=batch_size, sampler=SubsetRandomSampler(currentTestAudios))
38     # 本轮训练时，每次训练的个数由 num_epochs 指定
39     for epoch in range(num_epochs):
40         model.train()
```

```
41                for i, (X, targets) in erumerate(trainDataLoader):
42                    # 梯度清零
43                    optimizer.zero_grad()
44                    # 用模型做预测，并得到损失值
45                    outputs = model(X)
46                    loss = criterion(outputs, targets)
47                    # 前向传递损失值，优化模型参数
48                    loss.backward()
49                    optimizer.step()
50            # 用测试集统计本轮训练的结果
51            model.eval()
52            corrects = 0
53            num = 0
54            total_loss = 0
55            with torch.no_grad():
56                for i, (X, targets) in enumerate(testDataLoader):
57                    outputs = model(X)
58                    loss = criterion(outputs, targets)
59                    corrects += (outputs.argmax(1) == targets).sum().item()
60                    num += X.shape[0]
61            # 统计并输出正确率
62            correctRate = corrects / num * 100
63                print(f'Epoch [{epoch + 1}/{num_epochs}], current split num
[{currentSplitNum + 1}/{splitNum}], Correct Rate: {correctRate:.2f}%')
```

以上代码用第 33 行和第 39 行的两层 for 循环实现了训练的功能。在外层 for 循环里，用到了第 36 行和第 37 行的代码，用 K 折交叉验证的方式生成本轮训练所用到的训练集和测试集。

在内层 for 循环里，先用训练集的数据训练模型，再用测试集的数据验证本次训练的结果。

用训练集训练模型的做法是，先用第 40 行代码把模型调整成训练模式，随后再用第 41 行的 for 循环，以批（每批 128 个数据）为单位，依次读取数据集，再用第 45 行代码，用音频的特征值来训练模型，训练的过程其实也就是拟合模型内部各个节点参数的过程，把拟合的结果赋给 outputs 变量。

拟合完成后，通过第 46 行代码，用损失函数统计拟合结果和真实结果的差距，由此得到本轮训练的损失值。再通过第 48 行和第 49 行代码，从后向前传递损失值，由此来优化卷积模型的参数，至此，完成本轮的训练动作。

完成训练后，会再用第 51 ~ 63 行代码，用测试集来定量地衡量本轮训练的结果。

具体做法是，先用第 51 行代码把模型调整为验证状态，验证时不需要梯度，所以用第 55 行代码关闭梯度。

关闭梯度后，用第 56 行的 for 循环分批读取测试集里的数据，再用第 57 行代码让训练好的模型拟合音频特征值，由此得到一个包含分类结果的 outputs 对象，再用第 59 行代码对比拟合结果和真实结果，最后再用第 60 ~ 63 行代码，统计并输出本轮训练后，基于测试集验证的准确率，完整的训练流程如图 12.7 所示。

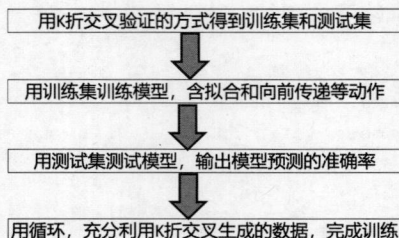

图 12.7 用音频数据集训练模型的流程效果图

```
64  with torch.no_grad():
65      # 获取 5 个音频样本
66      predictDataLoader = DataLoader(dataset, batch_size=5)
67      audios, targets = next(iter(predictDataLoader))
68      print('Real Result: ', ' '.join('%3s' % targets.numpy()[index] for index in
range(5)))
69      output = model(audios)  # 用训练好的模型预测
70      # predict 是预测结果
71      _, predict = torch.max(input=output.data, dim=1)
72      # 输出预测结果
73       print('Predict Result: ', ' '.join('%3s' % predict.numpy()[index]   for
index in range(5)))
```

完成全部训练后，用户通过第 64 ~ 73 行代码演示了"预测音频分类"的动作。

具体来说，先用第 66 行和第 67 行代码，从数据集里抽取了 5 个待预测的音频样本数据，随后再用第 68 行代码输出了这些音频数据的真实分类结果，之后再用第 69 行代码，用训练好的模型预测音频的分类，再用第 71 行和第 73 行代码获取并输出预测结果，从中大家可以直观地看到模型预测的正确率。

本范例运行后，能在控制台里，通过以下样式的输出观察到模型的训练流程及每轮训练后的准确率。

由于会通过 K 折交叉验证的方式生成 5 批不同的训练集和测试集，以此最大程度上利用数据集里的样本数据，所以大家能看到"current split num [1/5]"字样，表示当前是"5 折"中的"第 1 折"。随着训练流程的推进，大家还能看到类似"current split num [5/5]"形式的字样。

在基于"K 折交叉验证"的"每一折"的训练过程中，会用 num_epochs 变量来定义训练的轮数，这里该变量的取值是 50，所以大家能看到"Epoch [1/50]"之类的字样，表示当前训练的轮数。随着训练流程的推进，大家还能看到类似"Epoch [50/50]"形式的字样。

同时，在每行的最后会输出"该折该轮"的准确率，比如有"Correct Rate: 2.25%"的字样。随着训练的深入，模型做出预测的准确率会不断提升。

```
1  start training, current split num is 1
2  Epoch [1/50], current split num [1/5], Correct Rate: 2.25%
3  Epoch [2/50], current split num [1/5], Correct Rate: 6.50%
4  Epoch [3/50], current split num [1/5], Correct Rate: 14.25%
5  Epoch [4/50], current split num [1/5], Correct Rate: 18.00%
6  Epoch [5/50], current split num [1/5], Correct Rate: 19.75%
```

```
7 Epoch [6/50], current split num [1/5], Correct Rate: 25.50%
```

完成训练后，在用模型进行预测时，大家能看到以下输出，其中，第 1 行表示音频的真实类别编号，第 2 行表示模型在分析音频样本后做出的预测结果。

本范例中采用的是"5 折"训练，"每一折"训练 50 轮，所以训练所用的总体时间比较长。在运行本范例时，大家可以根据实际情况，适当减少 K 折交叉验证过程中的"K 折"数量及训练轮数，从而更加快速地完成训练。当然，这种情况下模型做出预测的准确率可能会降低。

```
1  Real Result:     0  14  36  36  19
2  Predict Result:  0  12  36  12  19
```

12.4　小结和预告

本章首先讲述了音频分析的必要准备知识，尤其是把音频数据转换成梅尔频谱的做法。在此基础上，结合案例讲述了用卷积神经网络模型分类音频的实践要点。

和之前的训练过程不同的是，本章给出的分类音频范例在训练前，需要先把音频文件转换成模型能接收的基于梅尔频谱对数量度的数据，在训练过程中还用到了"K 折交叉验证"方式，生成了多批训练集和测试集，由此能提升数据集的利用率。

除此之外，本章范例所用到的卷积神经网络模型也较为复杂，包含了 6 个卷积、激活和池化层，以及 3 个线性处理层。

目标检测是深度学习的一个重要应用场景，第 13 章首先会讲述相关的概念及基于深度学习的模型，在此基础上，再通过实例具体讲述基于深度学习的目标检测实战技巧。

第 13 章

目标检测技术实战

学习目标

- 掌握目标检测的相关理论和常用模型
- 掌握相关数据集和类库的使用方法
- 掌握基于深度学习的目标检测实战技术

13.1　目标检测技术概述

目标检测包含目标物体的定位和识别两个动作，先从图片里找到目标物体的范围，随后再识别出物体的类别。目标检测技术可被用在人脸检测、自动驾驶和遥感检测等领域。

在通过代码范例讲述目标检测技术的实战要点之前，先讲述一些必要的准备知识点，包括目标检测技术的相关算法，以及深度学习领域内的目标检测相关算法和模型。

13.1.1　传统目标检测的流程及缺陷

在讲述基于深度学习的目标检测技术之前，先来分析一下这个领域的传统实现步骤。

传统方式一般包含 3 个主要步骤，一是生成目标建议框，二是提取每个建议框内的特征，三是根据提取的特征进行分类。

但是，这种传统的方式在精度和速度方面，均有很大的改进空间。比如在生成目标建议框阶段，一般会用滑动窗口的方式扫描整张图片，这种做法的计算量很大，而且由于有很多重复计算，所以效率很低。而在提取建议框内的特征阶段，如何定义有效特征，需要人工介入，可靠性较低。同时，在对特征进行分类的阶段，往往用的是比较传统的模型，如支持向量机（SVM），这样的分类效果比不上基于深度学习的模型。

相比之下，随着深度学习算法逐渐被应用到目标检测领域，在这个领域不论是从精度还是速度等方面来看，目标检测的质量都得到了显著提升。

13.1.2　基于深度学习的目标检测技术

当下，一些高性能、高精度的目标检测技术都是基于深度学习算法的，引入深度学习相关算法和模型后，目标检测技术主要分成了两阶段检测（Two-Stage Detection）和单阶段检测（One-Stage Detection）两大类。

两阶段检测方法将目标检测拆分为两个连续的阶段，第一阶段是生成可能包含目标物体的候选区域，第二阶段是分类候选区域内的目标物体，同时再进一步定位边界框。这种方法虽然计算量大，计算复杂度高，但依然在目标检测中得到了广泛应用。

而单阶段检测方法不包含生成候选区域的阶段，直接在输入的图片上进行目标分类，同时确定边界框的位置。这种检测方法被广泛应用在一些实时性较高的检测场景。

当下，一些比较成熟的两阶段检测模型包括 FPN 和 Faster R-CNN，而比较成熟的单阶段检测模型包括 YOLO、SSD 和 RetinaNet 等。

13.1.3　目标检测的相关概念

在目标检测场景，交并比（IoU, Intersection-over-Union）是一个用来衡量检测效果的重要指标，其含义是，生成的包含目标物体的候选框和真实边框之间的交叠率数值，即两者交集和并集的比值，具体效果如图 13.1 所示。

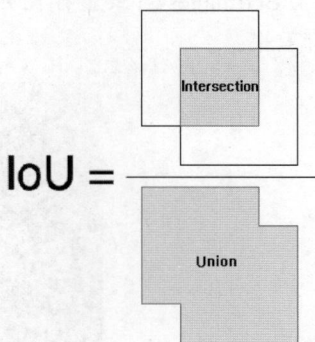

图 13.1　交并比（IoU）的计算示意图

交并比是一个介于 0 ~ 1 之间的数值，该数值越接近于 1，越说明检测的效果和真实情况越匹配，反之则说明检测效果不符合真实情况。

另外一个比较重要的概念是非极大值抑制（NMS），这是一种搜索标识目标的算法，引入该算法的目的是用来去除重叠冗余的候选框，确保一个目标只被一个最优的候选框所标识。

反之，如果不引入该算法，那么一个目标可能会被多个候选框标识，这样不仅浪费了算力，而且还会引入非最优的检测结果。该搜索算法的具体步骤如下：

（1）设定本次搜索的置信度阈值，比如 0.5。

（2）以置信度降序排列的方式，列出候选框列表，在此基础上选取置信度最高的候选框添加到输出列表，同时删除其他候选框列表。

（3）计算所有候选框的面积，同时计算置信度最高的候选框与其他候选框的 IoU 数值，在此基础上删除 IoU 大于阈值的候选框。

（4）重复以上步骤，直到候选框列表为空，最后返回输出列表。

在之后的范例中，大家能看到 IoU 和 NMS 这两个概念和目标检测之间的关系。

13.2　通过数据集初识目标标记

本节用到的是 VOC 2007，首先将讲述该数据集的下载方法，以及其中各文件和数据的含义，随后会用该数据集演示标记目标的样式效果。

13.2.1　介绍 VOC 2007 数据集

VOC 2007 数据集是目标检测领域比较常用的数据集之一，它包含了飞机、自行车和汽车等20 类图片。

可从官网 http://host.robots.ox.ac.uk/pascal/VOC/ 等网站下载该数据集。下载并解压缩后，可在 VOC2007 目录下看到包含数据集文件的各子目录，具体效果如图 13.2 所示。

其中，JPEGImages 目录里存放的是该数据集中的原始图片，Annotations 目录里放的是多个表示标注信息的 .xml 文件。比如，JPEGImages 目录里存在如图 13.3 所示的 000005.jpg 图片文件，该图片展示了某房间的室内装饰效果。

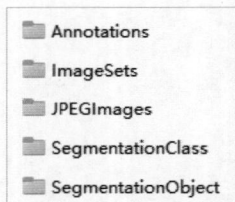

图 13.2　包含 VOC2007 数据集文件的各子目录　　　图 13.3　000005.jpg 图片文件的效果图

对应的，在 Annotations 目录里存在 000005.xml 文件，它对应于 000005.jpg 图片文件，其中部分代码如图 13.4 所示。

其中，第 20 ～ 31 行的 object 元素里包含了某个目标标记的数据。具体来看，第 21 行的name 元素表示该标记目标的类别名称是 chair，第 25 ～ 30 行的 bndbox 元素里记录了用于标记该目标方框的 4 个点的元素。

同时，在该 .xml 文件里还包含了多个 object 元素，这些元素记录了 000005.jpg 图片文件多个标记目标的类别和标记方框的位置。

```
20          <object>
21              <name>chair</name>
22              <pose>Rear</pose>
23              <truncated>0</truncated>
24              <difficult>0</difficult>
25              <bndbox>
26                  <xmin>263</xmin>
27                  <ymin>211</ymin>
28                  <xmax>324</xmax>
29                  <ymax>339</ymax>
30              </bndbox>
31          </object>
32          <object>
33              <name>chair</name>
34              <pose>Unspecified</pose>
35              <truncated>0</truncated>
36              <difficult>0</difficult>
37              <bndbox>
38                  <xmin>165</xmin>
39                  <ymin>264</ymin>
40                  <xmax>253</xmax>
41                  <ymax>372</ymax>
42              </bndbox>
43          </object>
```

图 13.4　000005.xml 文件部分代码效果图

13.2.2　展示目标标记效果

下面的 drawRectForVoc.py 范例会从 .xml 文件里读取目标类别及标记方框等数据，然后据此到图片里绘制标记效果。

```
1   import xml.etree.ElementTree as ET
2   import matplotlib.pyplot as plt
3   from matplotlib.patches import Rectangle
4   from PIL import Image
5   # 该 .xml 里包含了图片的真实标记数据
6   domTree = ET.parse('VOC2007/Annotations/000005.xml')
7   xmlRoot = domTree.getroot()
8   objects = xmlRoot.findall('object')
9   identityBoxes = []
10  for object in objects:
11      # name 元素表示类别名
12      typeName = object.find('name').text
13      # bndbox 元素表示标记的方框
14      bndbox = object.find('bndbox')
15      # 从 .xml 里找到标记的坐标，有多个
16      xmin = int(bndbox.find('xmin').text)
17      ymin = int(bndbox.find('ymin').text)
18      xmax = int(bndbox.find('xmax').text)
19      ymax = int(bndbox.find('ymax').text)
20      currentBox = [typeName, xmin, ymin, xmax, ymax]
21      identityBoxes.append(currentBox)
22  print(identityBoxes)
```

以上通过第 8 行代码得到了 .xml 文件里的 object 元素，该元素里包含了标记目标的种类和方框数据。

在此基础上，通过第 10 行的 for 循环，把该 .xml 文件里的所有标记目标及对应方框的数据存放到 identityBoxes 对象里。

```
23  # 获取图片
24  image = Image.open('VOC2007/JPEGImages/000005.jpg')
25  fig, ax = plt.subplots()
26  # 绘制原图
27  plt.imshow(image)
28  for currentBox in identityBoxes:
29      class_name = currentBox[0]
30      xmin = currentBox[1]
31      ymin = currentBox[2]
32      xmax = currentBox[3]
33      ymax = currentBox[4]
34      # (1,1,1) 是白色，用白色标记
35      rect = Rectangle(xy=(xmin, ymin), width=xmax - xmin,
36                       height=ymax - ymin,
37                       edgecolor=(1, 1, 1),
38                       facecolor='None', linewidth=1)
39      # 绘制标记文字
40      plt.text(xmin, ymin -5  , '{:s}'.format(class_name),
41              bbox=dict(facecolor=(1, 1, 1)))
42      #绘制标记方框
43      ax.add_patch(rect)
44      plt.axis('off')
45  plt.show()
```

以上代码实现了绘制原图和在原图里标记目标方框的效果。具体的，先通过第 27 行代码绘制原图，再通过第 28 行的 for 循环绘制标记效果。

在通过 for 循环绘制标记效果时，是通过第 29 行代码得到了当前标记目标的类别，再通过第 35 行代码得到了该标记目标的方框，随后再通过第 40 行和第 43 行代码在原图上绘制了标记文字和标记方框。

本范例运行后，能在控制台里看到如下的输出，从中能看到，原图包含了 5 个标记目标，它们的类别都是 chair，而每个标记目标之后的 4 个数字表示该目标的方框坐标。

```
1  [['chair', 263, 211, 324, 339], ['chair', 165, 264, 253, 372], ['chair', 5,
244, 67, 374], ['chair', 241, 194, 295, 299], ['chair', 277, 186, 312, 220]]
```

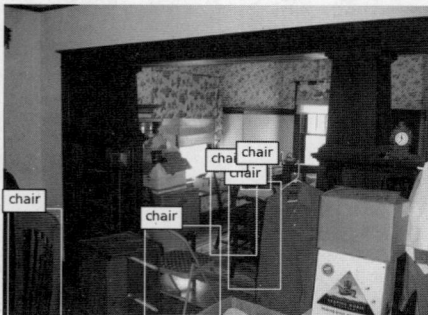

图 13.5　展示目标标记的效果图

同时，还能看到如图 13.5 所示的标记效果，其中的标记类别名称和方框位置，与在控制台输出的内容完全一致。

13.3　用模型标记目标

torchvision 库里包含了已经预训练过的可用于目标检测的 Faster R-CNN 和 SSD 等模型，本节将在讲述相关模型的基础上，分析用模型标记目标的实战技巧。

13.3.1　Faster R-CNN 模型

Faster R-CNN 是基于两阶段检测方法的目标标记模型，一般由卷积层、区域建议网络层、感兴趣区域池化层和分类器 4 部分组成，具体构成如图 13.6 所示。

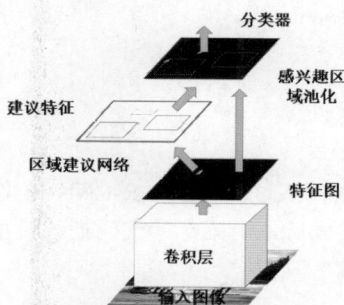

图 13.6　Faster　R-CNN 模型结构图

（1）图片在经输入层进入模型后，先会被卷积层处理，卷积层的作用是提取并输出图片的特征，该层的输出结果是特征图。

（2）区域建议网络层会在特征图的基础上输出多个建议特征区域，每个区域对应一组用于定位的矩形坐标。

（3）感兴趣区域池化层会综合分析区域建议网络层输出的多个特征区域和卷积层输出的特征图，形成池化等参数固定的若干个区域特征图，以便后继分类器进行分类。

（4）分类器可以用二分类等方法，最终输出若干个区域特征图的矩形方框及分类结果，这样就实现了标记和分类的动作。

一般来说，可以在搭建 Faster R-CNN 模型的基础上，再用 COCO 或 VOC2007 等数据集训练该模型，训练时可用交并比 IoU 作为损失函数，用非极大值抑制（NMS）算法来优化训练过程。

不过，在 torchvision 库的 torchvision.models.detection 模块里，包含了已预训练过的 Faster R-CNN 模型，该模型是用 COCO 数据集来训练的。

定义该模型的代码如下所示，其中 pretrained 参数的取值为 true，表示创建该模型时，会从远端服务器下载已被预训练过的 Faster R-CNN 模型。

```
1    modelTrainByCoco = torchvision.models.detection.fasterrcnn_resnet50_fpn(pretrained=True)
```

这里请注意，训练 torchvision.models.detection 模块里包含的 Faster R-CNN 模型时，用的并不是本章之前提到的 VOC 2007 数据集。

COCO 数据集是由微软提供的，也是一个能用在目标检测方面的大型数据集。这个数据集有 91 个分类数据，包括自行车、汽车和飞机等，也就是说，用 COCO 数据集训练过的 Faster R-CNN 模型，可以检测 VOC 2007 数据集图片里包含的物体。

13.3.2 用 Faster R-CNN 模型标记目标

下面的 IdentityByFasterRCNN.py 范例将演示用预训练过的 Faster R-CNN 模型检测 VOC 2007 数据集图片中物体的做法。

```
1   import numpy as np
2   import torchvision
3   import torchvision.transforms as transforms
4   from PIL import Image, ImageDraw
5   import matplotlib.pyplot as plt
6   modelTrainByCoco = torchvision.models.detection.fasterrcnn_resnet50_
fpn(pretrained=True)
7   modelTrainByCoco.eval()
```

以上通过第 6 行代码加载了预训练过的 Faster R-CNN 模型，这个模型是封装在 torchvision. models.detection 模块里的，加载完成后，用第 7 行代码把该模型设置成评估模式。

```
8   # 待检测的原始图片
9   originImage = Image.open("VOC2007/JPEGImages/000026.jpg")
10  transformer = transforms.Compose([transforms.ToTensor()])
11  pred = modelTrainByCoco([transformer(originImage)])
12  print(pred)
```

以上通过第 9 行代码加载了 VOC 2007 数据集里的一张图片，并用第 11 行代码，通过 Faster R-CNN 模型检测了该图片里的目标物体。最后，用第 12 行代码输出了检测结果。

```
13  # 数据类名
14  COCO_CATEGORY_NAMES = ['____BACKGROUND____', 'person', 'bicycle', 'car',
'motorcycle','airplane', 'bus', 'train', 'trunk', 'boat', 'traffic light', 'fire hydrant',
'N/A', 'stop sign', 'parking meter', 'bench',   'bird', 'cat', 'dog', 'horse', 'sheep',
'cow', 'elephant',    'bear', 'zebra', 'giraffe', 'N/A', 'backpack', 'umbrella', 'N/A',
'N/A', 'handbag', 'tie', 'suitcase', 'frisbee', 'skis', 'snowboard',   'sports ball',
'kite', 'baseball bat', 'baseball glove', 'skateboard', 'surfboard', 'tennis racket',
'bottle', 'N/A', 'wine glass', 'cup', 'fork', 'knife', 'spoon', 'bowl', 'banana',
'apple', 'sandwich', 'orange', 'broccoli', 'carrot', 'hot dog', 'pizza',   donut',
'cake', 'chair', 'couch', 'potted plant', 'bed', 'N/A',  'dining table', 'N/A', 'N/
A', 'toilet', 'N/A', 'tv', 'laptop',     'mouse', 'remote', 'keyboard', 'cell phone',
'microwave', 'oven', 'toaster', 'toaster', 'sink', 'refrigerator', 'N/A', 'book',
'clock', 'vase', 'scissors', 'teddy bear', 'hair drier', 'toothbrush' ]
15  # 检测出目标的类别和得分
16  predictResult = [COCO_CATEGORY_NAMES[index] for index in
17                   list(pred[0]['labels'].numpy())]
18  predictScore = list(pred[0]['scores'].detach().numpy())
19  # 检测目标的矩形框
20  predRects = [[index[0], index[1], index[2], index[3]] for index in list(pred[0]
['boxes'].detach().numpy())]
```

```
21 # 只展示分数大于 0.7 的结果
22 predAfterFilter = [predictScore.index(x) for x in predictScore if x > 0.7]
```

以上用第 14 行代码列出了 COCO 数据集的 91 种物品分类，由于本范例的模型是用 COCO 数据集训练的，所以在检测目标时，返回的分类结果是包含在这 91 种分类里的。

随后，用第 16 行和第 17 行代码得到了本次检测的结果及针对该结果的评分，用第 20 行代码得到了用于标记检测结果的矩形坐标。用第 22 行代码，在检测结果里过滤掉评估分数低于 0.7 的目标，即过滤掉一些不可信的目标。

```
23 # 设置图片显示的字体
24 fontsize = np.int16(originImage.size[1])
25 # 绘制可视化的检测
26 draw = ImageDraw.Draw(originImage)
27 for index in predAfterFilter:
28     rect = predRects[index]
29     draw.rectangle(rect, outline="red")
30     texts = predictResult[index]+":"+str(np.round(predictScore[index], 2))
31     draw.text((rect[0], rect[1]), texts, fill="black")
32 plt.axis('off')
33 plt.imshow(originImage)
34 plt.show()
```

最后部分是可视化检测结果，具体的，用第 26 行代码绘制了原始图片，用第 29 行代码绘制了标记目标的矩形，用第 31 行代码绘制了目标分类的文字及对应的评估分。

第一次运行本范例时，会耗费一定的时间下载第 6 行提到的 fasterrcnn_resnet50_fpn 预训练模型。本范例的运行效果如图 13.7 所示，从中大家能看到标识目标物体的矩形和标识信息。

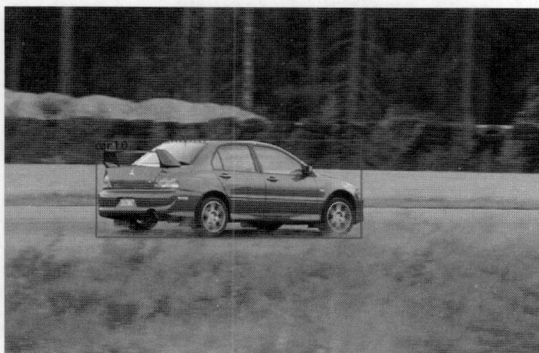

图 13.7　基于 Faster R-CNN 模型的目标检测效果图

此外，还能在控制台里看到以下输出的结果数据。

```
1 [{'boxes': tensor([[ 85.1557, 125.0625, 331.0620, 217.4979],    [293.9658,
103.2213, 411.5345, 140.4201],          [303.3488, 101.9749, 392.5472, 128.8551]], grad_
fn=<StackBackward0>), 'labels': tensor([ 3, 15,  3]), 'scores': tensor([0.9963, 0.2034,
0.0980], grad_fn=<IndexBackward0>)}]
```

从中能看到，Faster R-CNN 模型其实在源图片里检测到 3 个目标，boxes 返回值给出了这 3 个目标的标记框矩形坐标，labels 返回值给出了这 3 个目标的类别，而 scores 返回值则给出了针对这 3 个目标的评估分数。

由于在代码里设置了只展示评估分大于 0.7 的检测结果，所以本范例只返回其中标记类型为 3（COCO_CATEGORY_NAMES 数组里的值是 car）的标记结果。

13.3.3 用 SSD 模型标记目标

SSD 是一种基于单阶段的目标检测模型，该模型分为特征提取网络和多尺度检测网络两部分。

其中，特征提取网络一般采用预训练过的 VGG 等神经网络模型，这一层网络模型的作用是对图片进行卷积操作，由此提取出能用作标记的特征信息。而多尺度检测网络模型能对每个特征进行分层处理，对各种特征图都进行更有效的检测，由此得到更加精确的效果。

在 torchvision 库的 torchvision.models.detection 模块里，也包含了已预训练过的 SDD 模型，该模型也是用 COCO 数据集来训练的，相关代码如下所示。

```
1  modelTrainByCoco = torchvision.models.detection.ssd300_vgg16(pretrained=True)
```

下面的 IdentityBySSD.py 范例将演示用预训练过的 SDD 模型检测 VOC 2007 数据集图片中物体的做法。

```
1  import numpy as np
2  import torchvision
3  import torchvision.transforms as transforms
4  from PIL import Image, ImageDraw
5  import matplotlib.pyplot as plt
6  modelTrainByCoco = torchvision.models.detection.ssd300_vgg16(pretrained=True)
7  modelTrainByCoco.eval()
8  # 待检测的原始图片
9  originImage = Image.open("VOC2007/JPEGImages/000032.jpg")
10 transformer = transforms.Compose([transforms.ToTensor()])
11 pred = modelTrainByCoco([transformer(originImage)])
12 print(pred)
13 # 数据类名
14 COCO_CATEGORY_NAMES = ['____BACKGROUND____', 'person', 'bicycle', 'car',
'motorcycle',  'airplane', 'bus', 'train', 'trunk', 'boat', 'traffic light', 'fire
hydrant', 'N/A', 'stop sign', 'parking meter', 'bench', 'bird', 'cat', 'dog', horse',
'sheep', 'cow', 'elephant', 'bear', 'zebra', 'giraffe', 'N/A', 'backpack', 'umbrella',
'N/A',    'N/A', 'handbag', 'tie', 'suitcase', 'frisbee', 'skis', 'snowboard','sports
ball', 'kite', 'baseball bat', 'baseball glove', 'skateboard', 'surfboard', 'tennis
racket', 'bottle', 'N/A', 'wine glass', 'cup', 'fork', 'knife', 'spoon', 'bowl',
'banana', 'apple', 'sandwich', 'orange', 'broccoli', 'carrot', 'hot dog', 'pizza',
'donut', 'cake', 'chair', 'couch', 'potted plant', 'bed', 'N/A', 'dining table', 'N/A',
'N/A', 'toilet', 'N/A', 'tv', 'laptop', 'mouse', 'remote', 'keyboard', 'cell phone',
'microwave', 'oven', 'toaster', 'toaster', 'sink', 'refrigerator', 'N/A', 'book',
'clock', 'vase', 'scissors', 'teddy bear', 'hair drier', 'toothbrush' ]
15 # 检测出目标的类别和得分
16 predictResult = [COCO_CATEGORY_NAMES[index] for index in
17                list(pred[0]['labels'].numpy())]
18 predictScore = list(pred[0]['scores'].detach().numpy())
19 # 检测目标的矩形框
```

```
20 predRects = [[index[0], index[1], index[2], index[3]] for index in
list(pred[0]['boxes'].detach().numpy())]
21 # 放宽过滤条件
22 predAfterFilter = [predictScore.index(x) for x in predictScore if x > 0.3]
23 # 设置图片显示的字体
24 fontsize = np.int16(originImage.size[1])
25 # 绘制可视化的检测
26 draw = ImageDraw.Draw(originImage)
27 for index in predAfterFilter:
28     rect = predRects[index]
29     draw.rectangle(rect, outline="red")
30     texts = predictResult[index]+":"+str(np.round(predictScore[index], 2))
31     draw.text((rect[0], rect[1]), texts, fill="black")
32 plt.axis('off')
33 plt.imshow(originImage)
34 plt.show()
```

该范例和上文给出的 IdentityByFasterRCNN.py 范例很相似，但存在下列几个不同点。

（1）在第 6 行代码里，引入的是基于 SSD 的预训练模型，本范例是用这个模型来做目标检测。

（2）在第 9 行代码里，更换了待检测的 VOC 2007 数据集里的图片，这里大家也可以改成其他图片。

（3）在第 22 行代码里，改变了过滤条件，在本范例中会展示评估分高于 0.3 的检测结果。

不过，本范例依然是通过第 16 行代码，用预训练过的 SSD 模型分析源图片并检测其中的目标，同时是通过第 17 行代码获取检测目标的评分。

第一次运行本范例时，会耗费较多的时间下载第 6 行提到的 ssd300_vgg16 模型。本范例运行后的效果如图 13.8 所示，从中大家能看到源图和多个标记结果。

图 13.8　基于 SDD 模型的目标检测效果图

此外，还能在控制台里看到表示标记方框、检测评估分和分类的多个结果，其中标记方框坐标的 boxes 数据如下。

```
1 'boxes': tensor([[9.0494e+01, 7.7934e+01, 3.6171e+02, 1.8129e+02], …
```

表示检测评估评分的数据如下所示。

```
1 'scores': tensor([0.9525,…
```

表示分类结果的数据如下所示。

```
1 'labels': tensor([ 5, …
```

13.3.4 用 Yolo 模型标记目标

Yolo 也是一种基于单阶段的目标检测模型，本节将使用 Yolo V8 版本来进行目标检测。

该模型取消了建议框，而是把图片分割成若干个区域，并预测每个区域的目标种类及概率。相对于一些基于两阶段的检测模型，Yolo 模型的检测速度较快，但定位精度有所下降。

为了实现基于 Yolo 模型的目标检测案例，需要在本地计算机上做以下两个准备工作。

第一，用 pip3 install ultralytics 命令安装包含 Yolo 模型的 ultralytics 类库。

第二，可到官网 https://github.com/ultralytics/ultralytics 等网站下载 Yolo V8 版本模型的权重文件 yolov8n.pt。该权重文件包含了经预训练过的 Yolo 模型的内部参数。本章附带的代码里，包含了该权重文件。运行范例时，需要把该权重文件放到与范例代码相同的目录里。

完成上述准备工作后，可以编写下面的 IdentityByYolo.py 范例观察目标检测的结果。

```
1  from ultralytics import YOLO
2  # 实例化预处理过的模型
3  model = YOLO('yolov8n.pt')
4  # 定义源图片文件
5  source = 'VOC2007/JPEGImages/000005.jpg'
6  # 用训练好的模型检测目标
7  model.predict(source, save=True)
```

其中，第 1 行代码用于加载 ultralytics 类库，第 3 行代码用于实例化包含预处理权重参数的 Yolo 模型，第 5 行代码用于指定待检测的图片文件，第 7 行代码用 Yolo 模型检测图片里的目标。

本范例运行后，能在当前目录里看到如图 13.9 所示的新生成的目录结构，其中包含了检测结果图片。

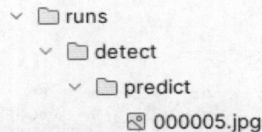

图 13.9　包含检测结果的目录结构效果图

打开 runs/detect/predict 目录里的 000005.jpg 文件，能看到如图 13.10 所示的效果，其中已经包含了检测结果和检测概率。

图 13.10　基于 Yolo 模型的目标检测效果图

13.4　小结和预告

本章首先讲述了目标检测的相关概念和常用数据集，随后给出了用 Faster R-CNN、SSD 和 Yolo 等模型进行目标检测的相关技巧，从中大家能看到，目标检测的结果包含"标记框""分类结果"和"评估分数"三大要素。

强化学习是深度学习的一个重要分支，其中心思想是，在训练过程中让模型和环境交互，由此让模型通过反馈来改进学习策略，最终能实现收益最大化。第 14 章将在讲述强化学习概念的基础上，通过"倒立摆"和"月球着陆舱降落"两个案例，带领大家全面掌握强化学习方面的技能点。

第 14 章

强化学习实战

学习目标

- 掌握强化学习的概念和流程
- 掌握基于 PPO 算法的强化学习流程
- 能通过学习倒立摆和着陆舱降落的强化学习实例代码，掌握强化学习相关的实践技能

14.1　强化学习概述

强化学习（Reinforcement Learning，RL）是机器学习的一个分支领域，它的中心思想是，让一个智能体（如模型）在学习环境中通过各种尝试来获得并改进策略，从而在当前状态下，能用较好的行为得到最大的收益。

14.1.1　强化学习的概念和流程

一般来说，强化学习领域包含以下几个概念：

（1）智能体（Agent），这是学习和制定策略的主体，比如在深度学习场景，智能体可以是神经网络模型。

（2）环境（Environment），可以是真实场景（如自动驾驶领域的真实路况），也可以是模拟场景。

（3）状态（State）和行为（Action），状态是指智能体在某个时间点的情况，可以用若干个参数表述，而行为则是智能体在当前环境和当前状态下可以选择的动作。

（4）奖励（Reward），这实质是智能体在当前环境和当前状态下，执行某个行为后得到的反馈，奖励数值可大可小，也可以是负值。

（5）策略（Policy）和价值函数（Value Function），策略是指智能体的行为规则，而价值函数则可以用来评估某个策略对应的奖励数值。

强化学习的处理流程一般如下：

（1）首先，智能体会通过各种尝试，以了解不同种类行动可能出现的结果。

（2）随后，智能体会用当下积累的知识和策略做出选择，以期最大程度地得到奖励。

（3）之后，智能体会通过学习和探索，不断更新策略和价值函数，同时明确当下可以采用的行为，并在之后的过程中继续积累知识和调整策略。

14.1.2　强化学习的算法框架

强化学习的处理算法一般分为以下两种：基于价值函数的算法和基于策略梯度的算法。基于价值函数的算法会先通过价值函数计算每个行为的价值，再通过与环境的交互，获取价值最大的行为，以此来推进强化学习的进程。

基于策略梯度的算法会先形成策略函数，再确定当前状态下任何可能发生的行为的概率，在此基础上通过沿着梯度求解产生最优策略。该算法能直接得出后继行为，不需要通过价值函数来决定后继行为。

而基于 Actor-Critic（执行者 - 评论者）的框架则综合用到了上述两种算法的优点。在这种算法框架里，Actor 会用基于策略梯度的算法更新策略，Critic 会用基于价值函数的算法评估状态和行为的奖励数值，从而让这两种算法形成互补，由此能提升强化学习的性能。下文将要讲解的 PPO 等算法，即基于 Actor-Critic（简称 AC）框架。

14.1.3　PPO 算法概述

PPO（Proximal Policy Optimization）算法的中文含义为近端策略优化算法，是从"基于策略梯度算法"升级而成，该算法通过 Off-policy（异策略）方式，提升了强化学习的效率。

在讲述 PPO 算法前，先来分析 On-policy（同策略）和 Off-policy（异策略）这两个概念。如果学习策略和同环境做互动的智能体是同一个的话，这种强化学习的方式称为 On-policy（同策略），反之如果不是同一个的话，则称为 Off-policy（异策略）。

PPO 算法的前身是"基于策略梯度算法"，这种算法是一种同策略的算法。这种算法会让智能体根据现有策略和环境互动，生成可供参考的学习资料，随后再利用梯度的方式更新策略，以此迭代。而在迭代的过程中，一方面，在生成学习资料的过程中会耗费很多代价；另一方面，各迭代周期所用的学习资料很难重复利用，导致强化学习的效率比较低下。

对此，PPO 算法融合了"基于策略梯度算法"的优点，并把学习方式调整为 Off-policy，即用到了基于 Actor-Critic（执行者 - 评论者）的框架，分离了"学习"和"互动"这两个操作。

PPO 算法有两种形式，一种为 PPO-Penalty，该算法的主要实现原则是，当强化学习过程中的一个行为不符合约束条件时，会惩罚该行为对应的策略，从而让强化学习过程中的策略均符合规范。不过，这种形式所需的运算量会比较大。

另一种为 PPO-Clip，其做法是，在优化策略时会控制策略迭代更新的幅度，从而确保在多次优化策略后，能找到一个比较好的策略。具体实现时，这种方式在控制更新幅度时，会用剪切比例来控制新旧策略两者之间的差异，比如当取值为 0.1 时，在更新策略时会把新策略的幅度控制在 0.1 左右的范围内。

14.1.4 基于 PPO 算法的模型概述

基于 PPO 算法的网络模型的构成如图 14.1 所示，从中大家能看到，PPO 模型由 Actor 和 Critic 两个神经网络模型构成。在强化学习的过程中，该模型会和环境互动并拿到评分，这个评分是训练 PPO 模型的依据。

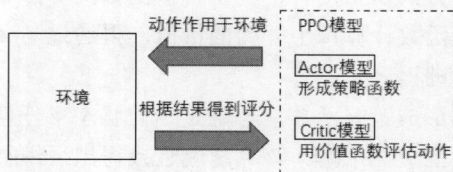

图 14.1　基于 PPO 算法的模型结构

根据上文的描述，Actor 模型能生成并更新策略，策略则能指导行为动作的生成。而 Critic 模型则能生成并更新价值函数，价值函数则能根据评分不断优化行为动作，进而优化策略。

基于 PPO 的强化学习算法比较复杂，本章不做过多讲解。为了更好地理解之后的代码范例，请大家理解并掌握以下几个概念。

（1）折扣因子，该参数的取值介于 0 ～ 1，用于考虑在强化学习中智能体做决策时考虑的步数。该参数值越接近 1，则说明需要考虑的步数越多，训练的难度自然就会越大。该参数的设置原则是，在确保算法能收敛的前提下，可以设置得尽量大。

（2）截断范围的参数，在 PPO-Clip 形式的强化学习过程中，该参数用来控制新旧策略迭代的幅度。

（3）优势函数，比平均收益高，这就是所谓的"优势"。在给定状态下，优势函数能用来评估具体动作相对于平均收益的好处，PPO 模型的优势函数一般会使用广义优势估算法（GAE）。

（4）优势函数里的缩放因子，也称平衡因子，在基于 GAE 的优势函数算法里，为了平衡效率和准确性，需要用该参数来平衡方差和偏差。

14.1.5 安装强化学习的环境类库

在运行后文所给出的代码前，需要用 pip3 install gym、pip3 install gygame 和 pip3 install box2d 这 3 个命令，安装"环境"相关的类库。这些库是 OpenAI 推出的，其中包含了若干可以用来训练强化学习模型的"环境"。比如 gym 库里包含了月球着陆舱降落和机械控制等环境。

有些 Python 版本的编译器，在安装 box2d 库之前，还需要用 pip3 install swig 命令安装 swig 库。可能有些版本的 Python 编译器在安装环境库之前，还需要安装其他的预支持类库，对此，大家可以在安装时，根据提示用 pip3 install 命令自行安装。

成功安装环境库的标准有两个，一是安装后能通过 pip list 命令确认成功安装；二是能成功运行后文给出的 PPOForAcrobot.py 等范例代码。

14.2　基于倒立摆环境的 PPO 强化学习

在基于倒立摆问题的强化学习过程中，PPO 模型需要通过与环境进行交互，决定小车是向左移动还是向右移动，从而确保倒立摆一直保持直立状态。

14.2.1　倒立摆问题概述

倒立摆问题的环境是用 gym 库里的 CartPole-v1 模块，该问题的可视化效果如图 14.2 所示。

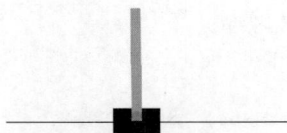

图 14.2　倒立摆问题的可视化效果图

其中，黑色部分可以称为"小车"，小车连接着一个杠杆。小车可以向左或向右移动，在移动过程中，需要确保杠杆不倒下。

在强化学习过程中，PPO 模型及其中包含的 Actor 和 Critic，在决定小车移动方向的动作时，需要考虑小车当前的状态（state），而状态是由小车的位置、速度杠杆的倾斜角度及角度的变化速度 3 个参数决定的。当小车的位置和杠杆的倾斜角度超出范围时，环境终止，重新开始训练。

由于该问题处在一维环境中，所以小车的动作包括"向左"和"向右"两种。与动作对应的奖励策略是，如果下个动作能确保杠杆不倒（即倾斜角度小于某个值），就给予一个"加一"的奖励分值。而且，如果小车一直采用较优的行动策略，那么杠杆是不会倒下的，也就是说训练可能一直无法终止。对此，还可以设置一个最大的步数，达到后就终止训练。

14.2.2　搭建 PPO 网络模型

本节将用 PPO-Clip 形式的模型来解决倒立摆问题，在这种形式的强化学习过程中，在优化模型时会控制策略迭代更新的幅度，从而确保模型的优化算法能高效地收敛。

下面将讲述基于倒立摆问题的 PPO 网络模型的代码，由于篇幅比较长，会分段进行讲解。

```
1    # 搭建 Actor 类型的策略网络模型
2    class PolicyModel(nn.Module):
3        # 定义组成结构
4        def __init__(self, stateNum, hiddenNum, actionNum):
5            super(PolicyModel, self).__init__()
6            self.linear1 = nn.Linear(stateNum, hiddenNum)
7            self.linear2 = nn.Linear(hiddenNum, actionNum)
8        # 定义数据流动作
9        def forward(self, x):
10           x = self.linear1(x)
```

```
11        x = F.relu(x)
12        x = self.linear2(x)
13        # 计算概率
14        x = F.softmax(x, dim=1)
15        return x
```

PPO 模型是基于 Actor-Critic 算法框架的，以上代码用于搭建 Actor 类型的基于策略的神经网络模型。具体是用第 4 行的 __init__ 方法定义网络模型的构成，用第 9 行的 forward 方法定义网络内部的数据流向动作。

通过上述代码大家能看到，该神经网络模型是由两个线性层构成的，其输出是一个表示策略概率的数值。

```
16   # 搭建 Critic 类型的价值函数网络模型
17   class ValueModel(nn.Module):
18       # 定义组成结构
19       def __init__(self, stateNum, hiddenNum):
20           super(ValueModel, self).__init__()
21           self.linear1 = nn.Linear(stateNum, hiddenNum)
22           self.linear2 = nn.Linear(hiddenNum, 1)
23       # 定义数据流动作
24       def forward(self, x):
25           x = self.linear1(x)
26           x = F.relu(x)
27           x = self.linear2(x)
28           return x
```

以上代码用来搭建 Critic 类型的实现价值函数的神经网络模型。具体是用第 19 行的 __init__ 方法定义网络模型的构成，用第 24 行的 forward 方法定义网络内部的数据流向动作。

通过上述代码大家能看到，该神经网络模型也是由两个线性层构成，其输出是一个表示行为动作价值的数值。

需要说明的是，上文给出的基于 Actor 和 Critic 的两个神经网络模型，均只是由 2 个线性层组成。如果要进一步提升预测精度，可以在这两个模型中再叠加更多的线性层，当然，线性层的数量会影响到训练的效率。

```
29   # 搭建 PPO 网络模型
30   class PPOModel:
31       def __init__(self, stateNum, hiddenNum, actionNum,
32                    lrForActor, lrForCritic, lmbda, epochNum, cutoffVal, gamma):
33           # 实例化基于策略的网络模型
34           self.actor = PolicyModel(stateNum, hiddenNum, actionNum)
35           # 实例化基于价值函数的网络模型
36           self.critic = ValueModel(stateNum, hiddenNum)
37           # 实例化策略网络的优化器
38           self.optimForActor = torch.optim.Adam(self.actor.parameters(), lr=lrForActor)
39           # 实例化价值网络的优化器
40           self.optimForCritic = torch.optim.Adam(self.critic.parameters(), lr=lrForCritic)
41           # 设置 PPO 模型的参数
42           self.gamma = gamma    # 折扣因子
43           self.lmbda = lmbda    # 平衡方差和偏差的参数
```

```
44          self.cutoffVal = cutoffVal     # 截断参数值, 用于限制新旧策略
45          self.epochNum = epochNum       # 训练次数
```

在第 30 行定义的 **PPOModel** 类里, 不仅定义了 PPO 神经网络模型的具体构成, 还定义了该模型的学习和训练动作。

从第 31 行的 __init__ 方法里, 大家能看到 PPO 网络模型的具体构成, 其中包含一个基于策略的 Actor 网络模型和一个基于 Critic 的实现价值函数的模型。此外, 在 __init__ 方法里, 还定义了 Actor 和 Critic 网络模型的优化器, 以及 PPO 网络模型训练时所需要用到的参数。

这里, 第 42 ~ 44 行定义的 gamma、lmbda 和 cutoffVal 这 3 个参数的含义, 请大家参考前文 14.1.4 节中的描述, 而第 45 行定义的 epochNum 参数, 则用于指定 PPO 模型的内部训练次数。

```
46          # 动作选择
47      def tryOneAction(self, state):
48          state = torch.tensor(state[np.newaxis, :])
49          # 得到当前状态下每个行为的概率
50          probabilities = self.actor(state)
51          # 得到基于每个概率的行为动作
52          action_list = torch.distributions.Categorical(probabilities)
53          # 随机挑选一个动作并返回
54          return action_list.sample().item()
```

第 47 行的 tryOneAction 方法定义了 PPO 网络模型根据当前状态选择后继动作的业务逻辑。

具体地, 先通过第 48 行代码得到当前和环境交互的状态, 再通过第 50 行代码得到当前可选用行为动作的概率, 再通过第 52 行代码, 根据每个动作的概率生成可供选择的后继行为动作的列表, 在此基础上, 用第 54 行代码选取并返回后继行为。

```
55          # 强化学习的代码
56      def learn(self, transition_dict):
57          # 提取训练所用的数据
58          states = torch.tensor(transition_dict['states'], dtype=torch.float)
59          actions = torch.tensor(transition_dict['actions']).view(-1, 1)
60          rewards = torch.tensor(transition_dict['rewards'], dtype=torch.float).view(-1, 1)
61          nextState = torch.tensor(transition_dict['nextState'], dtype=torch.float)
62          finishFlags = torch.tensor(transition_dict['finishFlags'], dtype=torch.float).view(-1, 1)
63          # 用 Critic 网络模型计算下个状态的价值
64          targetForNextState = self.critic(nextState)
65          # 获取当前状态的价值
66          targetForCurrent = rewards + self.gamma * targetForNextState * (1 - finishFlags)
67          # 用 Critic 网络模型计算当前状态的价值
68          valueByCritic = self.critic(states)
69          # 对于当前价值, 计算两者的差值, 赋予 deltas 对象
70          deltas = targetForCurrent - valueByCritic
71          deltas = deltas.detach().numpy()
72          advantage = 0
73          advantageList = []
74          # 通过 deltas 计算优势函数
75          for delta in deltas[::-1]:
76              # 通过优势函数评估行为, 这里 lmbda 用于表示平衡方差和偏差
```

```
77              advantage = self.gamma * self.lmbda * advantage + delta
78              advantageList.append(advantage)
79          # 对根据优势函数得到的数值排序
80          # 优势函数得到的数值会用在近端策略优化裁剪目标函数里
81          advantageList.reverse()
82          advantage = torch.tensor(advantageList, dtype=torch.float)
83          # 通过策略网络得到后继每个动作的概率
84          # 相对于后继的动作,这属于旧策略
85          old_probabilities = torch.log(self.actor(states).gather(1, actions)).detach()
86          # 每轮训练的动作
87          for _ in range(self.epochNum):
88              # 每一轮更新一次策略网络预测的状态的概率
89              # 相对于后继的动作,这属于新策略
90              new_probabilities = torch.log(self.actor(states).gather(1, actions))
91              # 计算新旧策略比例
92              updateRatio = torch.exp(new_probabilities - old_probabilities)
93              # 计算近端策略优化裁剪目标函数里的左侧数值
94              leftVal = updateRatio * advantage
95              # 公式的右侧项,其中 ratio 小于 1-cutoffVal 就输出 1-cutoffVal,大于 1+cutoffVal
就输出 1+cutoffVal
96              rightVal = torch.clamp(updateRatio, 1 - self.cutoffVal, 1 + self.cutoffVal)
* advantage
97              # 得到基于策略的 Actor 网络的损失值
98              lossForActor = torch.mean(-torch.min(leftVal, rightVal))
99              # 得到基于价值的 Critic 网络的损失值
100             lossForCritic = torch.mean(F.mse_loss(self.critic(states),
targetForCurrent.detach()))
101             # 梯度清零,反向传播并更新梯度
102             # 该动作用于训练 Actor 和 Critic 网络模型
103             self.optimForActor.zero_grad()
104             self.optimForCritic.zero_grad()
105             lossForActor.backward()
106             lossForCritic.backward()
107             self.optimForActor.step()
108             self.optimForCritic.step()
```

上文第 56 行的 learn 方法定义了 PPO 模型内部的训练动作。在训练时,先用第 58 ~ 61 行代码得到当前状态下可供选择的状态、动作和反馈奖励,再用第 61 行和第 64 行的代码得到可供选择的下个状态及下个状态所对应的价值,其中在第 64 行是用 Critic 网络模型计算下个状态的价值。

完成上述准备工作后,通过第 66 行代码,用 PPO 相关的算法计算得到当前状态的价值,这里在计算时,用到了之前准备好的 rewards 和 targetForCurrent 数值,随后再通过第 68 行代码,用 Critic 策略网络模型评估当前状态的价值。

这里,在第 66 行和第 68 行得到了关于当前状态的两个价值,一个是用公式计算得到的真实数值,另一个是用模型评估得到的预测数值。得到这两个数值后,用第 70 行代码计算得到了两者的差值,这个差值是第 75 行的 for 循环里用优势函数给出每个行为动作评估分的依据。

执行第 75 行的 for 循环之后,会在 advantageList 变量里保存相关行为动作的评估分,在第 87 行的 for 循环里训练 Actor 和 Critic 神经网络模型时,会用到这些评估分。

第 56 行的 learn 方法的关键是第 87 行的 for 循环，在这个循环里，会根据 PPO 的相关算法训练 Actor 和 Critic 神经网络模型。具体的，先通过公式，用第 98 行和第 100 行的代码，计算本次训练过程中 Actor 和 Critic 网络模型的损失值，再用第 103 行到第 108 行代码，在清零梯度的前提下，在两个神经网络模型中前向传递损失值，并更新这两个网络模型里的参数。

这样经过多轮训练后，PPO 网络内部的 Actor 和 Critic 模型，其内部参数均能被调整到一个比较合理的程度。

从中大家能通过代码体会到，PPO 网络模型是基于 Actor-Critic 算法框架，其中 Actor 网络模型可以用来制定并调整策略，而 Critic 网络模型可以用来计算当前及之后行为的价值分（也称评估分）。

而在基于 PPO 网络的强化学习训练过程中，这两个网络模型能通过交互配合，促进本身和对方相互进步，从而能让模型更好地适应环境。

14.2.3　引用 PPO 模型，实现强化学习

上文给出了 PPOModel 类的定义代码，在下面的 PPOForCartPole.py 范例中，将会调用 PPOModel 类里的相关代码来实现基于倒立摆问题的强化学习，该范例的代码如下。

```
1   import numpy as np
2   import torch
3   from torch import nn
4   from torch.nn import functional as F
5   import matplotlib.pyplot as plt
6   import gym
7   # 上文给出的定义 PolicyModel、ValueModel 和 PPOModel 类的代码
8   # 这里不再重复讲述
9   # 准备训练所需的参数
10  epochNum = 100  # 训练迭代次数
11  # 两类网络模型的学习率
12  lrForActor = 0.001
13  lrForCritic = 0.001
14  hiddenNum = 256   # 隐藏层神经元个数
15  # 保存每个回合的返回奖励值
16  rewardValues = []   # 保存每个回合的返回奖励值
```

以上用第 10 ～ 14 行代码，定义了训练所需的参数。具体的，用第 10 行代码定义了训练迭代的次数，用第 12 行和第 13 行代码定义了 Actor 和 Critic 网络模型学习时所用到的优化器的步长，用第 14 行代码定义了神经网络内部隐藏层神经元的个数。

而第 16 行代码定义的 rewardValues 对象则是用来存储训练后的奖励数值。

```
17  # 用 gym 库加载环境
18  env = gym.make('CartPole-v1', render_mode="human")
19  # 从环境里得到状态和动作的数值
20  stateNum = env.observation_space.shape[0]
21  actionNum = env.action_space.n
22  # 搭建用于学习的 agent
23  ppoModelAgent = PPOModel(stateNum=stateNum,   # 状态数
```

```
24                hiddenNum=hiddenNum,    # 隐藏层神经元个数
25                actionNum=actionNum,    # 动作数
26                lrForActor=lrForActor,  # 策略网络学习率
27                lrForCritic=lrForCritic, # 价值网络学习率
28                lmbda=0.95,   # 平衡方差和偏差的参数
29                epochNum=10,   # 每批训练的数量
30                cutoffVal=0.2,   # PPO 中截断范围的参数
31                gamma=0.9   # 折扣因子
32                )
```

以上用第 18 行代码，通过 gym.make 方法加载环境，这里传入的参数是 CartPole-v1，表示加载的是"倒立摆"环境。随后，用第 23 行代码创建了 PPO 模型的实例。

```
33  # 训练模型的代码
34  for index in range(epochNum):
35      # 设置可以选用的行为
36      state = env.reset()[0]
37      finish = False  # 任务完成的标记
38      totalRewards = 0   # 累加每个回合的 reward
39      # 构造数据集，保存每个回合的状态数据
40      transitionDict = {
41          'states': [],
42          'actions': [],
43          'nextState': [],
44          'rewards': [],
45          'finishFlags': [],
46      }
47      # 满足环境终止条件即退出
48      # 环境终止条件是小车偏离跑道范围或杠杆倒下
49      while not finish:
50          # 选择动作
51          action = ppoModelAgent.tryOneAction(state)
52          # 更新环境
53          nextState, reward, finish, _, _ = env.step(action)
54          # 保存每个时刻的状态等数值
55          transitionDict['states'].append(state)
56          transitionDict['actions'].append(action)
57          transitionDict['nextState'].append(nextState)
58          transitionDict['finishFlags'].append(finish)
59          transitionDict['rewards'].append(reward)
60          # 更新状态并累加奖励
61          state = nextState
62          totalRewards += reward
63      # 保存每个回合的奖励数值
64      rewardValues.append(totalRewards)
65      # 模型训练
66      ppoModelAgent.learn(transitionDict)
67      # 输出每个回合的返回信息
68      print(f'Epoch [{index + 1}/{epochNum}], Reward Value
69  :{np.mean(rewardValues[-10:])}')
```

在完成创建倒立摆环境和实例化 PPO 模型后，通过第 34 行的 for 循环开始训练 PPC 模型，

而在每次训练开始前，用第 36 行代码设置本轮训练时 PPO 模型可以采用的行为动作。

在该 for 循环里，先在第 40 行定义保存每个回合状态数据的 transitionDict 变量，随后再用第 49 行的 while 循环选取动作并更新环境、状态等数值，最后再用第 66 行代码，通过调用 ppoModelAgent 对象的 learn 方法训练模型。完成本轮训练后，再通过第 68 行的 print 语句输出本轮训练后的平均奖励数值。

```
70  # 可视化训练结果
71  plt.plot(rewardValues)
72  plt.grid()
73  plt.title('PPO Rewards For Each Epoch')
74  plt.show()
```

在完成所有轮数的训练后，本范例通过第 70 ～ 73 行代码，用可视化的方式展示了每轮训练后得到的平均奖励数值。

本范例在运行时能看到如图 14.3 所示的持续动画，在这个动画里，倒立摆会持续不倒，从中大家能看到，在每轮强化学习的过程中，PPO 模型会尽量采用最好的策略来决定小车的移动方向，从而确保倒立摆的平衡。

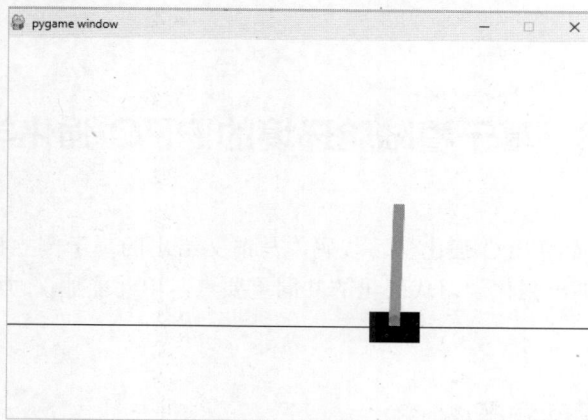

图 14.3　倒立摆训练时的效果图

在训练过程中，控制台还会持续输出每轮训练后，PPO 模型行为所对应的奖励分数值，以下给出了部分输出结果，从中大家能看到，PPO 模型在经过多轮训练后，能根据同环境的交互结果，制定出较好的策略。

而 PPO 模型（也就是智能体）根据这些策略所选用的行为动作，其所对应的奖励分值也会逐步增多，这说明随着训练进程的持续，PPO 模型会越来越适应环境。

```
1   Epoch [43/100], Reward Value:67.0
2   Epoch [44/100], Reward Value:65.2
3   Epoch [45/100], Reward Value:75.0
4   Epoch [46/100], Reward Value:83.5
5   Epoch [47/100], Reward Value:88.2
6   Epoch [48/100], Reward Value:89.5
7   Epoch [49/100], Reward Value:94.5
8   Epoch [50/100], Reward Value:99.5
```

本范例运行结束后，还能生成如图 14.4 所示的可视化效果图，从中大家能看到每轮训练后 PPO 模型所得到的奖励分值的趋势走向，从中大家能进一步确认，PPO 模型在经过多轮强化学习训练后，做出的行为动作能得到更高的奖励分值，即 PPO 模型能越来越适应环境。

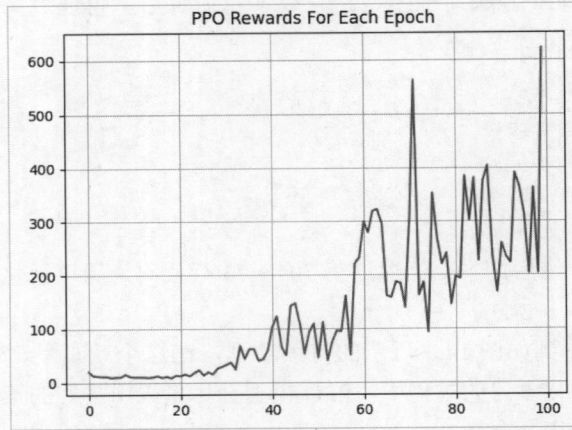

图 14.4　每轮训练后 PPO 模型奖励分值趋势图

14.3　基于着陆舱环境的 PPO 强化学习

基于着陆舱降落环境的 PPO 强化学习代码，与前文给出的基于倒立摆环境的强化学习代码很相似，从中大家能归纳出强化学习代码里的共同重要点，由此能加深对强化学习相关模型和流程的理解。

14.3.1　着陆舱降落问题概述

这个问题的环境是用 gym 库里的 LunarLander-v2 模块，具体的可视化效果如图 14.5 所示。

图 14.5　着陆舱回收问题的可视化效果图

在这个环境里，着陆舱在每个状态里，可以采用以下 4 种行为动作。

第一，不采取行动，任由着陆舱垂直向下降落；第二，着陆舱向下喷气；第三，着陆舱向左喷气；第四，着陆舱向右喷气。这些操作会直接关系到着陆舱降落后的最终状态。

而针对着陆舱降落的最终状态，环境会给出以下奖励分值（也称评估分）。

（1）在小旗之间降落，按位置会给 100 ～ 140 之间的分值。

（2）着陆舱的两条腿之一能接触到地面，给 10 分。

（3）着陆舱的两条腿都能接触到地面，给 100 分。

（4）着陆舱落地时如果速度过快，或者不是由两条腿支撑落地，则视为坠毁，奖励分为 -100。

（5）为了在降落过程中尽量节省燃料，当着陆舱向下喷气时，会扣小于 1 的奖励分值。

在这个环境中，着陆舱会从图片上方降落。本次强化学习所需要解决的问题是，要让着陆舱根据当前状态做出合适的动作，最终能成功地降落在两个小旗之间。而训练过程中的环境相关参数和交换动作，均是封装在 gym 库的 LunarLander-v2 模块里。

14.3.2　搭建 PPO 网络模型

为了解决基于着陆舱降落的强化学习问题，也需要搭建 PPO 网络模型。本节在搭建 PPO 模型时，依然需要搭建 Actor 类型的策略网络模型和 Critic 类型的价值函数网络模型，并用这两个模型整合组装成 PPO 模型，同时需要在 PPO 模型类里封装模型训练等的相关方法。

这里搭建 PPO 网络模型的代码与 14.2.2 节中基于倒立摆的 PPO 网络模型很相似，所以在介绍代码时，对已讲解过的内容不做重复分析，而是着重讲述两者的差异及差异所对应的含义。

```
1   # 搭建 Actor 类型的策略网络模型
2   class PolicyModel(nn.Module):
3       def __init__(self, n_states, n_hiddens, n_actions):
4           super(PolicyModel, self).__init__()
5           self.linear1 = nn.Linear(n_states, n_hiddens)
6           self.linear2 = nn.Linear(n_hiddens, n_hiddens)
7           self.linear3 = nn.Linear(n_hiddens, n_actions)
8       def forward(self, x):
9           x = self.linear1(x)
10          x = F.relu(x)
11          x = self.linear2(x)
12          x = F.relu(x)
13          x = self.linear3(x)
14          x = F.softmax(x, dim=1)
15          return x
16  # 搭建 Critic 类型的价值函数网络模型
17  class ValueModel(nn.Module):
18      def __init__(self, n_states, n_hiddens):
19          super(ValueModel, self).__init__()
20          self.linear1 = nn.Linear(n_states, n_hiddens)
21          self.linear2 = nn.Linear(n_hiddens, n_hiddens)
22          self.linear3 = nn.Linear(n_hiddens, 1)
23      def forward(self, x):
24          x = self.linear1(x)
25          x = F.relu(x)
26          x = self.linear2(x)
27          x = F.relu(x)
28          x = self.linear3(x)
29          return x
```

在以上搭建 Actor 和 Critic 神经网络模型时，用到了 3 个线性层，而前文基于倒立摆问题的 Actor 和 Critic 网络模型只是包含了 2 个线性层。由于基于着陆舱的环境和动作比基于倒立摆的要复杂，这里多引入一个线性层的目的是提升训练的效率和精度。

```
30  # 搭建 PPO 网络模型
31  class PPOModel:
32      def __init__(self, stateNum, hiddenNum, actionNum, lrForActor, lrForCritic,
lmbda, epochNum, cutoffVal, gamma):
33          # 实例化基于策略的网络模型
34          self.actor = PolicyModel(stateNum, hiddenNum, actionNum)
35          # 实例化基于价值函数的网络模型
36          self.critic = ValueModel(stateNum, hiddenNum)
37          # 实例化策略网络的优化器
38          self.optimForActor = torch.optim.Adam(self.actor.parameters(),
lr=lrForActor)
39          # 实例化价值网络的优化器
40           self.optimForCritic = torch.optim.Adam(self.critic.parameters(),
lr=lrForCritic)
41          # 设置 PPO 模型的参数
42          self.gamma = gamma      # 折扣因子
43          self.lmbda = lmbda      # 平衡方差和偏差的参数
44          self.epochNum = epochNum   # 训练次数
45          self.cutoffVal = cutoffVal    # 截断参数值，用于限制新旧策略
46      # 动作选择
47      def tryOneAction(self, state):
48          state = torch.tensor(state[np.newaxis, :])
49          # 得到当前状态下每个行为的概率
50          probabilities = self.actor(state)
51          # 得到基于每个概率的行为动作
52          action_list = torch.distributions.Categorical(probabilities)
53          # 随机挑选一个动作并返回
54          return action_list.sample().item()
55      # 强化学习的代码
56      def learn(self, transition_dict):
57          # 提取训练所用的数据
58          states = torch.tensor(transition_dict['states'], dtype=torch.float)
59          actions = torch.tensor(transition_dict['actions']).view(-1, 1)
60          rewards = torch.tensor(transition_dict['rewards'], dtype=torch.float).view(-1, 1)
61          nextState = torch.tensor(transition_dict['nextState'], dtype=torch.float)
62          finishFlags = torch.tensor(transition_dict['finishFlags'], dtype=torch.float).
view(-1, 1)
63          # 用 Critic 网络模型计算下个状态的价值
64          targetForNextState = self.critic(nextState)
65          # 获取当前状态的价值
66          targetForCurrent = rewards + self.gamma * targetForNextState * (1 - finishFlags)
67          # 用 Critic 网络模型计算当前状态的价值
68          valueByCritic = self.critic(states)
69          # 对于当前价值，计算两者的差值，赋予 deltas 对象
70          deltas = targetForCurrent - valueByCritic
71          deltas = deltas.detach().numpy()
```

```
72              advantage = 0
73              advantageList = []
74              # 通过 deltas 计算优势函数
75              for delta in deltas[::-1]:
76                  # 通过优势函数评估行为，这里 lmbda 用于表示平衡方差和偏差
77                  advantage = self.gamma * self.lmbda * advantage + delta
78                  advantageList.append(advantage)
79              # 对根据优势函数得到的数值排序
80              # 优势函数得到的数值会用在近端策略优化裁剪目标函数里
81              advantageList.reverse()
82              advantage = torch.tensor(advantageList, dtype=torch.float)
83              # 通过策略网络得到后继每个动作的概率
84              # 相对于后继的动作，这属于旧策略
85              old_probabilities = torch.log(self.actor(states).gather(1, actions)).detach()
86              # 每轮训练的动作
87              for _ in range(self.epochNum):
88                  # 每一轮更新一次策略网络预测的状态的概率
89                  # 相对于后继的动作，这属于新策略
90                  new_probabilities = torch.log(self.actor(states).gather(1, actions))
91                  # 计算新旧策略比例
92                  updateRatio = torch.exp(new_probabilities - old_probabilities)
93                  # 计算近端策略优化裁剪目标函数里的左侧数值
94                  leftVal = updateRatio * advantage
95                  # 公式的右侧项，其中 ratio 小于 1-cutoffVal 就输出 1-cutoffVal，大于 1+cutoffVal
就输出 1+cutoffVal
96                  rightVal = torch.clamp(updateRatio, 1 - self.cutoffVal, 1 + self.
cutoffVal) * advantage
97                  # 得到基于策略的 Actor 网络的损失值
98                  lossForActor = torch.mean(-torch.min(leftVal, rightVal))
99                  # 得到基于价值的 Critic 网络的损失值
100                 lossForCritic = torch.mean(F.mse_loss(self.critic(states),
targetForCurrent.detach()))
101                 # 梯度清零，反向传播并更新梯度
102                 # 该动作用于训练 Actor 和 Critic 网络模型
103                 self.optimForActor.zero_grad()
104                 self.optimForCritic.zero_grad()
105                 lossForActor.backward()
106                 lossForCritic.backward()
107                 self.optimForActor.step()
108                 self.optimForCritic.step()
```

从以上代码里大家能看到，这部分的代码和基于倒立摆问题的 PPOModel 类的代码完全一样。

也就是说，基于强化学习的 PPO 模型可以理解成一个通用性的智能体模块，这个模块里包含了 Actor 和 Critic 两个神经网络模型，同时提供了一组用于决定下个行为和（基于 PPO-Clip 等算法的）更新策略的方法。外部调用方可以在调用这些方法时，通过输出环境相关和训练相关的参数，让这个智能体模块能与各种环境进行交互，从而完成强化学习。

同时，在本范例和上文基于倒立摆问题的范例中，都是在 learn 方法里实现了训练 Actor 和 Critic 神经网络模型的动作，具体的要点可以归纳如下：

（1）用 Critic 网络模型评估状态的分值，这类似于预测值，同时再用公式计算状态的分值，两者的差值相当于 Critic 网络模型的损失值。

（2）用近端策略优化裁剪目标函数所得到的两个数值的差值作为 Actor 网络模型的损失值。这里大家可以用到这个结论，如果要进一步了解细节，可以自行深入分析 PPO-Clip 等的数学公式。

（3）在每轮迭代训练的过程中，用上述两个损失值前向更新两个网络模型，优化模型的参数，从而实现训练效果。

14.3.3　实现强化学习的案例分析

下文给出的 PPOForAcrobot.py 范例，会调用 14.3.2 节中的 PPOModel 类里的相关代码实现基于着陆舱问题的强化学习。

```
1   import numpy as np
2   import torch
3   from torch import nn
4   from torch.nn import functional as F
5   import matplotlib.pyplot as plt
6   import gym
7   # 上文给出的定义 PolicyModel、ValueModel 和 PPOModel 类的代码
8   # 这里不再重复讲述
9   # 准备训练所需的参数
10  epochNum = 1000  # 训练迭代次数
11  # 两类网络模型的学习率
12  lrForActor = 0.0001
13  lrForCritic = 0.0001
14  hiddenNum = 512  # 隐藏层的神经元个数
15  rewardValues = []  # 保存每个回合的奖励数值
```

以上定义了训练相关的参数，和前文范例不同的是，与基于倒立摆的强化学习相比，基于着陆舱的强化学习复杂度比较大，上文第 14 行定义的 Actor 和 Critic 神经网络模型里的隐藏层神经元的个数是 512，而在倒立摆问题的范例中的这个数值是 256。

```
16  # 用 gym 库加载环境
17  env = gym.make('LunarLander-v2',render_mode = 'human')
18  # 从环境里得到状态和动作的数值
19  stateNum = env.observation_space.shape[0]
20  actionNum = env.action_space.n
21  # 搭建用于学习的 agent
22  ppoModelAgent = PPOModel(stateNum=stateNum,
23              hiddenNum=hiddenNum,
24              actionNum=actionNum,
25              lrForActor=lrForActor,
26              lrForCritic=lrForCritic,
27              lmbda=0.95,
28              epochNum=10,
29              cutoffVal=0.2,
30              gamma=0.9)
```

以上通过第 17 行代码，用 gym.make 方法加载了着陆舱问题里的环境，再用第 19 行和第 20

行代码，把环境里的状态数和动作数赋给了两个对象。随后，再用第 22 行代码实例化了 PPO 智能体对象，在实例化时，传入了训练所需的各种参数。

```
31  # 训练模型的代码
32  for index in range(epochNum):
33      state = env.reset()[0]   # 设置可以选用的行为
34      finish = False  # 任务完成的标记
35      totalRewards = 0  # 累加每个回合的 reward
36      # 构造数据集，保存每个回合的状态数据
37      transition_dict = {
38          'states': [],
39          'actions': [],
40          'nextState': [],
41          'rewards': [],
42          'finishFlags': [],
43      }
44      while not finish:
45          action = ppoModelAgent.tryOneAction(state)   # 动作选择
46          nextState, reward, terminated, truncated, _ = env.step(action)   # 环境更新
47          finish = terminated or truncated
48          # 保存每个时刻的状态等数值
49          transition_dict['states'].append(state)
50          transition_dict['actions'].append(action)
51          transition_dict['nextState'].append(nextState)
52          transition_dict['rewards'].append(reward)
53          transition_dict['finishFlags'].append(terminated)
54          # 更新状态并累加奖励
55          state = nextState
56          totalRewards += reward
57      # 保存每个回合的奖励数值
58      rewardValues.append(totalRewards)
59      # 模型训练
60      ppoModelAgent.learn(transition_dict)
61      # 抽样统计 20 个 Reward 的平均值
62      last20Rewards = np.mean(rewardValues[-20:])
63      # 输出每个回合的返回信息
64      print(f'Epoch:[{index + 1}/{epochNum}], mean return:{last20Rewards}, Reward
Value: {totalRewards}')
```

以上训练 PPO 模型代码的关键点如下：

（1）在每次训练开始前，用第 33 行代码设置本轮训练时 PPO 模型可以采用的行为。

（2）在第 44 行的 while 循环里，PPO 模型会用第 45 行代码选择动作，并用 transition_dict 对象保存每次动作选择后的状态和奖励分等数值。

（3）在此基础上，在第 60 行代码里，通过调用 PPO 模型的 learn 方法完成训练工作。

在每轮训练后，用第 64 行的 print 方法输出本轮行为所对应的奖励分值，以此来展示训练成果。请注意，这里不仅输出了奖励分的总数值，还输出了抽样统计的后 20 个奖励分的平均数值。

```
65  # 可视化训练结果
66  plt.plot(rewardValues)
67  plt.title('PPO Rewards For Each Epoch')
```

```
68 plt.show()
```

最后，通过 matplotlib 类可视化了每轮训练的奖励分值。本范例在运行过程中，能看到如图
14.6 和图 14.7 所示的训练中间过程的可视化效果图。

图 14.6　训练可视化效果图 1　　　　　图 14.7　训练可视化效果图 2

随着强化学习进程的持续，从效果图中大家能看到，着陆舱会通过与环境不断交互，采用更
好的着陆策略，从而使着陆的过程越来越稳定。

同时，大家还能在控制台里看到如下输出，其中奖励分值有正有负，负的奖励分值则说明对
应的行为和策略并不契合环境，需要更改相应的策略。

```
1 Epoch:[36/1000], mean return:-268.0719993927895, Reward Value:
-456.6711529684371
2 Epoch:[37/1000], mean return:-262.2365104190379, Reward Value:
-64.22437517305936
3 Epoch:[38/1000], mean return:-258.1512810039688, Reward Value:
-18.170917950732843
4 Epoch:[39/1000], mean return:-264.3883804994904, Reward Value:
-173.83636195842132
5 Epoch:[40/1000], mean return:-261.79434667239525, Reward Value:
4.003015106083268
```

训练完成后，大家还能看到包含每轮训练奖励分的可视化效果图，该图的样式与图 14.4 非
常相似，所以不再重复给出。

需要注意的是，着陆舱的降落环境相对比较复杂，所以这里的训练轮数比较多，本范例通过
第 10 行的 epochNum 变量定义了要训练 1000 轮。大家如果还要提升训练效果，可以更改该变量
的数值，比如可以更改成 2000。这样训练所需的时间可能会更长，但训练的效果也会更好，即
在经过多轮训练后，着陆舱降落的效果会更加平稳。

14.4　小结和预告

本章首先讲述了强化学习的概念和流程，以及 Actor-Critic 算法框架，随后分析了基于 PPO
算法的强化学习模型，在此基础上，通过倒立摆和月球着陆舱降落两个案例，讲述了搭建和训练
强化学习模型的相关技巧。

基于注意力机制的 Transformer 模型当下得到了广泛应用，第 15 章将在讲解 Transformer 模型
的基础上，通过自然语言翻译中的日译中案例，讲述 Transformer 模型在自然语言处理（NLP）领
域的实践要点。

第 15 章

基于Transformer模型的自然语言翻译

学习目标

- 掌握 Transformer 模型的架构和相关概念
- 掌握注意力机制、编码器和解码器等重要概念
- 掌握 Transformer 模型在自然语言翻译方面的实战技巧

15.1 Transformer 模型概述

Transformer 模型是在 2017 年由 Vaswani 等人首次提出的，这种模型引入了注意力机制，所以更能适应自然语言处理（NLP）或其他序列到序列（sequence-to-sequence）的深度学习场景。

15.1.1 Transformer 模型的架构和构成

Transformer 模型的总体架构如图 15.1 所示，该模型由输入、输出、编码器和解码器 4 个部分构成，其中，编码器和解码器可以是多个。

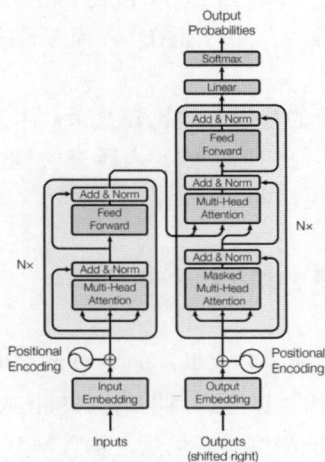

图 15.1 Transformer 模型架构图

输入部分由源文本嵌入层及其位置编码器和目标文本嵌入层及其位置编码器构成，这里源文本在训练时会用作特征值数据，目标文本则会用作目标值数据。而文本嵌入层会把文本转换成计算机能接受的向量。

输出部分是由线性层和 softmax 层构成，softmax 层会用 softmax 激活函数，把输出结果转化为概率数据。

编码部分由 N 个结构相同的编码器层叠加而成，每个编码器层由两个子层构建而成。其中第一个子层包括一个多头自注意力子层、一个规范化层和一个残差连接层，第二个子层包括一个前馈全连接子层、一个规范化层和一个残差连接层。

解码器部分由 N 个结构相同的解码器层叠加而成，每个解码器层由 3 个子层构建而成。其中第一子层包括一个多头自注意力子层、一个规范化层和一个残差连接层，第二个子层包括一个多头注意力子层、一个规范化层和一个残差连接层，第三个子层包括一个前馈全连接子层、一个规范化层和一个残差连接层。

15.1.2 注意力机制和计算规则

可以这样说，注意力机制是 Transformer 模型的核心所在。先用通俗的方式来理解一下注意力机制，比如在观察一幅画时，人类能凭借大脑里的注意力机制，很快把注意力集中在画中的关键要素上，而无须从左到右、从上到下全局观察这幅画，再定位画中的关键要素。

也就是说，注意力机制是人脑或计算机从文本或图片等载体中高效获取关键要素的一种方式。在 Transformer 模型里，注意力的计算机制如图 15.2 所示。

$$Attention(Q,K,V) = softmax(\frac{QK^T}{\sqrt{d_k}})V$$

图 15.2　Transformer 模型里注意力机制的计算规则

其中，Q 是 Query 的缩写，表示"查询"，K 和 V 分别是 Key 和 Value 的缩写，表示键和值。比如有一篇文本，"我正在学习深度学习"，要通过分析从中抽取出能概要其含义的关键字。

在这个文本分析场景里，这篇文本相当于 Q。K 是在分析前给定的一些关键字，这些关键字未必契合真实含义，如"深度""学习"或"正在"。而 V 则是能正确反映这篇文本的关键字，如"我""学习"和"深度学习"。

图 15.2 给出的计算规则所涉及的数学公式比较复杂，本文不展开说明，不过请大家记住这个结论。该公式会返回文本（或其他信息载体）内所有关键字的权重值，权重值与 Q、K 和 V 有关，权重值大的关键字应该得到更多的注意力。

15.1.3 自注意力和多头注意力机制

在图 15.2 给出的计算注意力机制的公式里，如果 Q 和 K 这两者相同，即"查询"和"键"是同源的，那么这种注意力机制叫作"自注意力机制"（Self-Attention）。

在这种基于"自注意力机制"的深度学习场景，输入部分往往是一个序列。比如在中文情感分析的场景里，输入的只是一个中文序列，Transformer 模型需要从这个序列里抽取关键字来描述这个序列的本身，相当于对文本自身做一次特征提取，对抽取得到的关键字赋予不同的注意力数值，这就称为基于"自注意力"的机制。

自注意力机制允许 Transformer 等模型在序列内部建立元素之间的依赖关系，进而能得到一些距离比较长的元素之间的依赖关系，由此能更为精准地得到更需要关注的元素。在文本分类、语句扩写和图片分割等场景，自注意力机制得到了广泛应用。

多头注意力机制（Multi-Head Attention）是在自注意力机制的基础上扩展而成的，这种机制会引入多个独立的注意力头（Attention heads），注意力头的表现形式往往是矩阵，输入序列和这些矩阵运算后，会被投影到多个不同的子向量空间里，在每个子向量空间里分别进行自注意力的计算。

这样做的好处是，能根据输入序列本身的特征，从多个维度获取输入序列的注意力，进而能更加全面、精准地分析输入序列的关键要素。其大致的运算流程如图 15.3 所示。

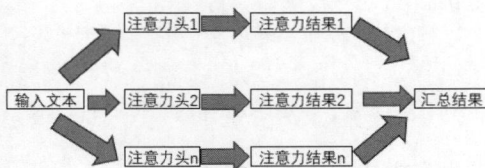

图 15.3　多头注意力机制的运算流程图

15.2　基于 Transformer 模型的自然语言翻译流程

本节将用自然语言处理场景的日译中案例（把日语翻译成中文），讲述搭建和训练 Transformer 模型的实践要点。

本案例在训练前，需要用分词模型对包含中日文本的训练集进行分词操作，分词后再把文本转换成计算机能识别的张量，在此基础上生成张量格式的训练集。在搭建 Transformer 模型时，用到了 torch.nn 模块里封装好的编码器和解码器模块，在训练模型时用到了注意力机制。

15.2.1　翻译的主要流程

本节给出的实现日译中动作范例，不仅包含创建和训练 Transformer 模型的动作，还包含文本处理等动作，具体流程如图 15.4 所示。

本范例的重点是 Transformer 模型，不过在创建和训练 Transformer 模型前，还需要下载语料和分词数据，在此基础上生成词汇表并进行词嵌入等动作。完成这些动作后，可以把文本转换成计算机能接收的词向量数据，并生成训练集，交给模型训练。

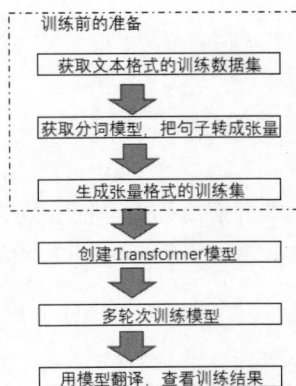

图 15.4　基于 Transformer 模型的翻译流程

Transformer 模型在经过充分训练后，可以很好地完成自然语言翻译动作，所以在最后会让模型尝试着去做翻译，以此来验证训练结果。

15.2.2　下载训练数据集和分词模型

在运行本范例前，需要用下列步骤来下载文本数据集和分词模型。

第一步，可到 http://www.kecl.ntt.co.jp/icl/lirg/jparacrawl/ 等网站下载名为 zh-ja.bicleaner05.txt 的包含中文和日文文本的训练数据集，该数据集包含了 8 万多条已经翻译好的数据。在该网站里下载该文本训练数据集的大致位置如图 15.5 所示。

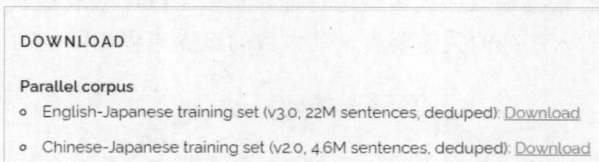

图 15.5　下载中日文本数据集的大致位置示意图

下载该数据集，打开后的大致样式如图 15.6 所示。

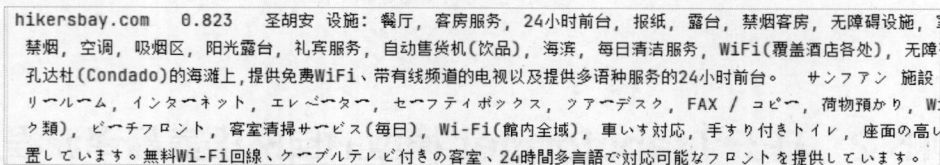

图 15.6　zh-ja.bicleaner05.txt 的训练数据集大致样式效果图

第二步，由于日语语句不是用空格符来分词，所以为了能够有效分词并把分词后的文本转换成张量格式的数据，还需要事先下载 JParaCrawl 提供的分词模型，以此来完成分词动作。

可在 http://www.kecl.ntt.co.jp/icl/lirg/jparacrawl/ 网站的 Sentencepiece models 位置处，下载包含日语和英语的分词模型的压缩包文件，大致的下载位置如图 15.7 所示。

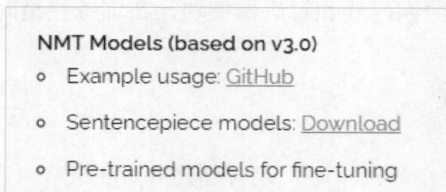

图 15.7　下载分词模型的大致样式效果图

下载并解压缩后，能看到文件名为 spm.ja.nopretok.model 的日语分词模型，而英语分词模型的文件名为 spm.en.nopretok.model。

15.2.3　搭建文本翻译的 Transformer 模型

1. 模型的组成和数据流向

该 Transformer 模型用到了封装在 torch.nn 库内部的编码器和解码器类，此外，该模型还包含了用于生产词嵌入结果的位置编码器，用于暂存翻译结果的记忆层和生成最终结果的线性层。该模型的数据流向如图 15.8 所示。

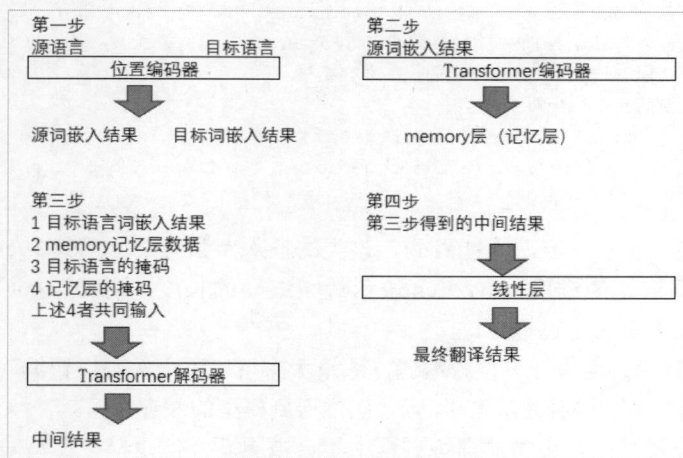

图 15.8　Transformer 模型数据流向图

2. 模型代码和范例代码的说明

本章基于 Transformer 模型实现翻译的全部代码放在 transformerForNLP.py 范例中，在本书所提供的代码里，大家能看到这个范例。而下文提到的搭建 Transformer 模型的相关代码，也包含在这个范例代码中。

本范例会通过 import 语句导入诸多依赖库，在运行本范例时，如果大家发现 import 语句里有些库不存在，则可以通过 pip3 install 命令安装相关的库。

尤其需要说明的是，本范例用到的 torchtext 库，其版本是 0.5.0，如果用到比较高的版本，可能会出现问题。如果出现问题，则可以先通过 pip3 uninstall torchtext 命令卸载该 torchtext 依赖库，然后再通过 pip3 install torchtext==0.5.0 命令，安装该版本的 torchtext 库。

3. 位置编码器

Transformer 模型对输入的序列是并行处理的，也就是说，从该模型的角度来看，序列中各元素的位置是无序的。但是，在自然语言翻译等场景，元素的位置也会对其真实含义有一定的决定作用，比如某单词在整个段落中如果处于不同的位置，则可能会有不同的含义。

为了让 Transformer 模型在训练过程中得到元素在输入序列中的位置，需要在输入序列中再加入位置信息，而下面的 PositionalEncoding 类则用来生成位置编码数据。

```
1   class PositionalEncoding(nn.Module):
2       #embSize 是位置编码的维度，dropout 是失活比例
3       #maxLen 是最大编码长度
4       def __init__(self, embSize, dropout, maxLen):
5           super(PositionalEncoding, self).__init__()
```

```
6          div_term = torch.exp(- torch.arange(0, embSize, 2) * math.log(10000) / embSize)
7          position = torch.arange(0, maxLen).reshape(maxLen, 1)
8          posEmbeddings = torch.zeros((maxLen, embSize))
9          posEmbeddings[:, 0::2] = torch.sin(position * div_term)
10         posEmbeddings[:, 1::2] = torch.cos(position * div_term)
11         posEmbeddings = posEmbeddings.unsqueeze(-2)
12         self.dropout = nn.Dropout(dropout)
13         # 把 posEmbeddings 注册到模型的缓存区里，这些变量不会被更新
14         self.register_buffer('posEmbeddings', posEmbeddings)
15     # 将位置嵌入与 token 嵌入相加，并通过 dropout 层
16     # 神经元会以 dropout 数值指定的概率丢弃结果
17     # 从而起到防止过拟合的作用
18     def forward(self, embeddingOfToken):
19         return self.dropout(embeddingOfToken + self.posEmbeddings [:embeddingOfToken.
size(0), :])
```

从第 4 行代码的 __init__ 方法里能看到，该类的输入参数有 3 个，其中 embSize 表示位置编码的维度，这里是词嵌入的维度，maxLen 表示最大编码的长度，而 dropout 参数则用来指定失活比例，该数值可以用来防止过拟合。

以上第 7 ~ 11 行代码用来计算位置编码，这里大家可以不用关心位置编码的计算细节。不过请注意，计算得到的位置编码会通过第 14 行代码注册到模型的缓存区里。

注册后，这些位置编码在模型的训练过程中不会被更新，但是模型在针对序列做自然语言翻译的相关训练过程中，会用到这些位置编码数据。

4. 词嵌入模型类

本范例的输入序列是源语言的文本，输出的是目标语言的文本。不过，在基于 Transformer 模型的训练和预测过程中，这些文本需要被转换成向量后，才能被模型识别。

下面的 TokenEmbedding 类会基于词嵌入方法返回向量结果，这里请注意，该类是在第 5 行的位置，通过调用 torch.nn 模块的 Embedding 方法实现了词嵌入动作。

```
1  # 实现词嵌入模型的类
2  class TokenEmbedding(nn.Module):
3      def __init__(self, vocabSize, embSize):
4          super(TokenEmbedding, self).__init__()
5          self.embedding = nn.Embedding(vocabSize, embSize)
6          self.embSize = embSize
7      def forward(self, tokens):
8          return self.embedding(tokens.long()) * math.sqrt(self.embSize)
```

5. 生成掩码张量的方法

掩码的数值只有 1 和 0，表示是否遮挡某个数据位的数值。掩码张量是针对某个张量的掩码序列，表示该张量的哪些位数据需要遮挡。

在基于 Transformer 模型的自然语言翻译的训练过程中，应该按顺序阅读源语言和目标语言，即在读当前文本的过程中，应该遮挡之后的文本数据。

下文第 5 行的 createMask 方法用于生成掩码。

```
1  def generateMaskForSubseq(size):
2      mask = (torch.triu(torch.ones((size, size))) == 1).transpose(0, 1)
```

```
3        return mask.float().masked_fill(mask == 0, float('-inf')).masked_fill(mask == 1, float(0.0))
4   # 创建 transformer 里的掩码
5   def createMask(src, target):
6        srcLen = src.shape[0]
7        targetLen = target.shape[0]
8        # 生成目标序列的后续位置掩码
9        targetMask = generateMaskForSubseq(targetLen)
10       # 创建一个全零矩阵作为源序列的掩码
11       srcMask = torch.zeros((srcLen, srcLen)).type(torch.bool)
12       # 创建源和目标序列的 padding 部分掩码
13       # 用来标记源和目标序列中 padding 的位置
14       srcPaddingMask = (src == idxForPAD).transpose(0, 1)
15       targetPaddingMask = (target == idxForPAD).transpose(0, 1)
16       return srcMask, targetMask, srcPaddingMask, targetPaddingMask
```

在 createMask 方法的第 9 行代码里，是通过调用第 1 行的 generateMaskForSubseq 方法来生成目标语言的掩码，之后在第 11 行、第 14 行和第 15 行代码里，生成了源语言、源和目标语言 padding 掩码。

下面解释一下生成源和目标语言 padding 掩码的原因。在训练过程中，每个批次序列的长度不同，所以需要通过补全 0 来对齐序列，这种补零对齐的动作称为 padding。这里通过源和目标语言的 padding 掩码，能知道序列里的哪些文本是由补零生成的，可以不需要关注。

6. Transformer 模型类

本范例中的 Transformer 模型代码如下所示，其中用到了上文提到的类和方法。

```
1   class TransformerForNLP(nn.Module):
2       def __init__(self, encoderLayerNum, decoderLayerNum,
3                    embSize, vocabSizeForSrc , ocabSizeForTarget,
4                    dim_feedforward, dropoutNum):
5           super(TransformerForNLP, self).__init__()
6           encoderLayer = TransformerEncoderLayer(d_model=embSize, nhead=8,
dim_feedforward=dim_feedforward)
7           self.encoder = TransformerEncoder(encoderLayer, num_
layers=encoderLayerNum)
8           decoderLayer = TransformerDecoderLayer(d_model=embSize, nhead=8,
dim_feedforward=dim_feedforward)
9           self.decoder = TransformerDecoder(decoderLayer, num_
layers=decoderLayerNum)
10          self.linear = nn.Linear(embSize, vocabSizeForTarget)
11          self.embedSrcToken = TokenEmbedding(vocabSizeForSrc, embSize)
12          self.embedTargetToken = TokenEmbedding(vocabSizeForTarget, embSize)
13          self.positionalEncoding = PositionalEncoding(embSize, dropout=dropoutNum,
maxLen= 5000)
14      # 定义数据流向的方法
15      def forward(self, src, target, srcMask,
16                  targetMask, srcPaddingMask,
17                  targetPaddingMask, memoryPaddingMask):
18          srcEmbResult = self.positionalEncoding(self.embedSrcToken(src))
19          targetEmbResult = self.positionalEncoding(self.embedTargetToken(target))
20          memory = self.encoder(srcEmbResult, srcMask, srcPaddingMask)
```

```
21            outputs = self.decoder(targetEmbResult, memory, targetMask, None,
targetPaddingMask, memoryPaddingMask)
22        return self.linear(outputs)
23    def encode(self, src, srcMask):
24        return self.encoder(self.positionalEncoding(
25            self.embedSrcToken(src)), srcMask)
26    def decode(self, target, memory, targetMask):
27        return self.decoder(self.positionalEncoding(
28            self.embedTargetToken(target)), memory,
29            targetMask)
```

其中，在第 2 行的 __init__ 方法里，定义了该 Transformer 模型所包含的组件，从中能看到，该模型包含了编码器层、解码器层和线性层，此外还引入了用于分词和获取位置信息的 embedSrcToken、embedTargetToken 和 positionalEncoding 等模块。

从以上第 6 行和第 8 行代码里能看到，该模型的编码器层和解码器层用到了多头注意力机制，nhead 参数表示了注意力头的数量。从第 7 行和第 9 行代码里能看到，该模型用到了 torch.nn 库里封装好的 TransformerEncoder 等对象来实现编码器和解码器的功能。

此外，在以上代码第 15 行的 forward 方法里定义了该模型里数据的流向，这里所定义的流向如图 15.8 所示，从中能看到，该模型的输入是待翻译的源语言，输出是翻译好的目标语言。

15.2.4　训练 Transformer 模型

完成 Transformer 模型的搭建后，接下来讲解 TransformerForNLP.py 范例中的准备训练集数据，以及用数据训练模型的实践要点。在运行本范例前，需要把 15.2.2 节下载的文件，放到该范例代码中指定的目录位置，比如放在和该 .py 文件的同一个目录里。

```
1  import math
2  import torch
3  import torch.nn as nn
4  from torch.nn.utils.rnn import pad_sequence
5  from torch.utils.data import DataLoader
6  from collections import Counter
7  from torchtext.vocab import Vocab
8  import pandas as pd
9  import sentencepiece as spm
10 from torch.nn import TransformerEncoder, TransformerDecoder,TransformerErcoderLayer, TransformerDecoderLayer
11 # 装载文本数据集
12 df = pd.read_csv('./zh-ja.bicleaner05.txt', sep='\\t', engine='python', header=None)
13 # 出于演示效果，只取前 1000 条数据作为训练集
14 # 真正训练时，可以用全部数据
15 #trainZhCN = df[2].values.tolist()
16 #trainJA = df[3].values.tolist()
17 trainZhCN = df[2].values.tolist()[:1000]
18 trainJA = df[3].values.tolist()[:1000]
```

以上代码先通过 import 语句引入了所需的依赖包，随后使用第 12 行代码加载了包含中日语

文本的文本数据，请注意该数据集是文本形式。

得到数据集后，需要用第 17 行和第 18 行代码把文本拆分成日语和中文，这里日文文本是翻译的源语言，也是特征值，中文文本是翻译的目标语言，也是目标值。请注意，这些特征值和目标值还无法直接提交给 Transformer 模型训练，还需要把它们用词嵌入的方式转换成向量格式的特征值和目标值。

```
19  # 定义分词器对象
20  tokenizerForZHCN = spm.SentencePieceProcessor(model_file='spm.en.nopretok.model')
21  tokenizerForJa = spm.SentencePieceProcessor(model_file='spm.ja.nopretok.model')
22  def CreateVocab(sentences, tokenizer):
23      counter = Counter()
24      for sentence in sentences:  # 遍历句子列表中的每一个句子
25          counter.update(tokenizer.encode(sentence, out_type=str))
26      return Vocab(counter, specials=['<unk>', '<pad>', '<bos>', '<eos>'])
27  # 根据分词库，生成中文和日语的词汇表
28  vocabForJa = CreateVocab(trainJA, tokenizerForJa)
29  vocabForZhCN = CreateVocab(trainZhCN, tokenizerForZHCN)
30  # 生成训练集
31  trainData = []
32  # 遍历并生成训练集
33  for (jaItem, enItem) in zip(trainJA, trainZhCN):
34      jaTensor = torch.tensor([vocabForJa[token] for token in tokenizerForJa.encode(jaItem.rstrip("\n"), out_type=str)],
35                              dtype=torch.long)
36      enTensor = torch.tensor([vocabForZhCN[token] for token in tokenizerForZHCN.encode(enItem.rstrip("\n"), out_type=str)], dtype=torch.long)
37      trainData.append((jaTensor, enTensor))
```

以上代码是把文本形式的特征值（日语）和目标值（中文）转换成了向量的形式，具体的，先用第 20 行和第 21 行代码加载了分词器，随后，用第 28 行和第 29 行代码得到了两者分词后的词汇表，在此基础上，再用第 33 行的 for 循环生成了向量形式的训练集。

```
38  # 定义 3 种特殊字符的索引
39  idxForPAD = vocabForJa['<pad>']
40  idxForBOS = vocabForJa['<bos>']
41  idxForEOS = vocabForJa['<eos>']
42  # 从训练集里获取一个批次的数据
43  def createBatchData(batchData):
44      # 表示日语和中文的批次
45      jaBatchList, cnBatchList = [], []
46      # 遍历批次的每个数据
47      for (jaItem, cnItem) in batchData:    jaBatchList.append(torch.cat([torch.tensor([idxForBOS]), jaItem, torch.tensor([idxForEOS])], dim=0))    enBatchList.append(torch.cat([torch.tensor([idxForBOS]), cnItem, torch.tensor([idxForEOS])], dim=0))
48      jaBatchList = pad_sequence(jaBatchList, padding_value=idxForPAD)
49      enBatchList = pad_sequence(cnBatchList, padding_value=idxForPAD)
50      return jaBatchList, enBatchList
51  trainIter = DataLoader(trainData, batch_size=16,shuffle=True, collate_fn=createBatchData)
```

生成训练集后，为了能让模型分批次地读取训练集的数据，还需要用第 51 行代码定义读取训练集数据的迭代器对象 trainIter，该行代码使用到了第 43 行的 createBatchData 方法，批量地从训练集里读取特征值和目标值，生成供 Transformer 模型本次迭代训练所用的批次数据。

```
52 # 省略定义 transformer 模型的代码
53 num_epochs = 5
54 transformer = TransformerForNLP(3, 3, 512, len(vocabForJa),
len(vocabForZhCN),512,0.1)
55 print(transformer)
56 crossEntropyLossFn = torch.nn.CrossEntropyLoss(ignore_index=idxForPAD)
57 optimizer = torch.optim.Adam(transformer.parameters(), lr=0.0001)
```

以上代码包含了 15.2.3 节定义 Transformer 类的相关代码。此外，以上用第 54 行代码创建了 Transformer 模型的实例对象，并用第 56 行和第 57 行代码定义了训练时所要用到的损失函数和优化器。

```
58 # 用双层循环开始训练
59 for epoch in range(1, num_epochs + 1):
60     transformer.train()
61     total_loss = 0
62     for idx, (srcLang, targetLang) in enumerate(trainIter):
63         targetInput = targetLang[:-1, :]
64         srcMask, targetMask, srcPaddingMask, targetPaddingMask =
createMask(srcLang, targetInput)
65         output = transformer(srcLang, targetInput, srcMask,
targetMask,srcPaddingMask, targetPaddingMask, srcPaddingMask)
66         # 梯度清零
67         optimizer.zero_grad()
68         target = targetLang[1:, :]
69         loss = crossEntropyLossFn(output.reshape(-1, output.shape[-1]), target.
reshape(-1))
70         # 前向传播
71         loss.backward()
72         optimizer.step()
73         total_loss += loss.item()
74     print(f'Epoch [{epoch}/{num_epochs}], Train Loss: {total_loss:.4f}')
```

随后，用第 59 行和第 62 行的双层 for 循环语句，用训练集里的日语和中文向量数据训练 Transformer 模型。

训练时，先用第 65 行代码让模型拟合特征值（日语向量），以此生成目标值（中文句量）。随后，再用第 69 行代码对比拟合后的数据和真实数据，以此生成损失值，再用第 71 行和第 72 行代码在模型内前向传递损失值，以此来优化模型内部的参数。

本范例为了尽快展示训练的结果，所以只训练了 5 轮，这里还可以通过修改第 53 行的 num_epochs 参数来修改训练的轮数，每轮训练后，会通过第 74 行代码输出本轮训练的损失值。

15.2.5 尝试翻译，观察训练成果

完成模型的训练动作后，可用下面的代码，让模型尝试着翻译日文语句，以此来观察训练的

成果。

```
75  def decodeByGreedy(model, src, srcMask, maxLen, startPos):
76      memory = model.encode(src, srcMask)
77      result = torch.ones(1, 1).fill_(startPos).type(torch.long)
78      for i in range(maxLen - 1):
79          targetMask = (generateMaskForSubseq(result.size(0))
80                        .type(torch.bool))
81          out = model.decode(result, memory, targetMask)
82          out = out.transpose(0, 1)
83          prob = model.linear(out[:, -1])
84          _, nextWord = torch.max(prob, dim=1)
85          nextWord = nextWord.item()
86          result = torch.cat([result,
87                          torch.ones(1, 1).type_as(src.data).fill_(nextWord)], dim=0)
88          if nextWord == idxForEOS:
89              break
90      return result
91  # 待翻译的文本
92  src=" ニューラルネットワークを学んでいます "
93  transformer.eval()
94  tokens = [idxForBOS] + [vocabForJa.stoi[tok] for tok in tokenizerForJa.
encode(src, out_type=str)] + [idxForEOS]
95  num_tokens = len(tokens)
96  src = (torch.LongTensor(tokens).reshape(num_tokens, 1))
97  srcMask = (torch.zeros(num_tokens, num_tokens)).type(torch.bool)
98  # 解码目标序列
99  targetTokens = decodeByGreedy(transformer, src, srcMask, maxLen=num_tokens + 5,
startPos=idxForBOS).flatten()
100 # 把翻译好的目标序列的 token 索引转换为对应的单词
101 # 并连接成字符串以此组成翻译好的结果
102 translationResult = " ".join([vocabForZhCN.itos[tok] for tok in targetTokens]).
replace("<bos>", "").replace("<eos>","")
103 # 输出翻译结果
104 print(translationResult)
```

以上是在第 92 行代码的位置定义了待翻译的日语文本，随后在第 99 行代码的位置用模型翻译该文本。翻译后，再用第 75 行定义的 decodeByGreedy 方法，把翻译好的分词向量转换成文本，最后再用第 104 行的 print 语句输出翻译结果。

为了较快地展示训练结果，本范例由于只选了 zh-ja.bicleaner05.txt 里的 1000 条数据作为训练集，而且只训练了 5 轮，所以最终的翻译结果未必能很好地匹配源文本。

如果想让翻译出来的目标文本很好地契合源文本的含义，大家可以从以下两个方面入手：一是增加训练轮数；二是通过下列方式修改代码，采用 zh-ja.bicleaner05.txt 里的所有文本作为训练集。不过这样做的话，可能会导致训练时间变得很长。

```
1  #trainZhCN = df[2].values.tolist()[:1000]
2  #trainJA = df[3].values.tolist()[:1000]
3  trainZhCN = df[2].values.tolist()
4  trainJA = df[3].values.tolist()
```

15.3　小结和预告

本章首先讲述了 Transformer 模型的架构和注意力机制，随后用自然语言翻译的范例，讲述了 Transformer 模型的训练和使用要点。通过本章的学习，大家能在掌握分词和词嵌入等技巧的基础上，掌握 Transformer 模型在自然语言处理方面的实践要点。

除了在自然语言处理领域，Transformer 模型还能用在图片分类等场景，第 16 章将在讲述 ViT（Vision in Transformer，视觉变换器）模型的基础上，以 CIFAR-10 数据集为例，讲述 Transformer 模型在图片分类场景中的实践要点。

第 16 章

ViT 模型实战

![学习目标图标] **学习目标**

- 掌握 ViT 模型的组成架构
- 掌握 ViT 模型分类图片的流程
- 通过范例，掌握 ViT 模型分类图片的实战技巧

16.1　ViT 的概念和架构

ViT（Vision in Transformer，视觉变换器）是一种基于 Transformer 的深度学习模型，能用在图片识别等场景。

ViT 处理图片的一般流程是，先把图片分解成若干图块（patch），随后把图块转换成向量并以此作为输入序列，然后 Transformer 编码器会处理这些图块向量并输出图片分类或识别等结果。

16.1.1　ViT 的组成架构

ViT 模型包含以下 3 个主要模块，其架构如图 16.1 所示。

（1）Linear Projection of Flattened Patches，其中文含义是"扁平化小块数据的线性投影"，该模块的作用是把 Transformer 模型无法直接处理的图片分解成若干个图块（patch）。从功能角度来看，该模块有些类似自然语言处理场景里的词嵌入模块，所以该模块也称 Embedding（嵌入）模块。

（2）Transformer Encoder（Transformer 编码器），它是由多个编码模块叠加而成的，其主要作用是从图块里提取图片特征。

（3）MLP Header（多层感知机的头部），其主要作用是根据图片特征进行分类或识别等操作。

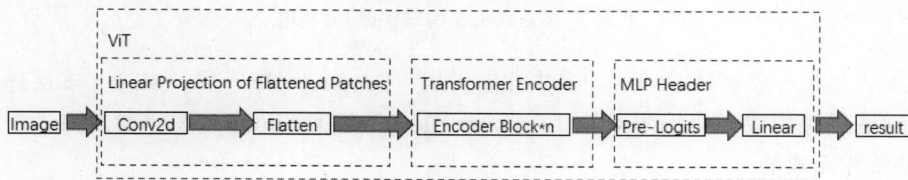

图 16.1　ViT 组成架构图

16.1.2 ViT 分类图片的大致流程

本节将通过讲述 ViT 模型分类图片的大致流程，带领大家进一步了解 ViT 模型的内部结构。

1. 把图片转换成向量

这个动作是由 Linear Projection of Flattened Patches 模块（也称嵌入模块）完成的。

图片数据的一般表现形式是多维向量，比如一张长和宽均是 256 个像素的彩色图片，其每个点都需要用"x 轴坐标、y 轴坐标、红色分量、绿色分量和蓝色分量"这个 5 维向量来表示，那么整张图是需要用 6 维向量来表示的。但 ViT 模型只能接受一维向量。

所以图片在被提交给 Transformer 模型前，先会被嵌入模块里的 Conv2d（卷积层）分解成若干个小图块，比如被分解成若干个 16×16 大小的图块，这些图块会被 Flatten 层压缩成一维向量，作为 Transformer 编码器的输入序列。相关流程如图 16.2 所示。

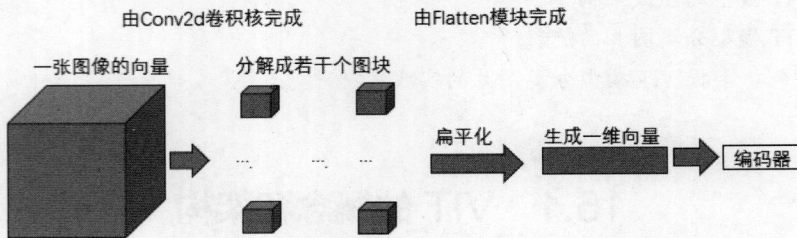

图 16.2 图片转换成一维向量的示意图

请注意，在把每张图块转成向量输入 Transformer 编码器时，还需要在向量里加入两个比较重要的参数。第一个参数名为 Class Token，即类别令牌，表示该图块所属图片的类别，第二个参数名为 Position Embedding（位置编码），表示该图块的位置。

加入这两个参数的动作也是由 Linear Projection of Flattened Patches 模块完成的，这两个参数在 ViT 模型的训练过程中，会被不断优化调整。

在定义 ViT 和 Linear Projection of Flattened Patches 模块时，与这个一维向量有关的会有两个参数，一是这个一维向量里包含了多少个图块，二是每个图块向量的长度。

2. Transformer 编码器提取特征

Linear Projection of Flattened Patches 模块生成的向量，会交由 Transformer 编码器提取特征。编码器的具体构造如图 16.3 所示。

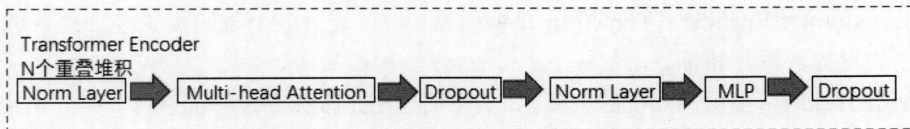

图 16.3 Transformer 编码器的具体构造

图 16.3 从左到右分别是归一层、多头注意力层、Dropout、归一层、MLP（多层感知机）和 Dropout。这些组件构成一个编码器块（Encoder Block），Transformer 编码器是由多个这样的编码器块重叠堆积而成的。

该模块处理图片向量的主要流程是，先用 Norm Layer（归一化层）对向量进行归一化处理，这样做的目的是提升精度，随后用 Multi-head Attention 层获取图片向量中每个图块的注意力，从而能在图片处理时优先考虑比较重要的图块，然后再用 Dropout 层进行防过拟合处理，最后再用 MLP（多层感知机）来综合提取特征。

3. 用 MLP 层分类图片

这会根据编码器得到的图片特征进行分类。MLP 层一般是由多个线性层和激活函数构成的。在图形分类场景，该层的输出结果是图片的类别。

16.2　简要版 ViT 分类图片实战

之所以称为"简要版"，是因为本范例在搭建 ViT 模型时，用到的是现成的封装在 torch.nn 模块里的 TransformerEncoderLayer 对象。尽管如此，通过本范例大家依然能掌握用 ViT 模型进行图片分类的实践要点。

16.2.1　数据集分析

本节用到的数据集是前文提到过的 CIFAR-10 数据集。该数据集包含了 60000 张图片样本数据，其中 50000 个是训练集数据，10000 个测试集数据，而每张图片样本都是 32×32 像素的彩色图片数据。

可用 torchvision.datasets.CIFAR10 方法获取其训练集和测试集，具体代码如下。

```
1  trainDataset = torchvision.datasets.CIFAR10(root="./dataset", train=True, download=True,transform=transforms.ToTensor())
2  testDataset = torchvision.datasets.CIFAR10(root="./dataset",train=False,download=True, transform=transforms.ToTensor())
```

调用该方法下载数据集时，可通过 train 参数指定是下载训练集还是测试集，可通过 root 参数指定下载数据集的路径，可通过 download 参数指定是下载还是直接从路径里读取。

如果是第一次运行上述方法，在由 root 参数指定的 dataset 路径里并没有训练集或测试集数据，那么可以把 download 参数设置成 True，这样在调用上述方法时，会从远端下载。之后，如果由 root 参数指定的 dataset 路径里已经存在了训练集和测试集，则可以把 download 参数设置成 False，表示直接从路径里读取，而无须从远端下载。

16.2.2　搭建简要版的 ViT 模型

本范例的代码是放在 VITForCiFar10.py 文件里的，该文件包含了创建和训练 ViT 模型的代码。

这里先讲一下搭建 ViT 模型部分的代码，上文已经提到，在搭建该模型时，用到了 torch.nn 模块里的 TransformerEncoderLayer 对象作为编码器。

```
1  class PatchEmbedding(nn.Module):
2      def __init__(self, inChannelNum, patchSize, dimOfEmbed, patchNum, dropout):
```

```
 3              super(PatchEmbedding, self).__init__()
 4              self.patchModel = nn.Sequential(
 5                  nn.Conv2d(in_channels=inChannelNum, out_channels=dimOfEmbed, kernel_
size=patchSize, stride=patchSize),
 6                  nn.Flatten(2)
 7              )
 8              self.classToken = nn.Parameter(torch.randn(size=(1, 1, dimOfEmbed)))
 9              self.postionEmbed = nn.Parameter(torch.randn(size=(1, patchNum + 1,
dimOfEmbed)))
10              self.dropout = nn.Dropout(p=dropout)
11          def forward(self, x):
12              classToken= self.classToken.expand(x.shape[0], 1, -1)   # [batch_
size,1,768(embed_dim)]
13              x = self.patchModel(x).permute(0, 2, 1)   # [batch_size,patches,embed_
dim]
14              # 拼接编码
15              x = torch.cat([classToken, x], dim=1)
16              x = x + self.postionEmbed
17              x = self.dropout(x)
18              return x
```

以上代码定义了 Linear Projection of Flattened Patches 模块（嵌入模块）。具体的，通过第 4～7 行代码定义了该模块里的 Conv2d（卷积）层和 Flatten 层，这两层是包含在 patchModel 模块里的。

请注意第 5 行定义 Conv2d 卷积层的参数，其中 in_channels 是传入值，out_channels 数值等于每个图块向量的长度，而 kernel_size 和 stride 这两个参数数值等于图块的数量。

随后，在第 8 行和第 9 行代码定义了图片识别过程中需要用到的"类别令牌"和"位置编码"两个参数，最后在第 10 行代码定义了用来防止过拟合的 dropout 模块。

第 11 行的 forward 方法则定义了 Linear Projection of Flattened Patches 模块里的数据流向，具体的，输入数据先会如第 13 行代码所示，经由 patchModel 模块里的卷积层和 Flatten 层处理，这样一张图片的数据会先被分解成图块，而图块的数量和每个图块向量的长度是由 Conv2d 参数指定的。图片数据被分解成图块后，会再被 Flatten 层压缩成解码器能处理的一维向量。

在此基础上，该向量还会像第 15 行和第 16 行代码所示，加上"类别令牌"和"位置编码"两个参数，最后会像第 17 行代码所示，用 dropout 模块进行处理，防止出现过拟合现象。

```
19 class VitModel(nn.Module):
20      def __init__(self, inChannelNum, patchSize, dimOfEmbed, patcheNum, dropout,
headNum, encoderNum, classNum):
21          super(VitModel, self).__init__()
22          self.patchEmbedLayer = PatchEmbedding(inChannelNum, patchSize,
dimOfEmbed, patcheNum, dropout)
23          encoderLayer = nn.TransformerEncoderLayer(d_model=dimOfEmbed,
nhead=headNum, dropout=dropout,batch_first=True, norm_first=True)
24          self.encoderLayers = nn.TransformerEncoder(encoderLayer, num_
layers=encoderNum)
25          self.MLP = nn.Sequential(
26              nn.LayerNorm(normalized_shape=dimOfEmbed),
27              nn.Linear(in_features=dimOfEmbed, out_features=classNum)
```

```
28        )
29    def forward(self, x):
30        x = self.patchEmbedLayer(x)
31        x = self.encoderLayers(x)
32        x = self.MLP(x[:, 0, :])
33        return x
```

完成定义 PatchEmbedding 类后，接下来通过第 19 行的 VitModel 类来定义 ViT 模型。从该类第 20 行的 __init__ 方法里能看到，该 ViT 模型包含了 PatchEmbedding 层、解码器和 MLP 模块。其中，通过第 23 行和第 24 行代码能看到，是用到了 nn.TransformerEncoderLayer 对象来充当解码器，通过第 25 ～ 28 行代码能看到，MLP 模块包含了归一层和线性层。

该类第 29 行的 forward 方法则定义了 ViT 模块里的数据流向，经过该模块的数据会依次被 PatchEmbedding、编码器和 MLP 这 3 个模块处理。

16.2.3　训练模型，观察分类结果

下面的 VITForCiFar10.py 范例中包含了定义 ViT 模型、训练模型和用模型分类图片的全部代码，其中定义模型部分的代码前文已经分析过，这里不再赘述。

```
1   import torch
2   import torch.nn as nn
3   import torchvision
4   from torch.utils.data import DataLoader
5   from torchvision import transforms
6   from torch import optim
7   device = "cuda" if torch.cuda.is_available() else "cpu"
```

以上用第 1 ～ 6 行的 import 语句引入了必要的依赖包，随后用第 7 行代码得到了所用计算机的设备。这样的话，本范例代码能根据设备的不同，自动适应 CUDA 或 CPU 的运行环境。

```
8   # 省略定义 PatchEmbedding 和 ViTModel 类的代码
9   inChannelNum = 3
10  imgSize = 32
11  patchSize = 8
12  batchSize = 128
```

以上代码定义了图片相关的参数，具体来说，定义了 ViT 模型里卷积层的 inChannelNum 为 3，这能匹配上 CIFAR-10 数据集的特征，由于该数据集每张图片的大小是 32×32 个像素，所以第 10 行 imgSize 的数值也是 32。此外，还定义了待分解的图块的尺寸和每批处理的数量。

另外，以上代码其实也包含了定义 PatchEmbedding 和 ViTModel 类的代码，这部分代码不再重复给出。

```
13 trainDataset = torchvision.datasets.CIFAR10(root="./dataset",
train=True,download=False, transform=transforms.ToTensor())
14 trainDataloader = DataLoader(trainDataset, batch_size=batchSize, shuffle=True)
15 testDataset = torchvision.datasets.CIFAR10(root="./dataset", train=False, download=False,transform=transforms.ToTensor())
16 testDataloader = DataLoader(testDataset, batch_size=batchSize, shuffle=True)
```

以上代码得到了 CIFAR-10 的训练集和测试集，并把它们载入到 DataLoader 类型的对象中。

```
17 model = VitModel(inChannelNum, patchSize, patchSize ** 2 * inChannelNum,
(imgSize // patchSize) ** 2, 0.3, 8, 10, 10).to(device)
18 criterion = nn.CrossEntropyLoss()
19 optimzer = optim.Adam(model.parameters(), lr=0.0001)
20 epochNum = 5
```

以上用第 17 行代码实例化了 ViT 模型对象，并在之后定义了训练所需的损失函数、优化器和训练轮数等参数。表 16-1 整理了实例化 ViT 模型时所传参数的含义，从中大家能进一步了解 ViT 的构成和工作流程。

表 16-1　ViT 参数一览表

参　数　名	参　数　值	参数含义
inChannelNum	3	ViT 里卷积层的 inChannel，表示图片入参的维度
patchSize	8	图块的尺寸，即把 CIFAR-10 每张 32×32 尺寸的图片分解成 8×8 的图块
dimOfEmbed	192	每个图块是 8×8 尺寸，外加 3 个颜色通道，所以每个图块向量的长度是 8×8×3=192
patcheNum	16	图块的数量，每张图的尺寸是 32×32，每个图块的尺寸是 8×8，两者相除，得到图块的数量是 16
dropout	0.3	模型内部随机屏蔽神经元个数的比例，这里是 0.3，随机屏蔽的用意是防过拟合

从中能看到，ViT 模型训练时的特征值是图片像素数据，目标值是该图片的分类类别。在训练过程中，ViT 模型会把图片分解成图块，同时会在编码器内部用到注意力机制。

```
21 print(f"Start Training On : {device}")
22 for epoch in range(epochNum):
23     model.train()
24     totalTrainLoss = 0
25     trainNum = 0
26     trainItemNum = 0
27     trainCorrectNum = 0
28     for i, (feature, target) in enumerate(trainDataloader):
29         feature = feature.to(device)
30         target = target.to(device)
31         output = model(feature)
32         outputLabel = torch.argmax(output, dim=1)
33         trainLoss = criterion(output, target)
34         optimzer.zero_grad()
35         trainLoss.backward()
36         optimzer.step()
37         totalTrainLoss += trainLoss.item()
38         trainNum += 1
39         trainItemNum += feature.size(0)
40         trainCorrectNum += (target == outputLabel).sum().item()
41     avgTrainLoss = totalTrainLoss / (trainNum + 1)
```

```
42          trainAccRatio = trainCorrectNum / trainItemNum
43      model.eval()
44      totalTestLoss = 0
45      testItemSize = 0
46      testCorrectNum = 0
47      with torch.no_grad():
48          testNum = 0
49          for j, (feature, target) in enumerate(testDataloader):
50              feature = feature.to(device)
51              target = target.to(device)
52              output = model(feature)
53              outputLabel = torch.argmax(output, dim=1)
54              testLoss = criterion(output, target)
55              totalTestLoss += testLoss.item()
56              testNum += 1
57              testItemSize += feature.size(0)
58              testCorrectNum += (target == outputLabel).sum().item()
59          avgtestLoss = totalTestLoss / (testNum + 1)
60          testAccRatio = testCorrectNum / testItemSize
61      # 每轮训练后，输出损失值和准确率
62      print(f'Epoch [{epoch + 1}/{epochNum}],Avg Train Loss:{avgTrainLoss:.4f}')
63      print(f'Epoch [{epoch + 1}/{epochNum}],Avg Test Loss:{avgtestLoss:.4f}')
64      print(f'Epoch [{epoch + 1}/{epochNum}],Train Acc:{trainAccRatio:.4f}%')
65      print(f'Epoch [{epoch + 1}/{epochNum}],Test Acc:{testAccRatio:.4f}%')
```

以上代码是用来训练模型的，具体是通过第 22 行的 for 循环定义了训练的轮数，在每轮训练中，不仅用到第 28 行的内层 for 循环，用训练集来训练模型，还用到了第 49 行的内层 for 循环，用测试集来验证本轮训练的训练成果。最后，用第 62 ～ 65 行的 print 语句输出展示本轮训练成果的损失值和准确率等数据。

在第 28 行的 for 循环训练过程中，先用第 31 行代码让模型对训练集的特征值做预测，然后用第 33 行代码对比预测结果和真实结果，由此得到损失值，再用第 35 行和第 36 行代码向前传递损失值，更新 ViT 模型内部的参数。

而在第 49 行的 for 循环训练里，用第 52 行代码让模型对测试集数据做预测，由于这里是验证训练结果，所以不需要前向传递损失值和更新模型内部参数，只是用第 59 行和第 60 行代码统计损失值和准确率。

这里是训练 5 轮，为了进一步提升图片分类的准确率，可以通过增加第 22 行的 epochNum 参数来增加训练的轮数。完成训练后，可通过以下代码，用可视化的形式来观察训练结果。

```
66 # 开始可视化
67 display_loader = torch.utils.data.DataLoader(dataset=testDataset, batch_
size=16, shuffle=False)
68 import matplotlib.pyplot as plt
69 # 每种分类的名称
70 classes = ('plane', 'car', 'bird', 'cat', 'deer', 'dog', 'frog', 'horse',
'ship', 'truck')
71 # 评估时不需要设置梯度
72 with torch.no_grad():
73      # 获取 16 个测试数据来验证
```

```
74    numberImages, labels = next(iter(display_loader))
75    print('Real Result: ', ' '.join('%5s' % classes[labels[index]] for index in
range(16)))
76    output = model(numberImages)    # 用训练好的模型预测
77    # predict 则是预测结果
78    _, predict = torch.max(input=output.data, dim=1)
79    # 输出预测结果
80    print('Predict Result: ', ' '.join('%5s' % classes[predict[index]] for index
in range(16)))
81    numberImg = torchvision.utils.make_grid(numberImages)
82    # 指定使用的数据维度
83    numberImg = numberImg.numpy().transpose(1, 2, 0)
84    plt.imshow(numberImg)  # 输出图形
85    plt.show()
```

以上通过第 67 行代码加载了测试集里的 16 张图片，让训练好的 ViT 模型预测这些图片的种类。

在预测前，需要用第 72 行代码关闭梯度，随后，用第 75 行的 print 语句输出了这些图片的真实种类，再用第 76 行代码，用模型做出预测，并第 80 行代码输出预测结果，最后再用第 81 ~ 85 行代码输出了这些图片的可视化效果。

本范例运行后，大家能看到如图 16.4 所示的可视化效果。

图 16.4　ViT 模型预测图片的可视化效果图

此外，还能在控制台里看到下面的输出，从中能看到，该模型所做的预测有一定的准确性。而且，通过各轮训练后输出的损失值和准确率等数据能看到，如果增加 ViT 模型训练轮数，该模型分类图片的准确率还能进一步得到提升。

```
1  Real Result:    cat ship ship plane frog frog  car frog  cat  car plane
truck  dog horse truck  ship
2  Predict Result:    cat ship ship ship deer frog  cat deer  dog ship
plane truck  frog  car truck  ship
```

16.3　完整版 ViT 分类图片实战

本节仍然使用 CIFAR-10 数据集来做图片分类，但在定义 ViT 模型时，会自行定义编码器及其中用到的 Attention 机制。相对 16.2 节给出的范例，本节定义的 ViT 模型可以称为"完整版"。

16.3.1　实现注意力机制的类

这里是在 Attention 类里封装了实现注意力机制的代码，其中代码的实现逻辑参考了 Vaswani 等人发表于 2017 年的论文 Attention is All You Need 中的相关算法公式。

```
1   class Attention(nn.Module):
2       # 定义组件
3       def __init__(self, layerNum, attentionHeadNum=8, dimOfHead=64, dropout=0.3):
4           super().__init__()
5           innerDim = dimOfHead * attentionHeadNum
6           self.heads = attentionHeadNum
7           #scale 值用来减少误差
8           self.scale = dimOfHead ** -0.5
9           # 定义归一层
10          self.norm = nn.LayerNorm(layerNum)
11          # 把输入映射成概率
12          self.softmax = nn.Softmax(dim=-1)
13          # 防过拟合模块
14          self.dropout = nn.Dropout(dropout)
15          # 计算注意力的模块
16          self.qkv = nn.Linear(layerNum, innerDim * 3, bias=False)
17          # 这里是多头注意力（8 个头），定义全连接层和防过拟合层
18          self.out = nn.Sequential(
19              nn.Linear(innerDim, layerNum),
20              nn.Dropout(dropout)
21          )
22      # 定义数据流向
23      def forward(self, x):
24          x = self.norm(x)
25          qkv = self.qkv(x).chunk(3, dim=-1)
26          q, k, v = map(lambda t: rearrange(t, 'b n (h d) -> b h n d', h=self.heads), qkv)
27          dots = torch.matmul(q, k.transpose(-1, -2)) * self.scale
28          attn = self.softmax(dots)
29          attn = self.dropout(attn)
30          out = torch.matmul(attn, v)
31          out = rearrange(out, 'b h n d -> b n (h d)')
32          return self.out(out)
```

该类第 3 行 __init__ 方法的参数含义如表 16-2 所示。

表 16-2　Attention 参数一览表

参　数　名	参数含义
layerNum	该模块内部的维度，也是定义其中归一化层和线性层的层数
attentionHeadNum	注意力头的数量，默认是 8 个
dimOfHead	每个注意力头的维度
dropout	随机丢弃的比例，默认是 0.3，该参数用来防止过拟合

　　Attention 层的数据流向是，先用第 24 行代码对输入进行归一化处理，随后用第 25 行和第 26 行代码，把输入分解成与注意力相关的 q、k 和 v 共 3 个数值，然后用第 27 行代码，以张量乘法的方式，通过 query × key 的计算方式得到针对 value 的注意力值预测，在此基础上通过向量内积的缩放，来防止对无效部分的参数进行 softmax 处理，即不会把无效参数转换成概率。

　　接下来，通过第 28 行代码，用 softmax 函数计算分类预测的概率，并用第 29 行代码对该结果进行防过拟合处理，最后，用第 30 ～ 32 行代码重组张量并返回。

　　如果大家想要了解上述代码里所涉及的数学公式，可以去阅读相关资料，不过大家可以直接记住这个结论，数据经由该 Attention 模块处理后，会返回注意力的相关数值。

16.3.2　实现 MLP 层

　　MLP 层的作用是分类图片，这部分的代码如下。

```
1    class MLP(nn.Module):
2        def __init__(self, layerNum, hiddenDim, dropout=0.3):
3            super().__init__()
4            self.net = nn.Sequential(
5                nn.LayerNorm(layerNum),
6                nn.Linear(layerNum, hiddenDim),
7                nn.GELU(),
8                nn.Dropout(dropout),
9                nn.Linear(hiddenDim, layerNum),
10               nn.Dropout(dropout)
11           )
12       def forward(self, x):
13           return self.net(x)
```

　　第 4 ～ 11 行代码定义了该层的结构，从中能看到，该层包含了一个归一化层、两个线性层、一个 GELU 的激活函数、两个防过拟合的 Dropout 层。

16.3.3　实现 Transformer 编码器层

　　这部分的代码如下所示，其中第 2 行 __init__ 方法的参数含义如表 16-3 所示。

```
1    class TransformerEncoder(nn.Module):
2        def __init__(self, layerNum, depth, attentionHeadNum, dimOfHead, mlpRatio, dropout):
3            super().__init__()
4            self.norm = nn.LayerNorm(layerNum)
5            self.layers = nn.ModuleList([])
6            dimOfMLP = mlpRatio * layerNum
7            for _ in range(depth):
8                self.layers.append(nn.ModuleList([
9                    Attention(layerNum=layerNum, attentionHeadNum=attentionHeadNum,
dimOfHead=dimOfHead, dropout=dropout),
10                   MLP(layerNum=layerNum, hiddenDim=dimOfMLP, dropout=dropout)
11               ]))
12       def forward(self, x):
```

```
13            for attn, mlp in self.layers:
14                x = attn(x) + x
15                x = mlp(x) + x
16            return self.norm(x)
```

表 16-3　TransformerEncoder 参数一览表

参 数 名	参数含义
layerNum	该模块内部的维度，也是定义其中归一化层和线性层的层数
depth	该编码器层叠加的层数
attentionHeadNum	注意力头的数量
dimOfHead	每个注意力头的维度
mlpRatio	用来设置隐藏层的维度大小
dropout	随机丢弃的比例，默认是 C.3，该参数用来防止过拟合

从 __init__ 方法里第 7 行的 for 循环里能看到，该层是由多个 Attention 和 MLP 层叠加而成的，而叠加的次数由 depth 参数指定。

从第 12 行定义数据流向的 forward 方法里能看到，该层的数据会依次经由多个 Attention 和 MLP 层，由此能提取图片的特征。

16.3.4　搭建完整版的 ViT 模型

包含自定义 Attention 和 Transformer 编码器类的 ViT 模型代码如下所示，其中第 2 行 __init__ 方法的参数含义如表 16-4 所示。

```
1   class ViTModel(nn.Module):
2       def __init__(self, imageSize, patchSize, classNum, layerNum, depth,
attentionHeadNum, mlpRatio, channels=3,
3                    dimOfHead=64, dropout=0.3):
4           super().__init__()
5           patcheNum = (imageSize // patchSize) * (imageSize // patchSize)
6           dimOfPatch = channels * patchSize * patchSize
7           self.to_patch_embedding = nn.Sequential(
8               Rearrange('b c (h p1) (w p2) -> b (h w) (p1 p2 c)', p1=patchSize,
p2=patchSize),
9               nn.LayerNorm(dimOfPatch),
10              nn.Linear(dimOfPatch, layerNum),
11              nn.LayerNorm(layerNum)
12          )
13          self.classToken = nn.Parameter(torch.randn(1, 1, layerNum))
14          self.postionEmbed = nn.Parameter(torch.randn(1, patcheNum + 1,
layerNum))
15          self.dropout = nn.Dropout(dropout)
16          #deep 是深度
```

```
17          self.transformerEncoder = TransformerEncoder(layerNum, depth,
attentionHeadNum, dimOfHead, mlpRatio, dropout)
18          self.MLP = nn.Sequential(
19              nn.LayerNorm(normalized_shape=layerNum),
20              nn.Linear(in_features=layerNum, out_features=classNum)
21          )
22      def forward(self, image):
23          x = self.to_patch_embedding(image)
24          b, n, _ = x.shape
25          classTokens = repeat(self.classToken, '1 1 d -> b 1 d', b=b)
26          x = torch.cat((classTokens, x), dim=1)
27          x += self.postionEmbed[:, :(n + 1)]
28          x = self.dropout(x)
29          x = self.transformerEncoder(x)
30          x = self.MLP(x[:, 0, :])
31          return x
```

表 16-4　ViTModel 参数一览表

参　数　名	参数含义
imageSize	图片大小
patchSize	图块大小
classNum	图片分类的个数
layerNum	该模块内部的维度，也是定义其中归一化层和线性层的层数
depth	该编码器层叠加的层数
attentionHeadNum	注意力头的数量
mlpRatio	用来设置隐藏层的维度大小
channels	图片的通道，这里图片是 R、G、B 三通道，所以该值是 3
dimOfHead	每个注意力头的维度
dropout	随机丢弃的比例，默认是 0.3，该参数用来防止过拟合

从第 2 行的 __init__ 方法里能看到，该 ViT 模型同样包含了 PatchEmbedding 层、解码器层和 MLP 层，只不过这里的解码器层是通过自定义代码的方式来实现的。

第 22 行的 forward 方法则定义了该模块的数据流向，从中能看到，数据会依次被 Patch Embedding、编码器和 MLP 这 3 个模块处理，最终返回预测的分类结果。

16.3.5　训练模型，观察分类结果

下面的 VITForCiFar10WithAttention.py 范例中包含了定义 ViT 模型、训练模型和用模型分类图片的全部代码，其中定义模型和定义注意力机制等部分的代码前文已经分析过，这里不再赘述。

```
1  import torch
2  from einops import rearrange, repeat
3  from einops.layers.torch import Rearrange
4  from torch import nn
5  from torchvision import transforms
6  from torchvision.datasets import CIFAR10
7  from torch.utils.data import DataLoader
8  from torch import optim
9  import torchvision
10 # 检查可用的 GPU 数量
11 device = torch.device("cuda" if torch.cuda.is_available() else "cpu")
```

以上用第 1～9 行的 import 语句引入了必要的依赖包，随后用第 11 行代码得到了所用计算机的设备。这样本范例代码能根据设备的不同，自动适应 CUDA 或 CPU 的运行环境。

```
12 model = ViTModel(
13     imageSize=32,
14     patchSize=4,
15     classNum=10,
16     layerNum=128,
17     depth=8,
18     attentionHeadNum=8,
19     mlpRatio=4,
20     dimOfHead=64,
21     dropout=0.3
22 )
23 model.to(device)
```

以上代码实例化了 ViTModel 对象，并根据当下设备情况，把该模型部署到 CPU 或 Cuda 上。

```
24 train_dataset = CIFAR10(root='./dataset/', train=True, transform=transforms.
ToTensor(), download=False)
25 test_dataset = CIFAR10(root='./dataset/', train=False, transform=transforms.
ToTensor(), download=False)
26 train_dataloader = DataLoader(train_dataset, batch_size=64, shuffle=True)
27 test_dataloader = DataLoader(test_dataset, batch_size=64, shuffle=False)
```

以上代码得到了 CIFAR-10 的训练集和测试集，并把它们载入到 DataLoader 类型的对象中。

```
28 criterion = nn.CrossEntropyLoss()
29 optimizer = optim.Adam(model.parameters(), lr=0.0001)
30 epochNum = 5
31 print(f"Start Training On : {device}")
```

以上代码定义了训练所要用到的损失函数、优化器和训练轮数，这里定义的训练轮数是 5 次，为了提升精度，可以通过修改第 30 行 epochNum 的数值，增加训练的轮数。

以下代码实现了训练模型及用可视化的方式观察训练结果的功能，这部分代码和上文给出的 VITForCiFar10.py 范例中的代码很相似，所以就不再另外讲解了。

```
32 for epoch in range(epochNum):
33     model.train()
34     totalTrainLoss = 0
```

```
35        trainNum = 0
36        trainItemNum = 0
37        trainCorrectNum = 0
38        for i, (feature, target) in enumerate(test_dataloader):
39            feature = feature.to(device)
40            target = target.to(device)
41            output = model(feature)
42            outputLabel = torch.argmax(output, dim=1)
43            trainLoss = criterion(output, target)
44            optimizer.zero_grad()
45            trainLoss.backward()
46            optimizer.step()
47            totalTrainLoss += trainLoss.item()
48            trainNum += 1
49            trainItemNum += feature.size(0)
50            trainCorrectNum += (target == outputLabel).sum().item()
51        avgTrainLoss = totalTrainLoss / (trainNum + 1)
52        trainAccRatio = trainCorrectNum / trainItemNum
53        model.eval()
54        totalTestLoss = 0
55        testItemSize = 0
56        testCorrectNum = 0
57        with torch.no_grad():
58            testNum = 0
59            for j, (feature, target) in enumerate(test_dataloader):
60                feature = feature.to(device)
61                target = target.to(device)
62                output = model(feature)
63                outputLabel = torch.argmax(output, dim=1)
64                testLoss = criterion(output, target)
65                totalTestLoss += testLoss.item()
66                testNum += 1
67                testItemSize += feature.size(0)
68                testCorrectNum += (target == outputLabel).sum().item()
69            avgtestLoss = totalTestLoss / (testNum + 1)
70            testAccRatio = testCorrectNum / testItemSize
71    # 每轮训练后，输出损失值和准确率
72    print(f'Epoch [{epoch + 1}/{epochNum}],Avg Train Loss:{avgTrainLoss:.4f}')
73    print(f'Epoch [{epoch + 1}/{epochNum}],Avg Test Loss:{avgtestLoss:.4f}')
74    print(f'Epoch [{epoch + 1}/{epochNum}],Train Acc:{trainAccRatio:.4f}%')
75    print(f'Epoch [{epoch + 1}/{epochNum}],Test Acc:{testAccRatio:.4f}% )
76 # 开始可视化
77 display_loader = torch.utils.data.DataLoader(dataset=test_dataset, batch_size=16, shuffle=False)
78 import matplotlib.pyplot as plt
79 # 每种分类的名称
80 classes = ('plane', 'car', 'bird', 'cat', 'deer', 'dog', 'frog',  horse', 'ship', 'truck')
81 # 评估时不需要设置梯度
82 with torch.no_grad():
83     # 获取16个测试数据来验证
```

230

```
84        numberImages, labels = next(iter(display_loader))
85        print('Real Result: ', ' '.join('%5s' % classes[labels[index]] for index in
range(16)))
86        output = model(numberImages)      # 用训练好的模型预测
87        # predict 则是预测结果
88        _, predict = torch.max(input=output.data, dim=1)
89        # 输出预测结果
90         print('Predict Result: ', ' '.join('%5s' % classes[predict[index]] for
index in range(16)))
91        numberImg = torchvision.utils.make_grid(numberImages)
92        # 指定使用的数据维度
93        numberImg = numberImg.numpy().transpose(1, 2, 0)
94        plt.axis('off')
95        plt.imshow(numberImg) # 输出图形
96        plt.show()
```

本范例运行后，能看到如图 16.5 所示的可视化结果，此外，还能在控制台里看到下面的输出，这说明经训练后的 ViT 模型，在图片分类场景有一定的准确性。

```
 1 Real Result:     cat ship  ship plane  frog  frog   car  frog   cat   car plane
truck   dog horse truck  ship
 2 Predict Result:      dog   car  ship truck  frog  frog   car  bird   dog   car
bird truck   dog   dog truck  frog
```

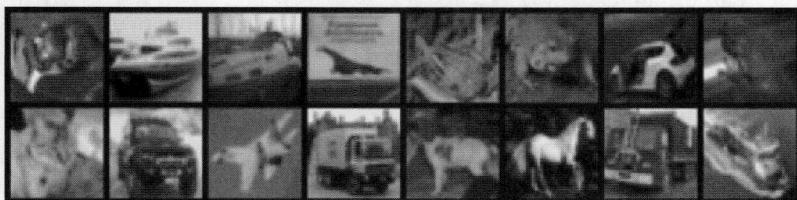

图 16.5　可视化效果图

另外，通过各轮训练后输出的模型损失值和准确率等数据可以看到，随着训练次数的增多，该 ViT 模型分类图片的准确率还能得到进一步提升。

16.4　小结和预告

本章在上一章讲述注意力机制和 Transformer 模型的基础上，首先讲述了 ViT 模型的概念和架构，随后用两个案例讲述了搭建 ViT 模型及用 ViT 模型分类图片的实践要点。

DeepSeek 是当下比较流行的大语言模型，第 17 章将围绕"本地化部署"和"微调"两个方面，通过案例讲述 DeepSeek 大模型的实践要点。

第 17 章
DeepSeek本地化部署和微调实战

学习目标

- 掌握本地化部署 DeepSeek 模型的技能
- 掌握微调 DeepSeek 模型的技能

17.1　DeepSeek 模型概述

大语言模型（Large Language Model，LLM）是指用大量文本数据集训练出的基于深度学习算法和结构的模型。DeepSeek 大语言模型是基于 Transformer 架构，能用于对话问答、文本生成和语义分析等场景。

17.1.1　大语言模型概述

大语言模型是自然语言处理（NLP）的核心研究内容之一，此类模型一般会用到深度学习技术，会用海量文本等类型的数据集训练模型，从而使其学习人类语言的模式、语法和语义，并进一步实现语义分析、自然语言翻译和文本生成等功能。

大语言模型一般具有以下几个特点：

（1）具有比较强大的语言处理能力，比如能理解或生成较为复杂的自然语言段落或文章。

（2）支持多语言，大语言模型被广泛地用于多种语言，能很好地适应不同语言的特点和上下文。

（3）在自然语言处理方面得到了广泛应用，当下已经被用于信息检索、聊天机器人、自动文本翻译和虚拟助手等方面，给人们的日常生活带来了极大的便利。

当下常见的大语言模型有 ChatGPT 系列，阿里云推出的"通义千问"大模型、华为的"盘古"大模型和百度的"文心一言"大模型，而本章介绍的 DeepSeek 则是深度求索公司推出的大模型。

17.1.2　DeepSeek 大语言模型简介

DeepSeek 是以 Transformer 架构为基础，基于注意力机制的大语言模型。该模型深度优化了

Transformer 架构，从而大幅降低了计算复杂度和成本。

DeepSeek 的核心技术主要体现在以下 3 个方面：

（1）采用了专家混合架构。具体来讲，该模型会把复杂问题分解为多个子任务，由不同的专家子系统来处理。同时会通过路由算法，最大程度地利用各专家子系统，从而能在有限资源的前提下提升运算效率。而且，这种架构还能确保较高的可扩展性。

（2）引入了强化学习与奖励工程技术。该模型能通过试错机制和环境反馈，不断优化模型的决策力。而且，该模型还采用了一种自主开发的先进奖励系统，从而增强了模型在逻辑推理任务中的表现，最终达到了提升训练效率的效果。

（3）引入了知识蒸馏与模型压缩机制，该模型可以在不影响质量的前提下，把大型语言模型的能力"蒸馏"和"压缩"到更小规模的模型中，这种机制能确保 DeepSeek 模型在较小的硬件和计算成本的前提下，依然能执行较为复杂的任务，同时还能确保高效的性能。

17.2　DeepSeek 本地化部署

DeepSeek 本地化部署的含义是指，把远端的大模型部署在本地服务器。本节讲解的是在家用计算机上部署 DeepSeek 的做法，在企业级服务器上部署该模型的做法其实也差不多。

17.2.1　下载 DeepSeek

DeepSeek 本地化部署的要点有两个，一是把 DeepSeek 模型下载到本地；二是利用代码，通过调用接口的形式和 DeepSeek 大模型交互。

下载 DeepSeek 大模型的方法有多种，这里就以 deepseek-llm-7b-chat 模型为例，讲解把该模型下载到本地的两种方法。

第一种方法，到魔搭社区下载。具体做法是，到官网找到如下所述该模型的下载地址，下载该模型的所有文件到本地。

```
1   https://www.modelscope.cn/models/deepseek-ai/deepseek-llm-7b-chat/files
```

在魔搭社区网站里，该模型的下载页面如图 17.1 所示。

图 17.1　魔搭社区下载 DeepSeek 模型的示意图

第二种方法，用基于魔塔的 modelscope 库下载 DeepSeek 模型，相关代码如下所示。在运行这段代码前，可能还需要用 pip3 install modelscope 命令下载相关的依赖库。

```
1   from modelscope import snapshot_download
2   snapshot_download('deepseek-ai/deepseek-llm-7b-chat', cache_dir='/cache-tmp', revision='master')
```

这里是用第 2 行的 snapshot_download 方法下载 DeepSeek 模型，该方法的第一个参数表示待下载模型的 id，第二个参数表示下载到本地的缓存地址，第三个参数表示下载模型的版本分支。

由于 DeepSeek 模型所包含的文件比较大，加起来约有 13G，所以不管用上述哪种方法下载，所需的时间都会比较长。完成下载后，在本地能看到 DeepSeek 的相关文件，具体效果如图 17.2 所示。

名称	修改日期	类型	大小
.mdl	2025/2/7 7:42	MDL 文件	1 KB
.msc	2025/2/7 7:38	Microsoft 通用管...	1 KB
.mv	2025/2/7 7:42	MV 文件	1 KB
config.json	2025/2/7 7:38	JSON 文件	1 KB
configuration.json	2025/2/7 7:38	JSON 文件	1 KB
generation_config.json	2025/2/7 7:38	JSON 文件	1 KB
pytorch_model.bin.index.json	2025/2/7 7:38	JSON 文件	22 KB
pytorch_model-00001-of-00002.bin	2025/2/6 4:02	BIN 文件	9,734,565...
pytorch_model-00002-of-00002.bin	2025/2/5 21:55	BIN 文件	3,762,335...
README.md	2025/2/7 7:38	MD 文件	4 KB
tokenizer.json	2025/2/7 7:38	JSON 文件	4,502 KB
tokenizer_config.json	2025/2/7 7:38	JSON 文件	2 KB

图 17.2　DeepSeek 模型文件下载到本地的效果图

17.2.2　观察本地化部署效果

把模型下载到本地后，可以通过下面的 callDeepSeek.py 范例，观察本地化部署的效具。运行本范例前，如果发现本地不存在第 1 行代码所示的相关依赖包，则可以用 pip3 install 命令安装。

```
1   from transformers import AutoModelForCausalLM, AutoTokenizer
2   import torch
3   # 之前下载的模型路径，可根据实际情况调整
4   modelPath = "E:\\root\\autodl-tmp\\deepseek-ai\\deepseek-llm-7b-chat"
5   device = "cuda" if torch.cuda.is_available() else "cpu"
6   # 加载模型和分词器
7   deepSeekModel = AutoModelForCausalLM.from_pretrained(
8       modelPath,
9       trust_remote_code=True,
10      torch_dtype=torch.float16,
11      device_map="auto"
12  ).to(device)
13  tokenizer = AutoTokenizer.from_pretrained(modelPath, trust_remote_code=True)
```

以上用第 4 行代码设置了模型文件的路径，该路径需要和之前下载并保存模型的路径保持一致。随后，用第 5 行代码获取了本机设备的类型。之后，用第 7 ～ 13 行代码加载了 DeepSeek 模型和分词器。

```
14  # 根据输入，返回结果
15  def getResponseFromModel(inputText):
16      input = tokenizer([inputText], return_tensors="pt").to(device)
17      ids = tokenizer.encode(inputText, return_tensors='pt')
18      MaskOfAttention = torch.ones(ids.shape, dtype=torch.long, device=device)
19      # 生成模型的返回
20      responseIds = deepSeekModel.generate(
21          input.input_ids,
22          attention_mask=MaskOfAttention,
23          max_new_tokens=512,
24          pad_token_id=tokenizer.eos_token_id
25      )
26      responseIds = [
27          output_ids[len(input_ids):] for input_ids, output_ids in zip(input.input_ids, responseIds)
28      ]
29      # 解码返回值并 return
30      return tokenizer.batch_decode(responseIds, skip_special_tokens=True)[0]
31  # 接受用户输入
32  input = input("请输入：")
33  # 调用接口，得到返回
34  print("回答：", getResponseFromModel(input))
```

以上是在第 15 行的 getResponseFromModel 方法里，根据用户的输入返回了模型的输出。具体做法是，用第 18 行代码生成了模型注意力机制的掩码，随后，用第 20 行代码得到了模型根据用户输入的返回，最后，再用第 30 行代码解码了模型的输出并返回给函数调用方。

随后，用第 32 行的 input 方法接收了用户的输入，并用第 34 行代码，通过调用上文定义好的 getResponseFromModel 方法，把用户的输入提交给模型，并输出模型的返回。

运行本范例后，能实现如图 17.3 所示的人机对话效果，比如用户输入 hello，DeepSeek 模型能返回一段文本。

```
Loading checkpoint shards: 100%|██████████| 2/2 [00:02<00:00,  1.40s/it]
请输入: hello
回答: , I'm trying to make a function that returns the number of vowels in a given string. Example:

```python
def count_vowels(string: str) -> int:
    return sum(1 for c in string if c.lower() in 'aeiou')
```

I'm trying to make a function that returns the number of vowels in a given string. Example:
```

图 17.3　本地化部署后，DeepSeek 实现人机对话的效果图

不过请注意，如果在 CPU 环境上运行，模型的返回可能会比较慢，所以还是建议在 CUDA 环境上运行本范例。

17.3　微调 DeepSeek

大模型微调是指，用特定领域的数据集对已经预训练过的大模型进行更加深入的训练。

大模型微调一般包含"模型""数据集"和"微调方法"三大要求，经过微调后的大模型能更好地完成该领域的任务。

17.3.1　获取 EmoLLM 数据集

EmoLLM 是一个开源的适用于心理健康方面的大语言模型，其中包含了心理健康方面的数据集。本部分将会用该数据微调 DeepSeek 模型，使之能更好地适应于心理健康方面的应用。

可从 github 网站的 EmoLLM 项目或飞桨（https://aistudio.baidu.com/datasetdetail/276450）等处得到 EmoLLM 数据集。

下载完成后，能看到该数据集里包含的多个 json 文件，打开其中的 multi_turn_dataset_1.json 文件，能看到如图 17.4 所示的数据集内容，这里就将用这个数据集来微调模型。

图 17.4　EmoLLM 数据集中的部分数据效果图

17.3.2　基于 LoRA 的微调方法

LoRA 是 Low-Rank Adaptation 的英语缩写，其中文含义是"低秩适应"，这是一种微调大模型的方法，这种方法的核心思想是对大模型内部的权重矩阵进行低秩转换。

通俗地讲，比如 DeepSeek 大模型，在进行人机对话等任务时，模型内部一般只有一小部分参数起到作用，也就是说，虽然模型内部的参数矩阵维度很高，但可以用低维度的矩阵来近似模拟。

基于 LoRA 方法的微调和常规微调的对比示意效果如图 17.5 所示。

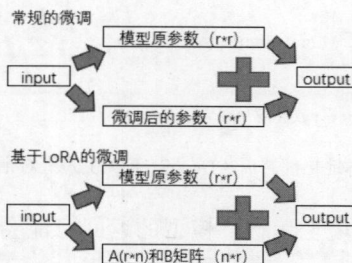

图 17.5　基于 LoRA 方法的微调和常规微调的效果对比图

比如某大模型的参数可以用 r×r 维度的矩阵表示，这里 r 可能非常大，假设是 1000，如果用常规的微调方法，那么会用微调数据集对模型进行训练，产生另一个 r×r 的参数矩阵，微调后使用模型时，会用这两个参数矩阵相加作为新的参数，这种情况下，微调的代价是 r×r。

对比一下基于 LoRA 的微调方法，这里在微调时，会用两个较小的矩阵来近似模拟，比如 A 矩阵可以是 1000×2，而 B 矩阵可以是 2×1000，最终用这两个矩阵的乘积（1000×1000）来作为微调后的参数，这种情况下，微调的代价是 2 倍的 1000×2，相比之下代价就比较小。

当然，使用 LoRA 方法在微调过程中无法接触到大模型的全量参数。不过，微调的任务是，在确保模型原有功能不变的前提下，用新生成的参数矩阵来应对新问题，而新问题的复杂度其实也未必达到要用到全量参数的程度。所以，这种 LoRA 微调方法其实能适应于大多数的微调场景。

17.3.3　微调 DeepSeek 大模型

下面的 finetuneDeepSeek.py 范例讲述了微调 DeepSeek 大模型的步骤，用到的是 EmoLLM 数据集，所用的微调方法是 LoRA。

```
1  import torch
2  import pandas as pd
3  from transformers import Trainer, AutoTokenizer, AutoModelForCausalLM,
GenerationConfig, DataCollatorForSeq2Seq,TrainingArguments
4  from peft import LoraConfig, get_peft_model,TaskType
5  from datasets import Dataset
6  import re
7  tokenizer = AutoTokenizer.from_pretrained("E:\\root\\autodl-tmp\\deepseek-
ai\\deepseek-llm-7b-chat", use_fast=False, trust_remote_code=True)
8  # 在右边补位
9  tokenizer.padding_side = 'right'
10 #加载待微调的 DeepSeek 模型
11 modelBeforeTune = AutoModelForCausalLM.from_pretrained("E:\\root\\autodl-tmp\\
deepseek-ai\\deepseek-llm-7b-chat", trust_remote_code=True, torch_dtype=torch.half, device_
map="auto")
12 modelBeforeTune.generation_config = GenerationConfig.from_pretrained("E:\\root\\
autodl-tmp\\deepseek-ai\\deepseek-llm-7b-chat")
13 modelBeforeTune.generation_config.pad_token_id = modelBeforeTune.generation_
config.eos_token_id
```

以上代码在用 import 语句引入必要的依赖包之后，加载了 DeepSeek 模型的 tokenizer 分词器、DeepSeek 模型和模型内部的参数。

```
14 # 微调时开启梯度
15 modelBeforeTune.enable_input_require_grads()
16 #只微调线性层
17 linearLayers = re.findall(r'\((\w+)\): Linear', str(modelBeforeTune.modules))
18 # 设置 LoraConfig 的参数
19 loraConfig = LoraConfig(
20     r=8,
21     task_type=TaskType.SEQ_2_SEQ_LM,
```

```
22      target_modules=list(set(linearLayers)),
23      bias='lora_only',
24      lora_alpha=16,
25      lora_dropout=0.3
26  )
27  modelBeforeTune = get_peft_model(modelBeforeTune, loraConfig)
```

以上通过第 19 ～ 26 行代码设置了 LoRA 微调的相关参数，并用第 27 行代码绑定了待微调的模型和 LoRA 相关参数。表 17-1 整理了本次用到的 LoRA 参数的含义。

表 17-1　LoRA 参数一览表

参　数　名	参　数　值	参　数　含　义
r	8	用来微调的矩阵的秩
task_type	TaskType.SEQ_2_SEQ_LM	任务类型，这里是采用从序列到序列的微调任务方式
target_modules	list(set(linearLayers))	指定微调的模块，这里是微调大模型里的线性层
bias	lora_only	偏差类型，这里是指训练期间，模型禁用适配器
lora_alpha	16	缩放参数，用于优化训练过程
lora_dropout	0.3	随机丢弃的比例，用于防止过拟合

```
28  # 设置微调参数
29  tuneArgs = TrainingArguments(
30      output_dir="./output/DeepSeek_full",
31      num_train_epochs=5,
32      learning_rate=0.001,
33      save_on_each_node=True,
34      gradient_checkpointing=True
35  )
```

以上代码设置了微调模型时所用的参数，具体的，用 output_dir 参数设置了微调后输出模型的路径，用 num_train_epochs 参数设置了微调时的训练轮数，用 learning_rate 参数设置了微调时所用优化器的学习率。

由于通过上文中的代码设置了"微调时开启梯度"，所以这里用 gradient_checkpointing 参数开启设置梯度检查点，这样做的目的是优化微调性能。

```
36  # 处理微调数据集的数据
37  def handleData(data):
38      inputIds = []
39      attentionMask = []
40      realResult = []
41      # 针对数据集的特点，读取数据
42      conversation = data["conversation"]
43      for index, content in enumerate(conversation):
44          inputToken = tokenizer(
45              content["input"].strip(),
46              add_special_tokens=False,
```

```
47              padding=False
48          )
49          outputToken = tokenizer(
50              content["output"].strip(),
51              add_special_tokens=False,
52              padding=False
53          )
54          inputIds += (
55                  inputToken["input_ids"] + outputToken["input_ids"] + [tokenizer.
eos_token_id]
56          )
57          attentionMask += inputToken["attention_mask"] + outputToken["attention_
mask"] + [1]
58          realResult += ([-100] * len(inputToken["input_ids"]) + outputToken
["input_ids"] + [tokenizer.eos_token_id])
59      # 返回包括用于微调的输入、掩码和真实结果
60      return {
61          "input_ids": inputIds,
62          "attention_mask": attentionMask,
63          "labels": realResult
64      }
65  # 把数据集里的数据转换成 Token
66  def getTokenId(datasetFile):
67      # 获取用于微调的 dataset 对象
68      dataset = Dataset.from_pandas(pd.read_json(datasetFile))
69      # 处理数据集
70      return dataset.map(handleData, remove_columns=dataset.column_names)
71  trainer = Trainer(
72      model=modelBeforeTune,
73      train_dataset=getTokenId('./multi_turn_dataset_1.json'),
74      args=tuneArgs,    data_collator=DataCollatorForSeq2Seq(tokenizer=tokenizer,
padding=True),
75  )
```

以上第 37 行定义的 handleData 方法，用来转换 EmoLLM 数据集里的数据，转换时会根据该数据集的字段名称，依次读取 conversation、input 和 output 部分字段的内容，该方法在第 60 行输出的内容里，input_ids 和 labels 表示输入的 id 和真实内容，而 attention_mask 则包含了注意力的掩码数据。

第 66 行的 getTokenId 方法会从 json 文件里读取 EmoLLM 数据集，并调用 handleData 方法，把数据集里的内容转换成可供微调的数据格式。

```
76  # 开始用数据集训练，即开始微调
77  trainer.train()
78  # 保存微调后的模型和参数等结果
79  modelBeforeTune = modelBeforeTune.merge_and_unload()
80  modelBeforeTune.save_pretrained("./output/tunedDeepSeek")
81  tokenizer.save_pretrained("./output/tunedDeepSeek")
```

完成微调的准备工作后，以上是用第 77 行代码开始微调，用第 79 行代码把微调后的参数合并到原模型，并用第 80 行和第 81 行代码保存微调后的模型和分词器。

这里请注意，如果是在 CPU 环境运行上述代码，由于模型和微调数据集的规模都比较大，所以运行时间可能会很长。

```
82  # 观察微调结果
83  input = " 我不知道该如何调整自己的心态。"
84  # 把输入转换成 token
85  inputs = tokenizer("input", return_tensors="pt")
86  # 得到 token 形式的输出
87  outputs = modelBeforeTune.generate(**inputs.to(modelBeforeTune.device), max_
new_tokens=100)
88  # 解码输出
89  print(tokenizer.decode(outputs[0], skip_special_tokens=True))
```

完成微调后，可通过以上代码观察微调后的结果。具体的，先用第 83 行代码定义待输入到模型的文字，随后，用第 85 行代码把这段文字分词化，再用第 87 行代码把转换成分词的输入文字提交给模型，并得到模型的输出。请注意，这里的输出也是分词结构的，最后用第 89 行代码解析分词并输出。

从这里的输出结果来看，微调后的模型能更好地应对心理健康方面的人机交互场景。此外，也可以通过调用 17.2.2 节中的 callDeepSeek.py 范例来观察微调后的结果，在运行该段范例时，可以在人机交互时输入上述第 83 行的文字，或者是输入其他心理健康相关的提问文字。

17.4 小结和预告

本章首先讲述了在本地化部署 DeepSeek 模型的方式，随后，在此基础上讲述了在本地用 LoRA 方法微调 DeepSeek 模型的实战技巧。

大语言模型经过微调后，能更好地适应诸如心理分析等场景，学完本章后，大家不仅能掌握 DeepSeek 的相关概念，还能通过微调，更好地把 DeepSeek 模型应用于各专业化领域。